计算机技术开发与应用丛书

UG NX 2206
快速入门与深入实战

微课视频版

毕晓东　邵为龙 ◎ 主编

清华大学出版社

北京

内 容 简 介

本书针对零基础的读者，循序渐进地介绍了使用 UG NX 2206 进行机械设计的相关内容，包括 UG NX 2206 概述、UG NX 2206 软件的安装、软件的工作界面与基本操作设置、二维草图设计、零件设计、钣金设计、装配设计、模型的测量与分析、工程图设计等。

为了能够使读者更快地掌握该软件的基本功能，在内容安排上，书中结合大量案例对 UG NX 软件中的一些抽象概念、命令和功能进行讲解；在写作方式上，本书采用软件真实的操作界面、对话框、操控板和按钮进行具体讲解，这样可以让读者直观、准确地操作软件进行学习，从而尽快入手，提高读者的学习效率；另外，本书中的案例都是根据国内外著名公司的培训教案整理而成的，具有很强的实用性。

本书内容全面，条理清晰、实例丰富、讲解详细、图文并茂，可以作为广大工程技术人员学习 UG NX 的自学教材和参考书籍，也可作为高等院校学生和各类培训学校学员的 UG NX 课程上机练习素材。

图书在版编目 (CIP) 数据

UG NX 2206 快速入门与深入实战：微课视频版 / 毕晓东，邵为龙主编 . —北京：清华大学出版社，2024.4
　（计算机技术开发与应用丛书）
　ISBN 978-7-302-65967-9

Ⅰ. ① U⋯　Ⅱ. ① 毕⋯ ② 邵⋯　Ⅲ. ① 计算机辅助设计—应用软件　Ⅳ. ① TP391.72

中国国家版本馆 CIP 数据核字 (2024) 第 068295 号

责任编辑：赵佳霓
封面设计：吴　刚
责任校对：申晓焕
责任印制：刘海龙

出版发行：清华大学出版社
　　　网　　　址：https://www.tup.com.cn，https://www.wqxuetang.com
　　　地　　　址：北京清华大学学研大厦 A 座　　　　　　邮　　编：100084
　　　社 总 机：010-83470000　　　　　　　　　　　　邮　　购：010-62786544
　　　投稿与读者服务：010-62776969，c-service@tup.tsinghua.edu.cn
　　　质 量 反 馈：010-62772015，zhiliang@tup.tsinghua.edu.cn
　　　课 件 下 载：https://www.tup.com.cn，010-83470236
印 装 者：三河市龙大印装有限公司
经　　销：全国新华书店
开　　本：186mm×240mm　　　印　　张：23　　　字　　数：546 千字
版　　次：2024 年 4 月第 1 版　　　印　　次：2024 年 4 月第 1 次印刷
印　　数：1 ～ 2000
定　　价：99.00 元

产品编号：101961-01

前 言
PREFACE

党的二十大报告指出：教育、科技、人才是全面建设社会主义现代化国家的基础性、战略性支撑。必须坚持科技是第一生产力、人才是第一资源、创新是第一动力，深入实施科教兴国战略、人才强国战略、创新驱动发展战略，这三大战略共同服务于创新型国家的建设。高等教育与经济社会发展紧密相连，对促进就业创业、助力经济社会发展、增进人民福祉具有重要意义。

UG NX（Unigraphics NX）是Siemens PLM Software公司出品的一款软件，它为用户的产品设计及加工过程提供了数字化造型和验证手段。UG NX针对用户的虚拟产品设计和工艺设计的需求，以及各种工业化需求，提供了经过实践验证的解决方案。其内容覆盖了产品的概念设计、工业造型设计、三维模型设计、分析计算、动态模拟与仿真、工程图输出、加工生产的全过程，其应用范围涉及航空航天、汽车、机械、造船、通用机械、医疗机械、家居家装、数控加工和电子等诸多领域。

由于具有强大完美的功能，UG NX近几年几乎成为三维CAD/CAM领域的一面旗帜和标准，它在国内高等院校已经成为很多工程专业的必修课程，也成为工程技术人员必备的技术。UG NX 2206在设计创新、易学易用和提高整体性能等方面都得到了显著加强。

本书是一本系统、全面地学习UG NX 2206的参考书，读者可快速入门与深入实战，其特色如下。

（1）内容全面：涵盖了草图设计、零件设计、钣金设计、装配设计、模型的测量与分析、工程图制作等。

（2）讲解详细，条理清晰：保证自学的读者能独立学习和实际使用UG NX 2206软件。

（3）范例丰富：本书对软件的主要功能命令，先结合简单的范例进行讲解，然后安排一些较复杂的综合案例帮助读者深入理解、灵活运用。

（4）写法独特：采用UG NX 2206真实对话框、操控板和按钮进行讲解，使初学者可以直观、准确地操作软件，从而大幅提高学习效率。

（5）附加值高：本书根据笔者多年的设计经验制作了包含几百个知识点且具有针对性的实例教学视频，时间长达1280分钟。

> **资源下载提示**
>
> 素材等资源：扫描目录上方的二维码下载。
>
> 视频等资源：扫描封底的文泉云盘防盗码，再扫描书中相应章节的二维码，可以在线学习。

本书由山东第一医科大学副教授毕晓东、济宁格宸教育咨询有限公司邵为龙主编，参加编写的人员还有吕广凤、邵玉霞、石磊、邵翠丽、陈瑞河、吕凤霞、孙德荣、吕杰。

本书虽经过多次审核，但难免有疏漏之处，恳请广大读者予以指正，以便及时更新和改正。

编者

2024年3月

目 录
CONTENTS

教学课件（PPT）

配套资料

第 1 章

UG NX概述

1.1　UG NX 2206主要功能模块简介

　　UG NX是Siemens PLM Software公司出品的一款软件,是一个交互式CAD/CAM/CAE系统,它功能强大,可以轻松地实现各种复杂实体及造型的创建。它为用户的产品设计及加工过程提供了数字化造型和验证手段。UG NX针对用户的虚拟产品设计和工艺设计的需求,提供了经过实践验证的解决方案。

　　UG NX的开发始于1990年7月,它是基于C语言开发的。UG NX是一个在二维和三维空间无结构网格上使用自适应多重网格方法开发的一个灵活的数值求解偏微分方程的软件工具。其设计思想足够灵活地支持多种离散方案。

　　UG NX在航空航天、汽车、通用机械、工业设备、医疗器械及其他高科技应用领域的机械设计和模具加工自动化的市场上得到了广泛应用。多年来,UG NX一直在支持美国通用汽车公司实施目前全球最大的虚拟产品开发项目,同时也是日本著名汽车零部件制造商DENSO公司的计算机应用标准,并在全球汽车行业得到了广泛应用,如Navistar、底特律柴油机厂、Winnebago和Robert Bosch AG等。另外,UGS公司在航空领域也有很好的表现:在美国的航空业,安装了超过10 000套UG软件;在俄罗斯航空业,UG软件具有90%以上的市场;在北美汽轮机市场,UG软件占80%。UGS在喷气发动机行业也占有领先地位,拥有如Pratt & Whitney和GE 喷气发动机公司这样的知名客户。

　　UG NX采用了模块方式,可以分别进行零件设计、装配设计、工程图设计、钣金设计、曲面设计、机构运动仿真、产品渲染、管道设计、电气布线、模具设计、数控编程加工等,保证用户可以按照自己的需要选择性地进行使用。通过认识UG NX中的模块,读者可以快速了解它的主要功能。下面具体介绍UG NX 2206中的一些主要功能模块。

1. 零件设计

　　UG NX零件设计模块主要用于二维草图及各种三维零件结构的设计,UG NX零件设计模块利用基于特征的思想进行零件设计，零件上的每个结构（如凸台结构、孔结构、倒圆角结构、倒斜角结构等）都可以看作一个个特征（如拉伸特征、孔特征、倒圆角特征、倒斜角特征等），UG NX零件设计模块具有各种功能强大的面向特征的设计工具，方便进行各种零件结构设计。

2. 装配设计

UG NX装配设计模块主要用于产品装配设计，软件向用户提供了两种装配设计方法，一种是自下向顶的装配设计方法；另一种是自顶向下的装配设计方法。使用自下向顶的装配设计方法可以将已经设计好的零件导入UG NX装配设计环境进行参数化组装以得到最终的装配产品；使用自顶向下设计方法首先设计产品总体结构造型，然后分别向产品零件级别进行细分以完成所有产品零部件结构的设计，得到最终产品。

3. 工程图设计

UG NX工程图设计模块主要用于创建产品工程图，包括产品零件工程图和装配工程图，在工程图模块中，用户能够方便地创建各种工程图视图（如主视图、投影视图、轴测图、剖视图等），还可以进行各种工程图标注（如尺寸标注、公差标注、粗糙度符号标注等），另外工程图设计模块具有强大的工程图模板定制功能及工程图符号定制功能，还可以自动生成零件清单（材料报表），并且提供与其他图形文件（如dwg、dxf等）的交互式图形处理，从而扩展UG NX工程图的实际应用。

4. 钣金设计

UG NX钣金设计模块主要用于钣金件结构设计，包括突出块、钣金弯边、轮廓弯边、放样弯边、折边弯边、高级弯边、钣金折弯、钣金展开、钣金边角处理、钣金成型及钣金工程图等，还可以在考虑钣金折弯参数的前提下对钣金件进行展平，从而方便钣金件的加工与制造。

5. 曲面设计

UG NX曲面造型设计模块主要用于曲面造型设计，用来完成一些造型比较复杂的产品造型设计，UG NX具有多种高级曲面造型工具，如扫掠曲面、通过曲线组、通过曲线网格及填充曲面等，帮助用户完成复杂曲面的建模。学习曲面设计最主要的原因是在学习曲面知识的过程中会接触到很多设计理念和设计思维方法，这些内容在基础模块的学习中是接触不到的，所以学习曲面知识能够极大地扩展我们的设计思路，特别对于结构设计人员非常有帮助。

6. 机构运动仿真

UG NX机构运动模块主要用于运动学仿真，用户通过在机构中定义各种机构运动副（如旋转副、滑动副、柱面副、螺旋副、点在线上副、线在线上副、齿轮副、线缆副等）使机构的各部件能够完成不同的动作，还可以向机构中添加各种力学对象（如弹簧、阻尼、二维接触、三维接触、重力等）使机构运动仿真更接近于真实水平。由于运动仿真可以真实地反映机构在三维空间的运动效果，所以通过机构运动仿真能够轻松地检查出机构在实际运动中的动态干涉问题，并且能够根据实际需要测量各种仿真数据，具有很强的实际应用价值。

7. 结构分析

UG NX结构分析模块主要用于对产品结构进行有限元结构分析，是对产品结构进行可靠性研究的重要应用模块，在该模块中可以使用UG NX自带的材料库进行分析，也可以自己定义新材料进行分析，UG NX能够方便地加载各种约束和载荷，模拟产品的真实工况；同时网格划分工具也很强大，网格可控性强，方便用户对不同结构进行有效网格划分。另外，在该模块中可以进行静态及动态结构分析、模态分析、疲劳分析及热分析等。

8. 产品渲染

UG NX产品高级渲染主要用于对设计出的产品进行渲染，也就是给产品模型添加外观、材质、虚拟场景等，模拟产品的实际外观效果，使用户能够预先查看产品最终的实际效果，从而在一定程度上给设计者一定的反馈。UG NX提供了功能完备的外观材质库供渲染使用，方便用户进行产品渲染。

9. 管道设计

UG NX管道设计模块主要用于三维管道布线设计，用户通过定义管道线材、创建管道路径并根据管道设计需要向管道中添加管道线路元件（如管接头、三通管、各种泵或阀等），能够有效地模拟管道的实际布线情况，查看管道在三维空间的干涉问题，另外，模块中提供了多种管道布线方法，可以帮助用户在各种情况下对管道进行布线，从而提高管道布线设计效率。

10. 电气布线

UG NX电气线束设计模块主要用于三维电缆布线设计，用户通过定义线材、创建电缆铺设路径，能够有效地模拟电缆的实际铺设情况，查看电缆在三维空间的干涉问题，另外，模块中提供了各种整理电缆的工具，帮助用户铺设的电缆更加紧凑，从而节约电缆铺设成本。电缆铺设完成后，还可以创建电缆钉板图，用来指导电缆的实际加工与制造。

11. 模具设计

UG NX模具设计模块主要用于模具设计，主要是注塑模具设计，提供了多种型芯、型腔设计方法，使用UG模具外挂EMX，能够帮助用户轻松地完成整套模具的模架设计。

12. 数控编程加工

UG NX数控加工编程模块主要用于模拟零件数控加工操作并得出零件数控加工程序，UG将生产过程、生产规划与设计造型连接起来，所以任何在设计上的改变，软件都能将已做过的生产上的程序和资料自动地更新，而无须用户自行修正。它将具备完整关联性的UG产品线延伸至加工制造的工作环境里。它容许用户采用参数化的方法去定义数值控制（NC）工具路径，凭此才可对UG生成的模型进行加工。这些信息接着进行后期处理，产生驱动NC器件所需的编码。

1.2　UG NX 2206新功能

功能强大、技术创新、易学易用是UG NX软件的三大特点，这使UG NX成为先进的主流三维CAD设计软件。UG NX提供了多种不同的设计方案，以减少设计过程中的错误并且提高产品的质量。

相比UG NX软件的早期版本，最新的UG NX 2206有如下改进。

（1）二维草图：现在可以通过对齐到现有曲线更轻松地创建曲线，并可在曲线之间创建圆角、偏置和分割曲线及显示曲线端点。

（2）零件与特征：现在可以在指定轴的任一侧旋转截面，为此，可使用旋转对话框中新增的对称值选项；可以选择点来定义线性和沿阵列布局的阵列间距；移动对象功能增强，如果在选择更新相关特征的情况下移动对象，则可预览对象增量或迭代移动时相关几何体会怎样移动，无须像之前的版本一样使用显示结果和撤销结果选项；桥接曲面功能增强，现在可以控制所选边或边的两个端点的相切幅值。还可以指定 G3（流）相切。

（3）装配体：简化引用集增强功能，现在，简化引用集默认处于活动状态，如果之前没有为其命名，则采用默认名称 SIMPLIFIED；新建组件增强功能，现在，通过将 CSYS 定义为组件原点，可在装配中定位新组件；简化装配增强功能，可在当前部件、选定的部件或新部件中创建简化部件或装配，创建简化装配时，可选择同步源装配和简化装配的视图，在新部件中创建简化装配时，可以使用新建组件首选项来指定模板。

（4）工程图：现在可以将螺纹公差参数添加到公制螺纹孔标注和符号螺纹孔标注；可以使用新的允许的字母和未包含的字母，用户可以将它们设置为默认基准特征符号，以明确设置允许的或未包含的默认字母数字和特殊字符。

（5）钣金：创建展平图样时，可以指定是否要将百叶窗曲线作为内部特征曲线显示；创建展平图样时，NX 现在使用产品和制造信息（PMI）替代展平图样标注，并将展平图样信息作为 PMI 对象显示在展平图样视图中。

（6）数控编程加工：可使用检查刀轨对话框执行过程工件（IPW）碰撞检查和夹持器部件碰撞检查；可标识自由曲面添料涂层工序中未填充的区域，然后在单独的工序中使用较小的沉积筋自动填充这些区域；可以使用新的交错角和交错距离命令在自由曲面添料 - 积聚工序中偏置填充层的起点；通过对齐或交错组中的命令，可以控制自由曲面添料 - 积聚工序中填充层的起点。

（7）模具设计：模具顶出方向已增强，使用新命令基于产品实体的形状和特征自动计算建议的最佳顶出方向，可以反转建议的方向，也可以将操控器手柄调整为所需方向，以更改建议方向；模具提供了冷却回路增强功能，用户可以直接在信息窗口中输入某些冷却接头值。当将冷却接头添加到冷却回路时，可以看到指定值在组件上的位置，从而可降低出错的概率，选择新的自动搜索边界体☑选项，以在创建冷却回路时删除边界体中任何未使用的点。

1.3　UG NX 2206软件的安装

1.3.1　UG NX 2206 软件安装的硬件要求

UG NX 2206软件系统可以安装在工作站（Work Station）或者个人计算机上。如果在个人计算机上安装，则为了保证软件安全和正常使用，计算机硬件要求如下：

（1）CPU芯片：要求Pentium 4以上，推荐使用Intel公司生产的酷睿四核或者以上处理器（Intel Xeon W-2123、Intel Xeon W-2245、Intel Xeon W-3245）。

（2）内存空间：建议使用16GB或者以上。

（3）硬盘：安装UG NX 2206软件系统的基本模块，需要20GB左右的空间，考虑到软件启动后虚拟内存及获取联机帮助的需要，建议硬盘准备30GB以上的空间，建议固态硬盘（256GB或者512GB）加机械硬盘（1TB或者2TB）结合。

（4）显卡：一般要求支持OpenGL的三维显卡，分辨率为1024×768像素以上，推荐至少使用64位独立显卡，如果显卡性能太低，则会导致软件自动退出（NVIDIA Quadro P2000 4GB GDDR5、NVIDIA Quadro RTX 4000 8GB GDDR6、NVIDIA Quadro RTX 5000 GDDR6 16GB）。

（5）鼠标：建议使用三键（带滚轮）鼠标。

（6）显示器：一般要求15in以上。

（7）键盘：标准键盘。

1.3.2　UG NX 2206 软件安装的操作系统要求

UG NX 2206可以在Windows 10或者Windows 11系统下运行。

1.3.3　单机版 UG NX 2206 软件的安装

安装UG NX 2206的操作步骤如下。

○ 步骤1　将合法获得的UG NX 2206许可证文件复制到计算机的某个位置，例如D:\NX2206。

○ 步骤2　将UG NX 2206软件安装光盘中的文件复制到计算机中，然后双击 `SPLMLicenseServer_v11.0.0_win_setup`，系统会弹出如图1.1所示的Language Selection对话框。

图1.1　Language Selection对话框

○ 步骤3　设置安装语言。在Language Selection对话框Please select the installation language 下拉列表中选择"简体中文"，然后单击 OK 按钮，系统会弹出如图1.2所示Siemens PLM License Server v11.0.0对话框（欢迎对话框）。

○ 步骤4　设置许可安装位置。在Siemens PLM License Server v11.0.0对话框中单击"前进"按钮，系统会弹出如图1.3所示的对话框，在"安装目录"文本框中输入许可证的安装位置，例如D:\Program Files\Siemens\PLMLicenseServer。

图1.2　Siemens PLM License Server v11.0.0对话框　　　　图1.3　设置许可证安装目录

> **说明**　选择安装位置除了可以输入安装目录外，还可以通过单击 ▣ 按钮选择安装目录，即在系统弹出的"打开"对话框选择安装位置。

◉ 步骤5　设置许可证文件。在Siemens PLM License Server v11.0.0对话框中单击"前进"按钮，系统会弹出如图1.4所示的对话框，单击"许可证文件路径"文本框后的▣按钮，在"打开"的对话框中选择D:\NX2206.lic文件，单击"打开"按钮将其打开。

◉ 步骤6　确认许可证安装信息。在Siemens PLM License Server v11.0.0对话框中单击"前进"按钮，系统会弹出如图1.5所示的对话框，确认安装信息的正确性。

图1.4　选择许可证文件　　　　　　　　图1.5　确认许可证安装信息

◉ 步骤7　安装许可证。在Siemens PLM License Server v11.0.0对话框中单击"前进"按钮，系统将进行许可证的安装，如图1.6所示，安装完成前会弹出如图1.7所示的Install Complete对话框，单击对话框中的"确定"按钮即可继续安装，安装完成后会弹出如图1.8所示的对话框，单击"完成"按钮完成安装。

◉ 步骤8　在安装包中双击 📦 Launch 文件（将安装光盘放入光驱内），等待片刻后会出现如图1.9所示的Siemens NX Software Installation对话框。

◉ 步骤9　在Siemens NX Software Installation对话框中单击 **Install NX** 按钮，系统会弹出如

图1.10所示的"建立"对话框。

⚪步骤10 在建立对话框中将程序语言设置为"中文（简体）"，然后单击"确定"按钮，系统会弹出如图1.11所示的"Siemens NX 安装程序"对话框（安装向导）。

图1.6 安装许可证

图1.7 Install Complete对话框

图1.8 完成安装

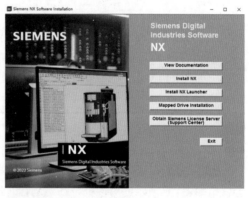

图1.9 Siemens NX Software Installation对话框

图1.10 "建立"对话框

图1.11 "Siemens NX 安装程序"对话框

⚪步骤11 在"Siemens NX 安装程序"对话框中单击"下一步"按钮，系统会弹出如图1.12所示的对话框（自定义安装）。

○步骤12 设置主程序安装位置。在"Siemens NX 安装程序"对话框中单击"浏览"按钮，系统会弹出如图1.13所示的对话框（更改目标文件夹），在"文件夹名称"文本框设置主程序的安装位置，例如d:\Program Files\Siemens\NX2206\，然后单击"确定"按钮。

图1.12　自定义安装

图1.13　更改目标文件夹

○步骤13 许可证设置。在"Siemens NX 安装程序"对话框中单击"下一步"按钮，系统会弹出如图1.14所示的对话框，在"许可证文件或端口@主机"文本框中设置为27800@WIN-20230329OLQ。

说明　@后为用户当前计算机的名称。

○步骤14 许可证设置。在"Siemens NX 安装程序"对话框中单击"下一步"按钮，系统会弹出如图1.15所示的对话框，在"运行时语言"下拉列表中选择"简体中文"。

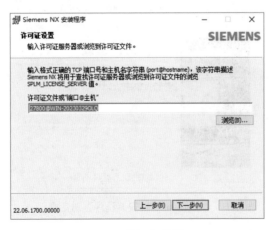

图1.14　许可证设置

图1.15　语言选择

○步骤15 安装主程序。在"Siemens NX 安装程序"对话框中单击"下一步"按钮，在系统弹出的对话框中单击"安装"按钮，系统会进行主程序的安装，如图1.16所示。软件安装完成后，在弹出的对话框中单击"完成"按钮。

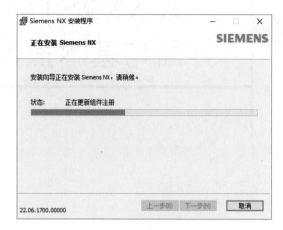

图1.16 主程序安装

🔘步骤16 完成安装。在Siemens NX Software Installation对话框中单击Exit按钮，退出Siemens NX Software Installation对话框，完成安装。

第2章　UG NX软件的工作界面与基本操作设置

2.1　工作目录

1. 什么是工作目录

工作目录简单来讲就是一个文件夹，这个文件夹的作用又是什么呢？我们都知道当使用UG NX完成一个零件的具体设计后，肯定需要将其保存下来，这个保存的位置就是工作目录。

2. 为什么要设置工作目录

工作目录其实是用来帮助我们管理当前所做的项目的，是一个非常重要的管理工具。下面以一个简单的装配文件为例，介绍工作目录的重要性：例如一个装配文件需要4个零件来装配，如果之前没有注意工作目录的问题，将这4个零件分别保存在4个文件夹中，则在装配时，依次需要到这4个文件夹中寻找装配零件，这样操作起来就比较麻烦，也不便于工作效率的提高，最后在保存装配文件时，如果不注意，则很容易将装配文件保存于一个我们不知道的地方，如图2.1所示。

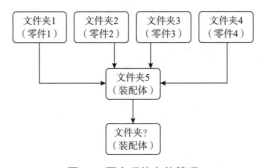

图2.1　不合理的文件管理

如果在进行装配之前设置了工作目录，并且对这些需要装配的文件进行了有效管理（将这4个零件都放在创建的工作目录中），则这些问题都不会出现；另外，在完成装配后，装配文件和各零件都必须保存在同一个文件夹中（同一个工作目录中），否则下次打开装配文件时会出现打开失败的问题，如图2.2所示。

3. 如何设置工作目录

在项目开始之前，首先在计算机上创建一个文件夹作为工作目录（如在D盘中创建一个UG-work的文件夹），用来存放和管理该项目的所有文件（如零件文件、装配文件和工程图文件等）。

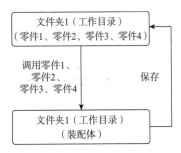

图2.2　合理的文件管理

2.2　软件的启动与退出

2.2.1　软件的启动

启动UG NX软件主要有以下几种方法。

方法1：双击Windows桌面上的NX 2206软件快捷图标，如图2.3所示。

方法2：右击Windows桌面上的NX 2206软件快捷图标选择"打开"命令，如图2.4所示。

方法3：从Windows系统开始菜单启动UG NX 2206软件，操作方法如下。

○ 步骤1　单击Windows左下角的 按钮。

○ 步骤2　选择 → Siemens NX → NX 命令，如图2.5所示。

图2.3　UG NX 2206 快捷图标　　图2.4　右击快捷菜单　　图2.5　Windows开始菜单

> **说明**　读者在正常安装 UG NX 2206 之后，在 Windows 桌面上默认没有 UG NX 2206 的快捷图标，可以采用以下方法设置桌面的快捷图标。

方法一：选择 → Siemens NX，右击 NX，在系统弹出的快捷菜单中依次选择"更多"→"打开文件位置"，然后将快捷图标复制到桌面即可。

方法二：找到安装目录（D:\Program Files\Siemens\NX2206\UGII）下的快捷图标，右击ugraf快捷图标，在弹出的快捷菜单中依次选择"发送到"→"桌面快捷方式"。

方法4：双击现有的UG NX文件也可以启动软件。

2.2.2　软件的退出

退出UG NX软件主要有以下几种方法。

方法1：选择下拉菜单"文件"→"退出"命令退出软件。

方法2：单击软件右上角的区按钮。

方法3：按下Alt+F4快捷键退出软件。

2.3　UG NX 2206工作界面

在学习本节前，先打开一个随书配套的模型文件。选择下拉菜单"文件"→"打开"命令，在"打开"对话框中选择目录D:\UG2206\work\ch02.03，选中"工作界面"文件，单击"确定"按钮。

> **说明**　为了使工作界面保持一致，建议读者将角色文件设置为"高级"，设置方法为单击资源工具条中的区（角色）按钮，然后选择"内容"下的"角色高级"，如图2.6所示。

图2.6　设置角色

2.3.1　基本工作界面

UG NX 2206版本零件设计环境的工作界面主要包括快速访问工具条、标题栏、功能选项卡、下拉菜单、过滤器、资源条选项、部件导航器、图形区和状态栏等，如图2.7所示。

1.快速访问工具条

快速访问工具条包含新建、打开、保存、打印等与文件相关的常用功能，快速访问工具条为快速进入命令提供了极大的方便。

快速访问工具条中的内容是可以自定义的，用户可以通过单击快速访问工具条最右侧的 ▾
（工具条选项）按钮，系统会弹出如图2.8所示的下拉菜单，如果前面有✔，则代表已经在快
速访问工具条中显示，如果前面没有✔，则代表没有在快速访问工具条中显示。

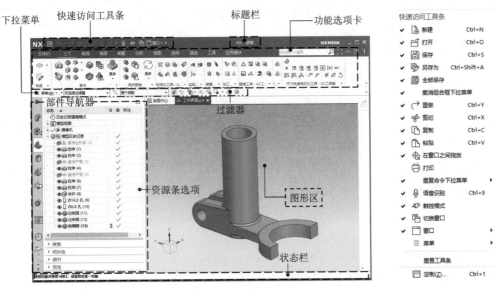

图2.7 工作界面　　　　　　　　图2.8 快速访问工具条自定义

2. 标题栏

标题栏主要用于显示当前所处的工作环境，如果如图2.9所示，则说明当
前处于"建模"环境。

NX - 建模

图2.9 标题栏

3. 功能选项卡

功能选项卡显示了UG NX建模中的常用功能按钮，并以选项卡的形式进行分类；有的面板
中没有足够的空间显示所有的按钮，用户在使用时可以单击下方或者右侧带三角的按钮 ▾ ，
以展开折叠区域，显示其他相关的命令按钮。

> **注意** 用户会看到有些菜单命令和按钮处于非激活状态（呈灰色，即暗色），这是因为它
> 们目前还没有处在发挥功能的环境中，一旦它们进入有关的环境，便会自动激活。

下面是零件模块功能区中部分选项卡的介绍。

主页功能选项卡包含UG NX中常用的零件建模工具，主要有实体建模工具、基准工具、
同步建模工具、GC工具箱的相关工具等，如图2.10所示。

图2.10 主页功能选项卡

曲线功能选项卡主要用于二维与空间草图的绘制与编辑，如图2.11所示。

图2.11　曲线功能选项卡

曲面功能选项卡用于曲面的创建、曲面的编辑及进行NX创意造型，如图2.12所示。

图2.12　曲面功能选项卡

装配功能选项卡用于插入零部件、定位零部件、移动零部件、复制零部件、装配干涉检查、装配爆炸图、装配拆卸动画及自顶向下设计等，如图2.13所示。

图2.13　装配功能选项卡

分析功能选项卡主要用于数据的测量、曲线质量的分析、曲面质量的分析、质量属性的测量、属性比较、壁厚分析等，如图2.14所示。

图2.14　分析功能选项卡

视图功能选项卡用于窗口的设置、模型的旋转、模型的缩放、模型的移动、图层的管理、视图显示方式的调整、对象的显示设置及协同VR现实等，如图2.15所示。

图2.15　视图功能选项卡

工具功能选项卡主要用于材料的设置、参数化设计、光栅图像、电子表格、录制电影、标准件库、模型的更新设置及需求验证等，如图2.16所示。

图2.16　工具功能选项卡

应用模块功能选项卡主要用于在不同工作环境之间灵活切换，如图2.17所示。

图2.17　应用模块功能选项卡

4. 下拉菜单

下拉菜单包含软件在当前环境下所有的功能命令，这其中主要包含文件、编辑、视图、插入、格式、工具、装配、PMI、信息、分析、首选项、窗口、GC工具箱、帮助下拉菜单，其主要作用是帮助我们执行相关的功能命令。

5. 过滤器

过滤器可以帮助我们选取特定类型的对象，例如只想选取边线，此时只需在如图2.18所示的下拉列表中选中"边"。

无选择过滤器 ▼
无选择过滤器
坐标系
基准
实体
曲线
曲线特征
点
特征
草图
视图
边
面

图2.18　选择过滤器

6. 资源条选项

资源工具条区主要选项的功能说明如下。

（1）装配导航器：装配导航器中列出了装配模型的装配过程及装配模型中的所有零部件。

（2）部件导航器：在部件导航器中列出了当前模型创建的步骤及每步所使用的工具。

（3）重用库：重用库用于管理各种标准件和用户自定义的常用件。

（4）Web浏览器：UG NX内嵌的网络浏览器，联网可以查询资料。

（5）历史记录：历史记录中会显示曾经打开过的文件，方便下次使用软件快速打开相应文件。

（6）加工向导：加工向导会显示与加工有关的一些信息。

（7）角色导航器：这里会有几种角色的显示，一般选择具有完整菜单的高级功能选项。

7. 部件导航器

在部件导航器中列出了活动文件中的所有零件、特征及基准和坐标系等，并以树的形式显示模型结构。部件导航器的主要功能及作用有以下几点。

（1）查看模型的特征组成：例如，如图2.19所示的模型就是由5个拉伸与1个边倒圆共6个特征组成的。

（2）查看每个特征的创建顺序：例如，如图2.19所示的模型第1个创建的特征为拉伸（1），后面依次创建的为拉伸（2）、拉伸（3）、拉伸（4）、拉伸（5）与边倒圆（6）。

（3）查看每步特征创建的具体结构：在部件导航器中的"拉伸（1）"上右击，在弹出的快捷菜单中选择"设为当前特征"命令，此时绘图区将只显示拉伸（1）创建的特征，如图2.20所示。

图2.19　部件导航器

图2.20　拉伸（1）

（4）编辑修改特征参数：右击需要编辑的特征，在系统弹出的下拉菜单中选择"可回滚编辑"命令就可以修改特征数据了。

8. 图形区

图形区是用户主要的工作区域，建模的主要过程及绘制前后的零件图形、分析结果和模拟仿真过程等都在这个区域内显示。用户在进行操作时，可以直接在图形区中选取相关对象进行操作。图形区也叫主工作区，类似于计算机的显示器。

9. 状态栏

状态栏分为两个区域，左侧是提示栏，用来提示用户如何操作；右侧是反馈栏，用来显示系统或图形当前的状态或者执行每个操作后的结果，例如显示选取结果信息等（把鼠标放在模型上某一位置就会显示相应的信息）。执行每个操作时，系统都会在提示栏中显示用户必须执行的操作，或者提示下一步操作。对于大多数命令，我们都可以利用提示栏的提示来完成操作。

2.3.2　工作界面的自定义

在进入UG NX 2206后，在零件设计环境下选择下拉菜单"首选项"→"用户界面"，系统会弹出如图2.21所示的"用户界面首选项"对话框，使用该对话框可以对工作界面进行自定义。

1. 布局的自定义

在如图2.21所示的"用户界面首选项"对话框中单击"布局"节点，如图2.22所示。

图2.21　"用户界面首选项"对话框

图2.22　"布局"节点

在"功能区选项"区域中选中"窄功能区样式"可以对功能选项卡区进行变窄显示，如图2.23所示，如果不选中"窄功能区样式"，则可以对功能选项卡区进行正常显示，如图2.24所示；在"提示行/状态行位置"区域选中"顶部"用于设置提示行/状态行位于图形区的上方，选中"底部"用于设置提示行/状态行位于图形区的底部。

图2.23　选中"窄功能区样式"

图2.24　不选中"窄功能区样式"

2. 主题的自定义

在"用户界面首选项"对话框中单击"主题"节点，如图2.25所示。

在"NX主题"区域的类型下拉列表中系统提供了浅色、浅灰色、深色和经典4种不同的主题。

3. 资源条的自定义

在"用户界面首选项"对话框中单击"资源条"节点，如图2.26所示。

图2.25　"主题"节点　　　　　图2.26　"资源条"节点

在"资源条"区域的显示下拉列表中系统提供了左侧（在左侧显示资源工具条）、右侧（在右侧显示资源工具条，如图2.27所示）和功能区选项卡（在功能区选项卡显示资源工具条，如图2.28所示）3种不同的位置显示方式。

4. 命令快捷键的自定义

选择下拉菜单"工具"→"定制"命令，系统会弹出如图2.29所示的"定制"对话框。

在"定制"对话框"命令"功能选项卡单击"键盘"按钮，系统会弹出如图2.30所示的"定制键盘"对话框，在"类别"区域中选中需要添加快捷键的命令，然后在"按新的快捷键"文本框中输入新的快捷键，单击"指派"按钮，依次单击"定制键盘"对话框及"定制"对话框中的"关闭"按钮完成快捷键的定制。

图2.27　右侧位置　　　　　　　　　　图2.28　功能区选项卡

图2.29　"定制"对话框　　　　　　　图2.30　"定制键盘"对话框

2.4　UG NX基本鼠标操作

　　使用UG NX软件执行命令时，主要是用鼠标指针单击工具栏中的命令图标，也可以选择下拉菜单或者用键盘输入快捷键来执行命令，还可以使用键盘输入相应的数值。与其他的CAD软件类似，UG NX也提供了各种鼠标功能，包括执行命令、选择对象、弹出快捷菜单、控制模型的旋转、缩放和平移等。

2.4.1　使用鼠标控制模型

1. 旋转模型

　　按住鼠标中键，移动鼠标就可以旋转模型，鼠标移动的方向就是旋转的方向。

> **注意**　按住中键后移动鼠标进行旋转的中心是由系统自动判断的，与鼠标放置的位置无关；如果读者想将鼠标位置作为旋转中心，则只需按住中键几秒，然后移动鼠标。

在绘图区空白位置右击，在系统弹出的快捷菜单中选择"旋转"，按住鼠标左键移动鼠标即可旋转模型。

按键盘的F7快捷键，然后按住鼠标左键移动鼠标即可旋转模型。

2. 缩放模型

滚动鼠标中键，向前滚动可以缩小模型，向后滚动可以放大模型。

> **注意**　在UG NX中缩放的方向可以根据用户自己的使用习惯进行设置，设置方法如下。
> 选择下拉菜单"文件"→"实用工具"→"用户默认设置"命令，系统会弹出如图2.31所示的"用户默认设置"对话框，单击左侧"基本环境"节点下的"视图操作"，在"视图操作"选项卡下的"鼠标滚轮滚动"区域的"方向"下拉列表设置即可，"后退以放大"是指当向后滚动鼠标时放大图形，当向前滚动鼠标时缩小图形，"前进以放大"是指当向前滚动鼠标时放大图形，当向后滚动鼠标时缩小图形，设置完成后重启软件生效。

图2.31　"用户默认设置"对话框

先按住Ctrl键，然后按住鼠标中键，向前移动鼠标可以缩小模型，向后移动鼠标可以放大模型。

在绘图区空白位置右击，在系统弹出的快捷菜单中选择"缩放"，然后框选需要放大的区域即可。

3. 平移模型

先按住Shift键，然后按住鼠标中键，移动鼠标就可以移动模型，鼠标移动的方向就是模型移动的方向。

在绘图区空白位置右击，在系统弹出的快捷菜单中选择"平移"，按住鼠标左键移动鼠标即可平移模型。

> **注意** 如果由于误操作导致模型无法在绘图区显示，用户则可以通过按 Ctrl+F 快捷键或者在绘图区右击并选择"适合窗口"命令即可快速将模型最大化显示在绘图区。

2.4.2 对象的选取

1. 选取单个对象

直接用鼠标左键单击需要选取的对象。

在部件导航器中单击对象名称即可选取对象，被选取的对象会加亮显示。

2. 选取多个对象

在图形区单击多个对象就可以直接选取多个对象。

在部件导航器中按住Ctrl键后单击多个对象名称即可选取多个对象。

在部件导航器中按住Shift键选取第1个对象，再选取最后一个对象，这样就可以选中从第1个到最后一个对象之间的所有对象。

2.5 UG NX文件操作

2.5.1 打开文件

4min

正常启动软件后，要想打开名称为"支架"的文件，其操作步骤如下。

○ 步骤1 执行命令。选择快速访问工具条中的 ，如图2.32所示（或者选择下拉菜单"文件"→"打开"命令），系统会弹出"打开"对话框。

图2.32 快速访问工具条

○ 步骤2 打开文件。找到模型文件所在的文件夹后，在文件列表中选中要打开的文件名为"支架"的文件，单击"确定"按钮，即可打开文件（或者双击文件名也可以打开文件）。

> **注意** 对于最近打开的文件，可以在"资源条选项"中的"历史记录"中查看，在"历史记录"中要打开的文件上单击即可快速打开。

　　单击"文件名"文本框右侧的 按钮，选择某一种文件类型，此时文件列表中将只显示此类型的文件，方便用户打开某一种特定类型的文件，如图2.33所示。

部件文件 (*.prt)
仿真文件 (*.sim)
FEM 文件 (*.fem)
装配 FEM 文件 (*.afm)
Simcenter 3D Motion 模型定义文件 (*.mdef)
LMS Virtual.Lab 运动文件 (*.catanalysis;*.lmsmotiondefinition)
用户定义特征文件 (*.udf)
Solid Edge 文件 (*.asm;*.par;*.psm;*.pwd)
PLM XML 书签文件 (*.plmxml)
JT 文件 (*.jt)
Parasolid 文件 (*.x_t;*.xmt_txt;*.x_b;*.xmt_bin)
ACIS 文件 (*.sat;*.sab)
IGES 文件 (*.igs;*.iges)
STEP 文件 (*.stp;*.step;*.stpx;*.stpz;*.stpxz)
AutoCAD 文件 (*.dxf;*.dwg)
CATIA 模型文件 (*.model)
CATIA V5 文件 (*.catpart;*.catproduct;*.catshape;*.cgr)
SolidWorks 文件 (*.sldprt;*.sldasm)
Wavefront ASCII (*.obj)
IFC 文件 (*.ifc)
所有文件 (*.*)

图**2.33** 文件类型列表

2.5.2 保存文件

3min

　　保存文件非常重要，读者一定要养成间隔一段时间就对所做工作进行保存的习惯，这样就可以避免出现一些意外所造成的不必要的麻烦。保存文件分两种情况：如果要保存已经打开的文件，文件保存后系统则会自动覆盖当前文件，如果要保存新建的文件，系统则会弹出"另存为"对话框，下面以新建一个文件名为save的文件并保存为例，说明保存文件的一般操作过程。

　　○ 步骤1 新建文件。选择快速访问工具栏中的 （或者选择下拉菜单"文件"→"新建"命令），系统会弹出如图2.34所示的"新建"对话框。

图**2.34** "新建"对话框

○步骤2　选择模型模板。在"新建"对话框中的"模板"区域中选中"模型"。

○步骤3　设置名称与保存位置。在"新建"对话框"新文件名"区域的"名称"文本框中输入文件名称（例如save），在"文件夹"文本框设置保存路径（例如D:\UG2206\work\ch02.05），单击"确定"按钮完成新建操作。

○步骤4　保存文件。选择快速访问工具栏中的 命令（或者选择下拉菜单"文件"→"保存"→"保存"命令），系统会自动将文件保存到步骤3设置好的文件夹中。

> **注意**　在文件下拉菜单中有一个另存为命令，保存与另存为的区别主要在于：保存是保存当前文件，另存为可以将当前文件复制后进行保存，并且保存时可以调整文件名称，原始文件不受影响。
>
> 　　如果打开多个文件，并且进行了一定的修改，则可以通过"文件"→"保存"→"全部保存"命令对全部文件进行快速保存。

2.5.3　关闭文件

关闭文件主要有以下两种情况：

第一，关闭当前文件，可以选择下拉菜单"文件"→"关闭"→"保存并关闭"命令直接关闭文件。

第二，关闭所有文件，可以选择下拉菜单"文件"→"关闭"→"全部保存并关闭"命令即可保存并关闭全部打开的文件。

2.6　UG模型设计的一般过程

2.6.1　特征的基本概念

"特征"可以看作构成零件的一个个几何单元，例如构成我们人体结构的每部分，就可以说是构成人体的每个特征。

三维模型的每个特征都会在模型树中显示出来，图形区中的特征与模型树中的名称是一一对应的。

特征的定义很广泛：有的代表几何元素在模型中的作用，如基准平面、基准轴等。

有的代表几何元素的创建方法，如拉伸特征。

有的表示工程制造意义或加工信息，如倒圆角特征。

2.6.2　模型设计的一般过程

使用UG创建机械类的三维模型一般会经历以下几个步骤：

（1）分析将要创建的零件的三维模型。

（2）设置工作目录。

（3）新建一个零件的三维模型文件。

（4）创建零件中的各个特征。

（5）保存零件模型（保存到工作目录中）。

接下来就以绘制如图2.35所示的模型为例，向大家具体介绍，在每步中具体的工作有哪些。

步骤1 分析将要创建的零件的三维模型。

图2.35　模型设计的一般过程

（1）分析三维模型的结构。此模型主要由如图2.36所示的5部分结构组成。

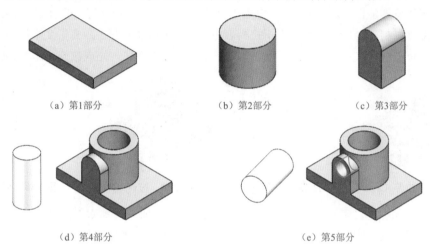

（a）第1部分　　　　　　　（b）第2部分　　　　　　　（c）第3部分

（d）第4部分　　　　　　　　　（e）第5部分

图2.36　模型结构

（2）分析各结构的创建顺序。

在使用UG创建各结构时一般需要根据以下两点规则安排创建顺序：第一点为先创建加料的结构，再创建减料的结构，在此案例中第1、第2、第3部分为加料优先创建，第4与第5部分为减料后创建；第二点为先创建主要结构，再创建次要结构。综合两点考虑此模型可以按照第1、第2、第3、第4与第5的顺序进行逐一创建。

（3）分析各结构的创建方法。

首先来理解拉伸特征的基本概念。拉伸特征是指将一个截面轮廓沿着草绘平面的垂直方向进行伸展而得到的一种实体。通过对概念的学习，我们应该可以总结得到，第一，拉伸特征的创建需要有以下两大要素：一是截面轮廓，二是草绘平面，并且对于这两大要素来讲，一般情况下截面轮廓是绘制在草绘平面上的，因此，一般在创建拉伸特征时需要先确定草绘平面，然后考虑要在这个草绘平面上绘制一个什么样的截面轮廓草图；第二，拉伸所创建的结构的特点为当我们从某个正方向观察所作结构时，如果从开始到终止的形状是完全一致的，此结构就可以通过拉伸方式得到。在本案例中这5部分结构均符合此特点。

步骤2 设置工作目录。提前在D盘UG2206目录中新建ch02.06文件夹作为工作目录。

步骤3 新建一个零件的三维模型文件。选择"快速访问工具条"中的 命令，在"新建"对话框中选择"模型"模板，在名称文本框中输入"模型设计的一般过程"，将工作目录设置为D:\UG2206\work\ch02.06\，然后单击"确定"按钮进入零件建模环境。

◯ 步骤4 创建零件中的各个特征。

（1）创建如图2.37所示的拉伸（1）。单击 主页 功能选项卡"基本"区域中的 ⏢（拉伸）按钮，在系统的提示下选取"XY平面"作为草图平面，绘制如图2.38所示的草图；在"拉伸"对话框"限制"区域的"终止"下拉列表中选择 ├ 值 选项，在"距离"文本框中输入深度值8；单击"确定"按钮，完成拉伸（1）的创建。

（2）创建如图2.39所示的拉伸（2）。单击 主页 功能选项卡"基本"区域中的 ⏢ 按钮，在系统的提示下选取如图2.39所示的模型表面作为草图平面，绘制如图2.40所示的草图；在"拉伸"对话框"限制"区域的"终止"下拉列表中选择 ├ 值 选项，在"距离"文本框中输入深度值25；在"布尔"下拉列表中选择"合并"，单击"确定"按钮，完成拉伸（2）的创建。

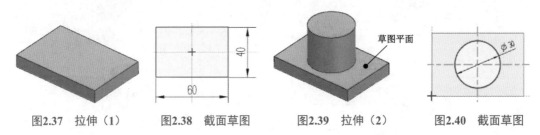

图2.37 拉伸（1）　　　图2.38 截面草图　　　图2.39 拉伸（2）　　　图2.40 截面草图

（3）创建如图2.41所示的拉伸（3）。单击 主页 功能选项卡"基本"区域中的 ⏢ 按钮，在系统的提示下选取如图2.41所示的模型表面作为草图平面，绘制如图2.42所示的草图；在"拉伸"对话框"方向"区域单击⊠按钮，在"限制"区域的"终止"下拉列表中选择 ├ 值 选项，在"距离"文本框中输入深度值17；在"布尔"下拉列表中选择"合并"，单击"确定"按钮，完成拉伸（3）的创建。

（4）创建如图2.43所示的拉伸（4）。单击 主页 功能选项卡"基本"区域中的 ⏢ 按钮，在系统的提示下选取如图2.43所示的模型表面作为草图平面，绘制如图2.44所示的草图；在"拉伸"对话框"方向"区域单击⊠按钮，在"限制"区域的"终止"下拉列表中选择 ├ 值 选项，在"距离"文本框中输入深度值40；在"布尔"下拉列表中选择"减去"，单击"确定"按钮，完成拉伸（4）的创建。

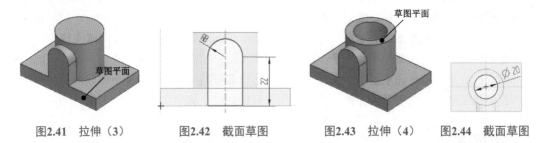

图2.41 拉伸（3）　　　图2.42 截面草图　　　图2.43 拉伸（4）　　　图2.44 截面草图

（5）创建如图2.45所示的拉伸（5）。单击 主页 功能选项卡"基本"区域中的 ⏢ 按钮，在系统的提示下选取如图2.45所示的模型表面作为草图平面，绘制如图2.46所示的草图；在"拉伸"对话框"方向"区域单击⊠按钮，在"限制"区域的"终止"下拉列表中选择├值选项，在"距离"文本框中输入深度值20；在"布尔"下拉列表中选择"减去"，单击"确定"按钮，完成拉伸（5）的创建。

（6）创建如图2.47所示的圆角（1）。单击主页功能选项卡"基本"区域中的◎（边倒圆）按钮，系统会弹出"边倒圆"对话框，在系统的提示下选取长方体的4根竖直边线作为圆角对象，在"边倒圆"对话框的"半径1"文本框中输入圆角半径值7，单击"确定"按钮完成边倒圆的创建。

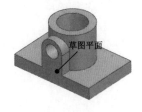

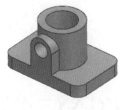

图2.45　拉伸（5）　　　　图2.46　截面草图　　　　图2.47　圆角（1）

○ 步骤5　保存文件。选择"快速访问工具栏"中的"保存"命令，完成保存操作。

第 3 章

UG NX二维草图设计

3.1 UG NX二维草图设计概述

　　UG NX零件设计是以特征为基础进行创建的，大部分零件的设计来源于二维草图。一般的设计思路为首先创建特征所需的二维草图，然后将此二维草图结合某个实体建模的功能将其转换为三维实体特征，多个实体特征依次堆叠得到零件，因此二维草图是零件建模中最基层也是最重要的部分，非常重要。掌握绘制二维草图的一般方法与技巧对于创建零件及提高零件设计的效率都非常关键。

注意	二维草图的绘制必须选择一个草图基准面，也就是要确定草图在空间中的位置（打个比方：草图相当于写的文字，我们都知道写字要有一张纸，并且要把字写在一张纸上，纸就相当于草图基准面，纸上写的字就相当于二维草图，并且一般写字时要把纸铺平之后写，所以草图基准面需要是一个平的面）。草图基准面可以是系统默认的3个基准平面（XY基准面、YZ基准面和ZX基准面，如图3.1所示），也可以是现有模型的平面表面，另外还可以是我们自己创建的基准平面。	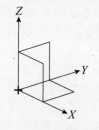 图3.1　系统默认的基准平面

3.2　进入与退出二维草图设计环境

▶ 3min

1. 进入草图环境的操作方法

　　○ 步骤1　启动UG NX软件。

　　○ 步骤2　新建文件。选择"快速访问工具条"中的 🗋 命令（或者选择下拉菜单"文件"→"新建"命令），系统会弹出"新建"对话框；在"新建"对话框中选择"模型"模板，采用系统默认的名称与保存路径，然后单击"确定"按钮进入零件建模环境。

　　◎ 步骤3　选择命令。单击 主页 功能选项卡"构造"区域中的草图 ✎ 按钮（或者选择下拉菜单"插入"→"草图"命令），系统会弹出如图3.2所示的"创建草图"对话框。

　　◎ 步骤4　选择草图平面。在绘图区选取"XY平面"作为草图平面，单击"创建草图"对话框中的"确定"按钮进入草图环境，如图3.3所示。

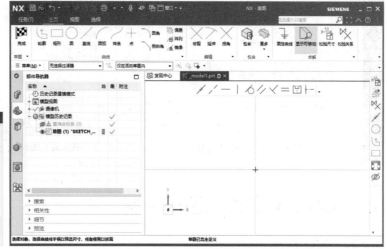

图3.2　"创建草图"对话框　　　　　　　图3.3　草图环境

2. 退出草图环境的操作方法

　　在草图设计环境中单击 主页 功能选项卡"草图"区域中的完成 ✖ 按钮（或者选择下拉菜单"任务"→"完成草图"命令）。

3.3　草绘前的基本设置

　　进入草图设计环境后，选择下拉菜单"任务"→"草图设置"命令，系统会弹出如图3.4所示的"草图设置"对话框，在"活动草图"区域的"尺寸标签"下拉列表中选择"值"，选中"屏幕上固定文本高度"，其他采用默认设置，单击"确定"按钮完成基本设置。

▶ 4min

图3.4　"草图设置"对话框

> **说明**　　此设置方法所设置的值仅针对当前文件有效，如果想永久有效，则可通过以下操作进行。
> 　　选择下拉菜单"文件"→"实用工具"→"用户默认设置"命令，系统会弹出"用户默认设置"对话框，单击左侧的"草图"节点，在右侧"草图设置"功能选项

卡"活动草图"区域的"设计应用程序中的尺寸标注"中选中"值"单选项，如图3.5所示；单击左侧的"自动判断尺寸和约束（原有）"节点，在右侧单击"尺寸（原有）"选项卡，取消选中"在设计应用程序中连续自动标注尺寸（原有）"，如图3.6所示。

图3.5　尺寸标签设置　　　　　　　　　图3.6　连续自动标注尺寸设置

3.4　UG NX 二维草图的绘制

3.4.1　直线的绘制

○ 步骤1　进入草图环境。选择"快速访问工具条"中的 🗋 命令（或者选择下拉菜单"文件"→"新建"命令），系统会弹出"新建"对话框；在"新建"对话框中选择"模型"模板，采用系统默认的名称与保存路径，然后单击"确定"按钮进入零件建模环境；单击 主页 功能选项卡"构造"区域中的 ◢ 按钮，系统会弹出"创建草图"对话框，在系统的提示下，选取"*XY*平面"作为草图平面，单击"确定"按钮进入草图环境。

> **说明**　（1）在绘制草图时，必须选择一个草图平面才可以进入草图环境进行草图的具体绘制。
> 　　　　（2）以后在绘制草图时，如果没有特殊的说明，则是在 *XY* 平面上进行草图绘制。

○ 步骤2　选择命令。单击 主页 功能选项卡"曲线"区域中的 ◢ 按钮，系统会弹出如图3.7所示的"直线"工具条。

图3.7　"直线"工具条

> **说明**　读者还可以通过选择下拉菜单"插入"→"曲线"→"直线"执行此命令。

○ 步骤3　选取直线的起点。在图形区任意位置单击，即可确定直线的起点（单击位置就是起点位置），此时可以在绘图区看到"橡皮筋"线附着在鼠标指针上，如图3.8所示。

○ 步骤4　选取直线的终点。在图形区任意位置单击，即可确定直线的终点（单击位置就是终点位置），系统会自动在起点和终点之间绘制1条直线。

○ 步骤5　结束绘制。在键盘上按Esc键，结束直线的绘制。

图3.8　直线绘制"橡皮筋"

3.4.2　矩形的绘制

▶ 5min

方法一：按两点

○ 步骤1　进入草图环境。单击 主页 功能选项卡"构造"区域中的 ✍ 按钮，在系统的提示下，选取"XY平面"作为草图平面，单击"确定"按钮进入草图环境。

○ 步骤2　选择命令。单击 主页 功能选项卡"曲线"区域中的□按钮，系统会弹出如图3.9所示的"矩形"命令条。

图3.9　"矩形"命令条

○ 步骤3　定义矩形类型。在"矩形"命令条的"矩形方法"区域选中□（按2点）类型。

○ 步骤4　定义两点矩形的第1个角点。在图形区任意位置单击，即可确定边角矩形的第1个角点。

○ 步骤5　定义两点矩形的第2个角点。在图形区任意位置再次单击，即可确定边角矩形的第2个角点，此时系统会自动在两个角点间绘制得到一个边角矩形。

○ 步骤6　结束绘制。在键盘上按Esc键，结束两点矩形的绘制。

方法二：按三点

○ 步骤1　进入草图环境。单击 主页 功能选项卡"构造"区域中的 ✍ 按钮，在系统的提示下，选取"XY平面"作为草图平面，单击"确定"按钮进入草图环境。

○ 步骤2　选择命令。单击 主页 功能选项卡"曲线"区域中的□按钮，系统会弹出"矩形"命令条。

○ 步骤3　定义矩形类型。在"矩形"命令条的"矩形方法"区域选中□（按3点）类型。

○ 步骤4　定义三点矩形的第1个角点。在图形区任意位置单击，即可确定三点矩形的第1个角点。

○ 步骤5　定义三点矩形的第2个角点。在图形区任意位置再次单击，即可确定三点矩形的第2个角点，此时系统会绘制出矩形的一条边线。

○ 步骤6　定义三点矩形的第3个角点。在图形区任意位置再次单击，即可确定三点矩形的第3个角点，此时系统会自动在3个角点间绘制并得到一个矩形。

○ 步骤7　结束绘制。在键盘上按Esc键，结束矩形的绘制。

方法三：从中心

○ 步骤1　进入草图环境。单击 主页 功能选项卡"构造"区域中的 ✍ 按钮，在系统的提示下，选取"XY平面"作为草图平面，单击"确定"按钮进入草图环境。

○ 步骤2　选择命令。单击 主页 功能选项卡"曲线"区域中的□按钮，系统会弹出"矩形"命令条。

○ 步骤3　定义矩形类型。在"矩形"命令条的"矩形方法"区域选中 ▦（从中心）类型。

○ 步骤4　定义中心矩形的中心。在图形区任意位置单击，即可确定中心矩形的中心点。

○ 步骤5　定义矩形一根线的中点。在图形区任意位置再次单击，即可确定矩形一根线的中点。

说明	中心点与矩形中的一根线的中点的连线角度直接决定了中心矩形的角度。

○ 步骤6　定义矩形的一个角点。在图形区任意位置再次单击，即可确定边角矩形的第1个角点，此时系统会自动绘制并得到一个中心矩形。

○ 步骤7　结束绘制。在键盘上按Esc键，结束中心矩形的绘制。

3.4.3　圆的绘制

▶ 3min

方法一：圆心直径方式

○ 步骤1　进入草图环境。单击 主页 功能选项卡"构造"区域中的 ✏ 按钮，在系统的提示下，选取"XY平面"作为草图平面，单击"确定"按钮进入草图环境。

○ 步骤2　选择命令。单击 主页 功能选项卡"曲线"区域中的 ◯ 按钮，系统会弹出如图3.10所示的"圆"命令条。

图3.10　"圆"命令条

○ 步骤3　定义圆类型。在"圆"命令条的"圆方法"区域选中 ◉（圆心和直径确定圆）类型。

○ 步骤4　定义圆的圆心。在图形区任意位置单击，即可确定圆的圆心。

○ 步骤5　定义圆的圆上点。在图形区任意位置再次单击，即可确定圆的圆上点，此时系统会自动在两个点间绘制并得到一个圆。

○ 步骤6　结束绘制。在键盘上按Esc键，结束圆的绘制。

方法二：三点定圆方式

○ 步骤1　进入草图环境。单击 主页 功能选项卡"构造"区域中的 ✏ 按钮，在系统的提示下，选取"XY平面"作为草图平面，单击"确定"按钮进入草图环境。

○ 步骤2　选择命令。单击 主页 功能选项卡"曲线"区域中的 ◯ 按钮，系统会弹出"圆"命令条。

○ 步骤3　定义圆类型。在"圆"命令条的"圆方法"区域选中 ◯（三点确定圆）类型。

○ 步骤4　定义圆上的第1个点。在图形区任意位置单击，即可确定圆上的第1个点。

○ 步骤5　定义圆上的第2个点。在图形区任意位置再次单击，即可确定圆上的第2个点。

○ 步骤6　定义圆上的第3个点。在图形区任意位置再次单击，即可确定圆上的第3个点，此时系统会自动在3个点间绘制并得到一个圆。

○ 步骤7　结束绘制。在键盘上按Esc键，结束圆的绘制。

3.4.4　圆弧的绘制

方法一：中心端点方式

◎ 步骤1　进入草图环境。单击 主页 功能选项卡"构造"区域中的 ✎ 按钮，在系统的提示
下，选取"XY平面"作为草图平面，单击"确定"按钮进入草图环境。

◎ 步骤2　选择命令。单击 主页 功能选项卡"曲线"区域中的 按
钮，系统会弹出如图3.11所示的"圆弧"命令条。

◎ 步骤3　定义圆弧类型。在"圆弧"命令条的"圆弧方法"区域
选中"中心和端点确定圆弧" 类型。

图3.11　"圆弧"命令条

◎ 步骤4　定义圆弧的圆心。在图形区任意位置单击，即可确定圆弧的圆心。

◎ 步骤5　定义圆弧的起点。在图形区任意位置再次单击，即可确定圆弧的起点。

◎ 步骤6　定义圆弧的终点。在图形区任意位置再次单击，即可确定圆弧的终点，此时系
统会自动绘制并得到一个圆弧（鼠标移动的方向就是圆弧生成的方向）。

◎ 步骤7　结束绘制。在键盘上按Esc键，结束圆弧的绘制。

方法二：三点方式

◎ 步骤1　进入草图环境。单击 主页 功能选项卡"构造"区域中的 ✎ 按钮，在系统的提示
下，选取"XY平面"作为草图平面，单击"确定"按钮进入草图环境。

◎ 步骤2　选择命令。单击 主页 功能选项卡"曲线"区域中的 按钮，系统会弹出"圆弧"
命令条。

◎ 步骤3　定义圆弧类型。在"圆弧"命令条的"圆弧方法"区域选中 （三点确定圆
弧）类型。

◎ 步骤4　定义圆弧的第1个点。在图形区任意位置单击，即可确定圆弧的第1个点。

◎ 步骤5　定义圆弧的第2个点。在图形区任意位置再次单击，即可确定圆弧的第2个点。

◎ 步骤6　定义圆弧的第3个点。在图形区任意位置再次单击，即可确定圆弧的第3个点，
此时系统会自动在3个点间绘制并得到一个圆弧。

> **说明**　　三点圆弧的顺序可以是起点、端点和圆弧上的点，也可以是起点、圆弧上的点和
> 端点。

◎ 步骤7　结束绘制。在键盘上按Esc键，结束圆弧的绘制。

3.4.5　轮廓的绘制

轮廓线也称为多段线，该命令主要用于连续绘制直线或者圆
弧，可以在绘制直线和绘制圆弧之间进行任意切换。接下来就以
绘制如图3.12所示的图形为例，来介绍轮廓线绘制的一般方法。

◎ 步骤1　进入草图环境。单击 主页 功能选项卡"构造"区

图3.12　轮廓

域中的◢按钮，在系统的提示下，选取"*XY*平面"作为草图平面，单击"确定"按钮进入草图环境。

图3.13 "轮廓"命令条

○步骤2 选择命令。单击 主页 功能选项卡"曲线"区域中的 ☜ 命令，绘图区会弹出如图3.13所示的"轮廓"命令条。

> **说明** 在默认情况下，进入草图环境后，系统会自动执行轮廓命令。

○步骤3 定义轮廓类型。在"轮廓"命令条的"对象方法"区域选中◢（直线）类型。

○步骤4 绘制直线1。在图形区任意位置单击（点1），即可确定直线的起点；水平移动鼠标并在合适位置单击以确定直线的端点（点2），此时完成第1段直线的绘制。

○步骤5 绘制圆弧1。当直线端点出现一个"橡皮筋"时，将鼠标移动至直线的端点位置，按住鼠标左键拖动即可快速切换到圆弧，在合适的位置单击以确定圆弧的端点（点3）。

○步骤6 绘制直线2。当圆弧端点出现一个"橡皮筋"时，水平移动鼠标，在合适位置单击即可确定直线的端点（点4）。

○步骤7 绘制圆弧2。当直线端点出现一个"橡皮筋"时，将鼠标移动至直线的端点位置，按住鼠标左键拖动即可快速切换到圆弧，在直线1的起点处单击以确定圆弧的端点。

○步骤8 结束绘制。在键盘上按Esc键，结束图形的绘制。

3.4.6 多边形的绘制

5min

方法一：外接圆正多边形

○步骤1 进入草图环境。单击 主页 功能选项卡"构造"区域中的◢按钮，在系统的提示下，选取"*XY*平面"作为草图平面，单击"确定"按钮进入草图环境。

○步骤2 选择命令。选择下拉菜单"插入"→"曲线"→"多边形"命令，系统会弹出如图3.14所示的"多边形"对话框。

○步骤3 定义多边形的类型。在"多边形"对话框的"大小"下拉列表中选择"外接圆半径"类型。

○步骤4 定义多边形的边数。在"多边形"对话框"边数"文本框中输入边数6。

○步骤5 定义多边形的中心。在图形区任意位置单击，即可确定多边形的中心点。

图3.14 "多边形"对话框

○步骤6 定义多边形的角点。在图形区任意位置再次单击（例如点B），即可确定多边形的角点，此时系统会自动在两个点间绘制并得到一个正六边形。

○步骤7 结束绘制。在键盘上按Esc键，结束多边形的绘制，如图3.15所示。

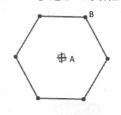

图3.15 外接圆正多边形

方法二：内切圆正多边形

◎ 步骤1　进入草图环境。单击 主页 功能选项卡"构造"区域中的 ⊘ 按钮，在系统的提示下，选取"XY平面"作为草图平面，单击"确定"按钮进入草图环境。

◎ 步骤2　选择命令。选择下拉菜单"插入"→"曲线"→"多边形"命令，系统会弹出"多边形"对话框。

◎ 步骤3　定义多边形的类型。在"多边形"对话框的"大小"下拉列表中选择"内切圆半径"类型。

◎ 步骤4　定义多边形的边数。在"多边形"对话框"边数"文本框中输入边数6。

◎ 步骤5　定义多边形的中心。在图形区任意位置单击，即可确定多边形的中心点。

◎ 步骤6　定义多边形的角点。在图形区任意位置再次单击（例如点B），即可确定多边形的角点，此时系统会自动在两个点间绘制并得到一个正六边形。

◎ 步骤7　结束绘制。在键盘上按Esc键，结束多边形的绘制，如图3.16所示。

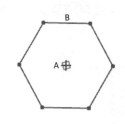

图3.16　内切圆正多边形

3.4.7　椭圆与椭圆弧的绘制

方法一：椭圆的绘制

◎ 步骤1　进入草图环境。单击 主页 功能选项卡"构造"区域中的 ⊘ 按钮，在系统的提示下，选取"XY平面"作为草图平面，单击"确定"按钮进入草图环境。

◎ 步骤2　选择命令。选择下拉菜单"插入"→"曲线"→"椭圆"命令，系统会弹出如图3.17所示的"椭圆"对话框。

◎ 步骤3　定义椭圆长半轴长度。在"椭圆"对话框的"大半径"文本框中输入长半轴长度50。

◎ 步骤4　定义椭圆短半轴长度。在"椭圆"对话框的"小半径"文本框中输入短半轴长度25。

◎ 步骤5　定义椭圆的角度。在"椭圆"对话框的"限制"区域中确认选中"封闭"，在"椭圆"对话框中的"角度"文本框中输入角度值0。

◎ 步骤6　定义椭圆的圆心。在图形区任意位置单击，即可确定椭圆的圆心。

图3.17　"椭圆"对话框

◎ 步骤7　结束绘制。单击"椭圆"对话框中的"确定"按钮，结束椭圆的绘制。

方法二：椭圆弧（部分椭圆）的绘制

◎ 步骤1　进入草图环境。单击 主页 功能选项卡"构造"区域中的 ⊘ 按钮，在系统的提示下，选取"XY平面"作为草图平面，单击"确定"按钮进入草图环境。

◎ 步骤2 选择命令。选择下拉菜单"插入"→"曲线"→"椭圆"命令，系统会弹出"椭圆"对话框。

◎ 步骤3 定义椭圆长半轴长度。在"椭圆"对话框的"大半径"文本框中输入长半轴长度50。

◎ 步骤4 定义椭圆短半轴长度。在"椭圆"对话框的"小半径"文本框中输入短半轴长度25。

◎ 步骤5 定义椭圆的角度。在"椭圆"对话框中的"角度"文本框中输入角度值0。

◎ 步骤6 定义椭圆的起始终止角度。在"椭圆"对话框的"限制"区域中取消选中"封闭"，然后在"起始角"文本框中输入起始角度20，在"终止角"文本框中输入终止角度130，如图3.18所示。

说明	通过单击"限制"区域中的 ⊙（补充）按钮就可以快速得到椭圆的补弧，如图3.19所示。

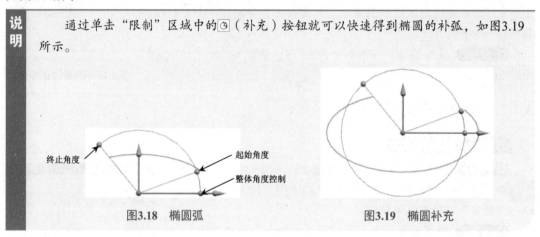

图3.18　椭圆弧　　　　　　　　　　　　图3.19　椭圆补充

◎ 步骤7 定义椭圆的圆心。在图形区任意位置单击，即可确定椭圆的圆心。

◎ 步骤8 结束绘制。单击"椭圆"对话框中的"确定"按钮，结束椭圆的绘制。

3.4.8　艺术样条的绘制

5min

艺术样条是通过任意多个位置点（至少两个点）的平滑曲线，艺术样条主要用来帮助用户得到各种复杂的曲面造型，因此在进行曲面设计时会经常使用。

方法一：通过点

下面以绘制如图3.20所示的艺术样条为例，说明绘制通过点艺术样条的一般操作过程。

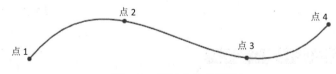

图3.20　通过点艺术样条

◉ 步骤1 进入草图环境。单击▣功能选项卡"构造"区域中的▨按钮，在系统的提示下，选取"XY平面"作为草图平面，单击"确定"按钮进入草图环境。

◉ 步骤2 选择命令。单击▣功能选项卡"曲线"区域中的▨按钮，系统会弹出如图3.21所示的"艺术样条"对话框。

◉ 步骤3 定义类型。在"艺术样条"对话框"类型"下拉列表中选择"通过点"。

◉ 步骤4 定义参数。在"艺术样条"对话框"参数设置"区域的"次数"文本框中输入3。

◉ 步骤5 定义艺术样条的第1个定位点。在图形区点1（如图3.20所示）位置单击，即可确定艺术样条的第1个定位点。

◉ 步骤6 定义艺术样条的第2个定位点。在图形区点2（如图3.20所示）位置再次单击，即可确定艺术样条的第2个定位点。

◉ 步骤7 定义艺术样条的第3个定位点。在图形区点3（如图3.20所示）位置再次单击，即可确定艺术样条的第3个定位点。

图3.21 "艺术样条"对话框

◉ 步骤8 定义艺术样条的第4个定位点。在图形区点4（如图3.20所示）位置再次单击，即可确定艺术样条的第4个定位点。

> **说明** 通过点类型的艺术样条的通过点需要大于次数值，否则系统将弹出如图3.22所示的"艺术样条"对话框，并且自动将艺术样条改为极点类型的艺术样条，如图3.23所示（样条通过点数与极点均为3）。

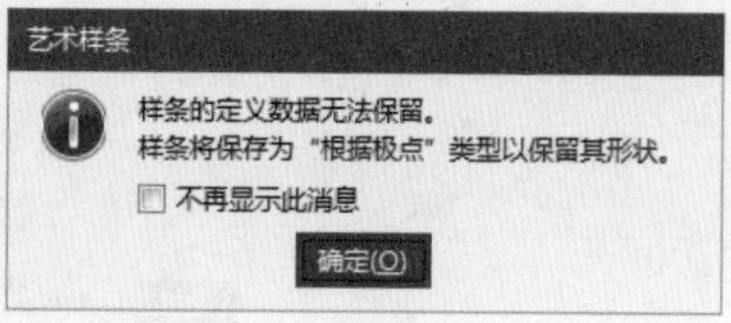

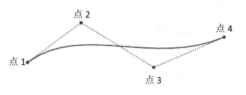

图3.22 "艺术样条"对话框 　　　图3.23 艺术样条

◉ 步骤9 结束绘制。单击"艺术样条"对话框中的"确定"按钮，结束艺术样条的绘制。

方法二：根据极点

下面以绘制如图3.24所示的艺术样条为例，说明绘制"根据极点"样条曲线的一般操作过程。

◉ 步骤1 进入草图环境。单击▣功能选项卡"构造"区域中的▨按钮，在系统的提示下，选取"XY平面"作为草图平面，单击"确定"按钮进入草图环境。

点2　　　　　点4
点1　　　　点3

图3.24 极点艺术样条

◉ 步骤2 选择命令。单击▣功能选项卡"曲线"区域中的▨按钮，系统会弹出如图3.22

所示的"艺术样条"对话框。

◎ 步骤3 定义类型。在"艺术样条"对话框"类型"下拉列表中选择"根据极点"。

◎ 步骤4 定义参数。在"艺术样条"对话框"参数设置"区域的"次数"文本框中输入3。

◎ 步骤5 定义艺术样条的第1个控制点。在图形区点1（如图3.24所示）位置单击，即可确定艺术样条的第1个定位点。

◎ 步骤6 定义艺术样条的第2个控制点。在图形区点2（如图3.24所示）位置单击，即可确定艺术样条的第2个定位点。

◎ 步骤7 定义艺术样条的第3个控制点。在图形区点3（如图3.24所示）位置单击，即可确定艺术样条的第3个定位点。

◎ 步骤8 定义艺术样条的第4个控制点。在图形区点4（如图3.24所示）位置单击，即可确定艺术样条的第4个定位点。

说明 "根据极点"类型的艺术样条的极点数必须大于次数值，否则将不能创建艺术样条。

◎ 步骤9 结束绘制。单击"艺术样条"对话框中的"确定"按钮，结束艺术样条的绘制。

3.4.9 二次曲线的绘制

4min

二次曲线主要用来绘制椭圆弧、抛物线及双曲线。

方法一：椭圆弧

◎ 步骤1 进入草图环境。单击 主页 功能选项卡"构造"区域中的 ✏ 按钮，在系统的提示下，选取"XY平面"作为草图平面，单击"确定"按钮进入草图环境。

◎ 步骤2 选择命令。选择下拉菜单"插入"→"曲线"→"二次曲线"命令，系统会弹出如图3.25所示的"二次曲线"对话框。

◎ 步骤3 设置Rho值。在"二次曲线"对话框的"值"文本框中输入0.3。

图3.25 "二次曲线"对话框

说明 Rho 值只可以在 0～1 之间变化，值越小越平坦；当值小于 0.5 时将绘制椭圆弧，当值等于 0.5 时将绘制抛物线，当值大于 0.5 时将绘制双曲线。

◎ 步骤4 定义二次曲线的起点限制。在图形区点1位置单击，即可确定二次曲线的起点，如图3.26所示。

◎ 步骤5 定义二次曲线的终点限制。在图形区点2位置单击，即可确定二次曲线的终点，如图3.26所示。

◎ 步骤6 定义二次曲线的控制点。在图形区点3位置单击，即可确定二次曲线的控制点，如图3.26所示。

○步骤7 结束绘制。单击"二次曲线"对话框中的"确定"按钮，结束椭圆弧的绘制。

方法二：抛物线

○步骤1 进入草图环境。单击 主页 功能选项卡"构造"区域中的 ⊘ 按钮，在系统的提示下，选取"*XY*平面"作为草图平面，单击"确定"按钮进入草图环境。

○步骤2 选择命令。选择下拉菜单"插入"→"曲线"→"二次曲线"命令，系统会弹出"二次曲线"对话框。

○步骤3 设置Rho值。在"二次曲线"对话框的"值"文本框中输入0.5。

○步骤4 定义二次曲线的起点限制。在图形区点1位置单击，即可确定二次曲线的起点，如图3.27所示。

○步骤5 定义二次曲线的终点限制。在图形区点2位置单击，即可确定二次曲线的终点，如图3.27所示。

○步骤6 定义二次曲线的控制点。在图形区点3位置单击，即可确定二次曲线的控制点，如图3.27所示。

○步骤7 结束绘制。单击"二次曲线"对话框中的"确定"按钮，结束抛物线的绘制。

方法三：双曲线

○步骤1 进入草图环境。单击 主页 功能选项卡"构造"区域中的 ⊘ 按钮，在系统的提示下，选取"*XY*平面"作为草图平面，单击"确定"按钮进入草图环境。

○步骤2 选择命令。选择下拉菜单"插入"→"曲线"→"二次曲线"命令，系统会弹出"二次曲线"对话框。

○步骤3 设置Rho值。在"二次曲线"对话框的"值"文本框中输入0.8。

○步骤4 定义二次曲线的起点限制。在图形区点1位置单击，即可确定二次曲线的起点，如图3.28所示。

○步骤5 定义二次曲线的终点限制。在图形区点2位置单击，即可确定二次曲线的终点，如图3.28所示。

○步骤6 定义二次曲线的控制点。在图形区点3位置单击，即可确定二次曲线的控制点，如图3.28所示。

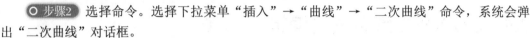

图3.26　起点终点控制点

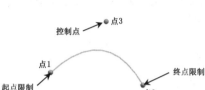

图3.27　起点终点控制点

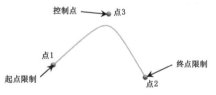

图3.28　起点终点控制点

○步骤7 结束绘制。单击"二次曲线"对话框中的"确定"按钮，结束双曲线的绘制。

3.4.10　点的绘制

点是最小的几何单元，点可以帮助我们绘制线对象、圆弧对象等，点的绘制在UG NX中比较简单；在进行零件设计、曲面设计时点都有很大的作用。

2min

○步骤1 进入草图环境。单击 主页 功能选项卡"构造"区域中的 ⊘ 按钮，在系统的提示下，选取"XY平面"作为草图平面，单击"确定"按钮进入草图环境。

◎ 步骤2 选择命令。单击 主页 功能选项卡"曲线"区域中的 ✚（点）按钮，系统会弹出如图3.29所示的"草图点"对话框。

◎ 步骤3 定义点的位置。在绘图区域的合适位置单击就可以放置点，如果想继续放置，则可以继续单击此放置点。

◎ 步骤4 结束绘制。在键盘上按Esc键，结束点的绘制。

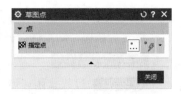

图3.29 "草图点"对话框

3.5 UG NX 二维草图的编辑

对于比较简单的草图，在具体绘制时，对各个图元可以确定好，但是，不是每个图元都可以一步到位地绘制好，在绘制完成后还要对其进行必要的修剪或复制才能完成，这就是草图的编辑；我们在绘制草图时，如果绘制的速度较快，则经常会出现绘制的图元形状和位置不符合要求的情况，这时就需要对草图进行编辑；草图的编辑包括操纵移动图元、镜像、修剪图元等，可以通过这些操作将一个很粗略的草图调整到很规整的状态。

3.5.1 操纵曲线

图元的操纵主要用来调整现有对象的大小和位置。在UG NX中不同图元的操纵方法是不一样的，接下来就对常用的几类图元的操纵方法进行具体介绍。

1. 直线的操纵

整体移动直线的位置：在图形区，把鼠标移动到直线上，按住左键不放，同时移动鼠标，此时直线将随着鼠标指针一起移动，达到绘图意图后松开鼠标左键即可。

注意	直线移动的方向便是鼠标移动的方向。

调整直线的大小：在图形区，把鼠标移动到直线的端点上，按住左键不放，同时移动鼠标，此时会看到直线会以另外一个点为固定点伸缩或转动，达到绘图意图后松开鼠标左键即可。

2. 圆的操纵

整体移动圆的位置：在图形区，把鼠标移动到圆心上，按住左键不放，同时移动鼠标，此时圆将随着鼠标指针一起移动，达到绘图意图后松开鼠标左键即可。

调整圆的大小：在图形区，首先选中圆，然后将鼠标移动到象限控制点上，按住左键不放，同时移动鼠标，此时会看到圆随着鼠标的移动而变大或变小，达到绘图意图后松开鼠标左键即可。

3. 圆弧的操纵

整体移动圆弧的位置（方法一）：在图形区，把鼠标移动到圆弧的圆心上，按住左键不放，同时移动鼠标，此时圆弧将随着鼠标指针一起移动，达到绘图意图后松开鼠标左键即可。

整体移动圆弧的位置（方法二）：在图形区，把鼠标移动到圆弧上，按住左键不放，同时移动鼠标，此时圆弧将随着鼠标指针一起移动，达到绘图意图后松开鼠标左键即可。

调整圆弧的大小：在图形区，把鼠标移动到圆弧的某个端点上，按住左键不放，同时移动鼠标，此时会看到圆弧会以另一端为固定点旋转，并且圆弧的夹角也会变化，达到绘图意图后松开鼠标左键即可。

> **注意** 由于在调整圆弧大小时，圆弧圆心位置也会变化，因此为了更好地控制圆弧的位置，建议读者先调整好大小再调整位置。

4. 矩形的操纵

整体移动矩形的位置：在图形区，先通过框选的方式选中整个矩形，然后将鼠标移动到矩形的任意一条边线上，按住左键不放，同时移动鼠标，此时矩形将随着鼠标指针一起移动，达到绘图意图后松开鼠标左键即可。

调整矩形的大小：在图形区，把鼠标移动到矩形的水平边线上，按住左键不放，同时移动鼠标，此时会看到矩形的宽度会随着鼠标的移动而变大或变小；在图形区，把鼠标移动到矩形的竖直边线上，按住左键不放，同时移动鼠标，此时会看到矩形的长度会随着鼠标的移动而变大或变小；在图形区，把鼠标移动到矩形的角点上，按住左键不放，同时移动鼠标，此时会看到矩形的长度与宽度会随着鼠标的移动而变大或变小，达到绘图意图后松开鼠标左键即可。

5. 艺术样条的操纵

整体移动艺术样条位置：在图形区，把鼠标移动到艺术样条上，按住左键不放，同时移动鼠标，此时艺术样条将随着鼠标指针一起移动，达到绘图意图后松开鼠标左键即可。

调整艺术样条的形状大小：在图形区，把鼠标移动到艺术样条的中间控制点上，按住左键不放，同时移动鼠标，此时会看到艺术样条的形状随着鼠标的移动而不断变化；在图形区，把鼠标移动到艺术样条的某个端点上，按住左键不放，同时移动鼠标，此时艺术样条的另一个端点和中间点固定不变，其形状随着鼠标的移动而变化，达到绘图意图后松开鼠标左键即可。

3.5.2 移动曲线

移动曲线主要用来调整现有对象的整体位置。下面以如图3.30所示的圆弧为例，介绍移动曲线的一般操作过程。

3min

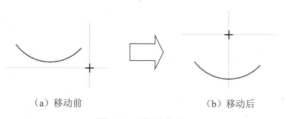

（a）移动前　　　　　　　　　　　（b）移动后

图3.30　移动曲线

◎ 步骤1 打开文件D:\UG2206\work\ch03.05\移动曲线-ex。

◎ 步骤2 进入草图环境。在部件导航器中右击◉☑草图(1)，选择◈（可回滚编辑）命令，此时系统会进入草图环境。

> **说明** 读者也可以在部件导航器中右击◉☑草图(1)，选择◈（编辑）命令，进入草图环境。

◎ 步骤3 选择命令。选择下拉菜单"编辑"→"曲线"→"移动曲线"命令，系统会弹出如图3.31所示的"移动曲线"对话框。

◎ 步骤4 选取移动对象。在绘图区选取圆弧作为要移动的对象。

◎ 步骤5 定义移动参数。在"移动曲线"对话框"变换"区域中的"运动"下拉列表中选择"点到点"，激活"指定出发点"，选取如图3.32所示的点1（圆弧圆心）作为移动参考点，选取原点作为目标点。

图3.31 "移动曲线"对话框

图3.32 移动参数

◎ 步骤6 在"移动曲线"对话框单击"确定"按钮完成移动曲线的操作。

3.5.3 修剪曲线

2min

修剪曲线主要用来修剪掉图元对象中不需要的部分，也可以删除图元对象。下面以图3.33为例，介绍修剪曲线的一般操作过程。

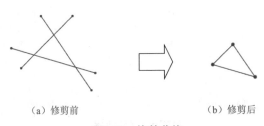

（a）修剪前 　　　　　　　　　　（b）修剪后

图3.33 修剪曲线

◎ 步骤1　打开文件D:\UG2206\work\ch03.05\修剪曲线-ex。

◎ 步骤2　进入草图环境。在部件导航器中右击◎⌲草图(1)，选择⌲命令，此时系统会进入草图环境。

◎ 步骤3　选择命令。单击 主页 功能选项卡"编辑"区域中的 ☒（修剪）按钮，系统会弹出如图3.34所示的"修剪"对话框。

图3.34　"修剪"对话框

如图3.34所示的"修剪"对话框中各选项的说明如下。

（1）边界曲线 区域：用于手动设置修剪的边界曲线，系统默认自动选取所有对象作为修剪边界曲线。

（2）要修剪的曲线 区域：用于定义要修剪的曲线对象。

（3）☑修剪至延伸线 复选框：指定是否修剪至一条或多条边界曲线的虚拟延伸线，如图3.35所示，完成后如图3.36所示。

◎ 步骤4　在系统"选择要修剪的曲线"的提示下，拖动鼠标左键绘制如图3.37所示的轨迹，与该轨迹相交的草图图元将被修剪，结果如图3.33（b）所示。

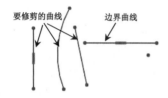

图3.35　修剪边界与要修剪的对象　　图3.36　修剪至延伸线　　图3.37　图元的修剪

◎ 步骤5　在"修剪"对话框中单击"关闭"按钮，完成操作。

3.5.4　延伸曲线

延伸曲线主要用来延伸图元对象。下面以图3.38为例，介绍延伸曲线的一般操作过程。

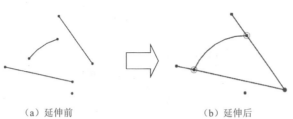

（a）延伸前　　　　　（b）延伸后

图3.38　延伸曲线

◎ 步骤1　打开文件D:\UG2206\work\ch03.05\延伸曲线-ex。

◎ 步骤2　进入草图环境。在部件导航器中右击◎⌲草图(1)，选择⌲命令，此时系统会进入草图环境。

◎ 步骤3　选择命令。单击 主页 功能选项卡"编辑"区域中的 ☒（延伸）按钮，系统会弹出如图3.39所示的"延伸"对话框。

○步骤4 定义要延伸的草图图元。在绘图区靠近圆弧右侧选取圆弧，圆弧将自动延伸至右侧直线上，在绘图区靠近圆弧左侧选取圆弧，圆弧将自动延伸至左侧直线上，如图3.40所示。

○步骤5 手动定义延伸的边界。在"延伸"对话框中激活"边界曲线"区域下的"选择曲线"，选取如图3.40所示的直线1作为边界曲线。

○步骤6 定义要延伸的草图图元。在"延伸"对话框中激活"要延伸的曲线"区域下的"选择曲线"，在绘图区选取如图3.40所示的直线2，系统会自动延伸到边界直线上，如图3.40（b）所示，单击"关闭"按钮完成初步延伸。

图3.39 "延伸"对话框

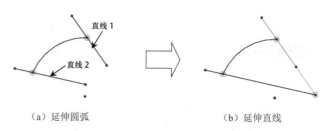

（a）延伸圆弧   （b）延伸直线

图3.40 延伸曲线

○步骤7 选择命令。单击 主页 功能选项卡"编辑"区域中的 按钮，系统会弹出"延伸"对话框。

○步骤8 定义要延伸的草图图元。在绘图区单击如图3.40所示的直线1，系统会自动将直线延伸到最近的边界上。

○步骤9 结束操作。单击"延伸"对话框中的"关闭"按钮完成操作，效果如图3.38所示。

3.5.5 制作拐角

制作拐角命令可通过将两条输入曲线延伸或修剪到一个公共交点来创建拐角。下面以图3.41为例，介绍制作拐角的一般操作过程。

○步骤1 打开文件D:\UG2206\work\ch03.05\制作拐角-ex。

○步骤2 进入草图环境。在部件导航器中右击 ⊙ 草图 (1)，选择 命令，此时系统会进入草图环境。

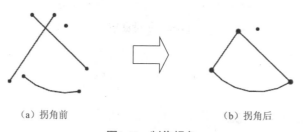

（a）拐角前   （b）拐角后

图3.41 制作拐角

⚪步骤3 选择命令。单击 主页 功能选项卡"编辑"区域中的 ⊠（拐角）按钮，系统会弹出如图3.42所示的"拐角"对话框。

⚪步骤4 定义制作拐角的对象。在绘图区分别在如图3.43所示的位置1与位置2选取两直线，此时系统将自动保留单击所在的侧，效果如图3.44所示。

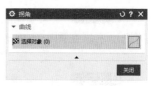

图3.42　"拐角"对话框

⚪步骤5 在绘图区分别在如图3.43所示的位置3与位置4选取直线与圆弧，此时系统将自动保留单击所在的侧，效果如图3.45所示。

⚪步骤6 在绘图区分别在如图3.43所示的位置5与位置6选取圆弧与直线，此时系统将自动保留单击所在的侧，效果如图3.46所示。

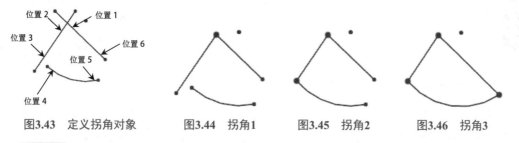

图3.43　定义拐角对象　　　图3.44　拐角1　　　图3.45　拐角2　　　图3.46　拐角3

⚪步骤7 结束操作。单击"拐角"对话框中的"关闭"按钮完成操作，效果如图3.41（b）所示。

3.5.6　镜像曲线

镜像曲线主要用来将所选择的源对象相对于某个镜像中心线进行对称复制，从而可以得到源对象的一个副本，这就是镜像曲线。下面以图3.47为例，介绍镜像曲线的一般操作过程。

▶ 3min

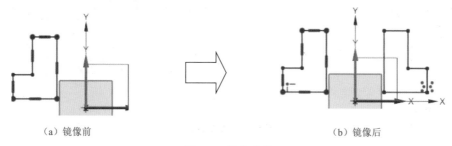

（a）镜像前　　　　　　　　　　　　　　　（b）镜像后

图3.47　镜像曲线

⚪步骤1 打开文件D:\UG2206\work\ch03.05\镜像曲线-ex。

⚪步骤2 进入草图环境。在部件导航器中右击 ⊙ ⌀ 草图(1)，选择 🗟 命令，此时系统会进入草图环境。

⚪步骤3 选择命令。单击 主页 功能选项卡"曲线"区域中的 ⚖镜像 按钮，系统会弹出如图3.48所示的"镜像曲线"对话框。

◎ 步骤4 定义要镜像的草图图元。在系统"要镜像的曲线"的提示下，在图形区框选要镜像的草图图元，如图3.47（a）所示。

◎ 步骤5 定义镜像中心线。在"镜像曲线"对话框中单击激活"中心线"区域的"选择中心线"，然后在系统"选择中心线"的提示下，选取"y轴"作为镜像中心线。

◎ 步骤6 结束操作。单击"镜像曲线"对话框中的"确定"按钮，完成镜像操作，效果如图3.47（b）所示。

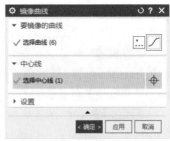

图3.48 "镜像曲线"对话框

> **说明** 由于图元镜像后的副本与源对象之间是一种对称关系，因此在实际绘制对称的一些图形时可以先绘制一半，然后通过镜像复制的方式快速地得到另外一半，进而提高实际绘图效率。

3.5.7 阵列曲线

阵列曲线主要用来对所选择的源对象进行规律性复制，从而得到源对象的多个副本，在UG NX中，软件主要向用户提供了3种阵列方法，第1种是线性阵列，第2种是圆形阵列，第3种是常规阵列，这里主要介绍比较常用的前两种类型。

1. 线性阵列

下面以图3.49为例，介绍线性阵列的一般操作过程。

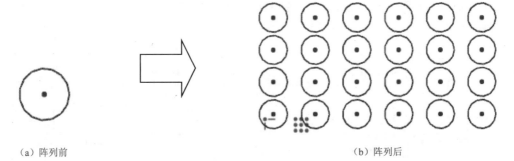

（a）阵列前　　　　　　　　　　　　　　　　（b）阵列后

图3.49 线性阵列

◎ 步骤1 打开文件D:\UG2206\work\ch03.05\线性阵列-ex。

◎ 步骤2 进入草图环境。在部件导航器中右击◎ 草图 (1)，选择 命令，此时系统会进入草图环境。

◎ 步骤3 选择命令。单击 主页 功能选项卡"曲线"区域中的 阵列 按钮，系统会弹出如图3.50所示的"阵列曲线"对话框。

◎ 步骤4 定义阵列类型。在"阵列曲线"对话框的"布局"下拉列表中选择"线性"。

○步骤5　定义要阵列的曲线。在"阵列曲线"对话框中激活"要阵列的曲线"区域，选取图3.49（a）所示的圆作为阵列曲线。

○步骤6　定义方向1阵列参数。在"阵列曲线"对话框的方向1区域中激活"选择线性对象"，选取"x轴"作为方向1参考，在"间距"下拉列表中选择"数量和间隔"，在"数量"文本框中输入6，在"间隔"文本框中输入40。

○步骤7　定义方向2阵列参数。选中方向2区域中的☑使用方向2复选框，然后激活"选择线性对象"，选取"y轴"作为方向2参考，在"间距"下拉列表中选择"数量和间隔"，在"数量"文本框中输入4，在"间隔"文本框中输入30。

○步骤8　结束操作。单击"阵列曲线"对话框中的"确定"按钮，完成线性阵列操作，效果如图3.49（b）所示。

图3.50　"阵列曲线"对话框

2. 圆形阵列

下面以图3.51为例，介绍圆形阵列的一般操作过程。

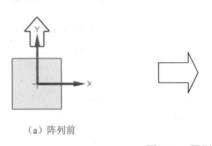

（a）阵列前　　　　　　　　　　　　　（b）阵列后

图3.51　圆形阵列

○步骤1　打开文件D:\UG2206\work\ch03.05\圆形阵列-ex。

○步骤2　进入草图环境。在部件导航器中右击◉⬡草图(1)，选择⬗命令，此时系统会进入草图环境。

○步骤3　选择命令。单击主页功能选项卡"曲线"区域中的⊞阵列按钮，系统会弹出如图3.52所示的"阵列曲线"对话框。

○步骤4　定义要阵列的曲线。在"阵列曲线"对话框中激活"要阵列的曲线"区域，选取如图3.49（a）所示的箭头作为阵列曲线。

○步骤5　定义阵列类型。在"阵列曲线"对话框的"布局"下拉列表中选择"圆形"。

○步骤6　定义阵列参数。在"阵列曲线"对话框的旋转点区域中激活"指定点"，选取"原点"作为阵列中心，在"斜角方向"区域的"间距"下拉列表中选择"数量和跨度"，在

图3.52　"阵列曲线"对话框

"数量"文本框中输入6，在"跨角"文本框中输入360。

◎步骤7 结束操作。单击"阵列曲线"对话框中的"确定"按钮，完成圆形阵列操作，效果如图3.51（b）所示。

3.5.8 偏置曲线

▶ 3min

偏置曲线主要用来将所选择的源对象沿着某个方向移动一定的距离，从而得到源对象的一个副本，这就偏置曲线。下面以图3.53为例，介绍偏置曲线的一般操作过程。

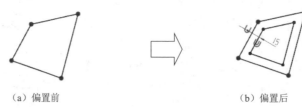

（a）偏置前   （b）偏置后

图3.53　偏置曲线

◎步骤1 打开文件D:\UG2206\work\ch03.05\偏置曲线-ex。

◎步骤2 进入草图环境。在部件导航器中右击 ◉ ╱ 草图 (1) ，选择 ╱ 命令，此时系统会进入草图环境。

◎步骤3 选择命令。单击 主页 功能选项卡"曲线"区域中的 偏置 按钮，系统会弹出如图3.54所示的"偏置曲线"对话框。

◎步骤4 定义要偏置的曲线。在系统"选择曲线"的提示下，在图形区选取要偏置的曲线，如图3.53（a）所示。

说明   选取对象前可以将选择过滤器设置为"相连曲线"，然后选取对象中的任意一条直线即可。

◎步骤5 定义偏置的距离。在"偏置曲线"对话框中的"距离"文本框中输入数值15。

◎步骤6 定义偏置的方向。在"偏置曲线"对话框中的"偏置"区域单击 ⊠ 按钮，将方向调整到如图3.55所示的内方向。

图3.54　"偏置曲线"对话框

◎步骤7 结束操作。单击"偏置曲线"对话框中的"确定"按钮，完成偏置操作，效果如图3.53（b）所示。

如图3.54所示的"偏置曲线"对话框中各选项的说明如下。

（1）要偏置的曲线 区域：用于定义要偏置的曲线。

（2）距离 文本框：用于设置偏置的距离，如图3.56所示。

（3）⊠按钮：用于调整等距的方向，如图3.57所示。

（4）截断选项 下拉列表：有延伸端盖和圆弧帽形体两个顶盖类型，当选择"延伸端盖"选项时，向外偏置，偏置后的对象拐角处为尖端，如图3.58所示，选择"圆弧截断"时，偏置后的对象拐角处为圆弧过渡，如图3.59所示。

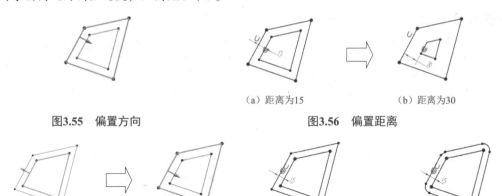

（a）距离为15   （b）距离为30

图3.55 偏置方向   图3.56 偏置距离

（a）反向前   （b）反向后

图3.57 反向按钮   图3.58 端盖选项-延伸端盖   图3.59 端盖选项-圆弧截断

3.5.9 派生直线

4min

派生直线主要用来快速创建与现有直线相平行的直线，也可以在两条平行的直线之间创建出一条中间的直线，还可以在两条成一定角度的直线之间创建出一条角平分的直线。下面以图3.60为例，介绍派生直线的一般操作过程。

（a）派生前   （b）派生后

图3.60 派生直线

◎ 步骤1 打开文件D:\UG2206\work\ch03.05\派生直线-ex。

◎ 步骤2 进入草图环境。在部件导航器中右击 ◉ ⌕草图 (1)，选择 ⌕命令，此时系统会进入草图环境。

◎ 步骤3 选择命令。选择下拉菜单"插入"→"来自曲线集的曲线"→"派生直线"命令。

◎ 步骤4 选择参考直线。在系统"选择参考直线"的提示下选取如图3.60（a）所示的直线。

◎ 步骤5 放置直线。在原始直线下方偏置为40的位置单击放置直线，如图3.61所示，按Esc键结束。

图3.61 放置直线

> **说明** 鼠标单击的位置直接决定派生直线的方向和位置，读者可以连续单击以创建多条平行的直线。

◎步骤6 选择参考直线。在系统"选择参考直线"的提示下选取如图3.61所示的两条直线。

◎步骤7 定义中线长度。在合适位置单击即可确定中线长度，如图3.62所示，按Esc键结束，效果如图3.60（b）所示。

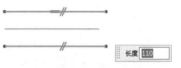

长度 110

图3.62 定义中线长度

> **说明**
>
> 选取第2条直线的位置决定了中线的起始，中心的长度可以单击确定，也可以在长度文本框直接输入。选取的两条直线也可以成一定角度，此时将在两条线的交点处创建出一条角平分的直线，如图3.63所示。

（a）派生前   （b）派生后

图3.63 派生直线

3.5.10 缩放曲线

2min

缩放曲线主要用来调整曲线的真实大小，下面以图3.64为例，介绍缩放曲线的一般操作过程。

◎步骤1 打开文件D:\UG2206\work\ch03.05\缩放曲线-ex。

（a）缩放前   （b）缩放后

图3.64 缩放曲线

◎步骤2 进入草图环境。在部件导航器中右击◉ 草图(1)，选择 命令，此时系统会进入草图环境。

◎步骤3 选择命令。选择下拉菜单"编辑"→"曲线"→"缩放曲线"命令，系统会弹出如图3.65所示的"缩放曲线"对话框。

◎步骤4 定义要缩放的曲线。在系统"要缩放的曲线"的提示下，选取如图3.64（a）所示的圆。

◎步骤5 定义缩放参数。在"缩放曲线"对话框"比例"区域的"方法"下拉列表中选择"动态"，在"缩放"下拉列表中选择"%比例因子"，在"比例因子"文本框中输入0.5。

◎步骤6 结束操作。单击"缩放曲线"对话框中的"确定"按钮，完成缩放操作，效果如图3.64（b）所示。

图3.65 "缩放曲线"对话框

3.5.11　倒角

下面以图3.66为例，介绍倒角的一般操作过程。

步骤1 打开文件D:\UG2206\work\ch03.05\倒角-ex。

（a）倒角前　　　　　　　　　　（b）倒角后

图3.66　倒角

步骤2 进入草图环境。在部件导航器中右击 ⊙✎草图(1)，选择 ✎ 命令，此时系统会进入草图环境。

步骤3 选择命令。单击 主页 功能选项卡"曲线"区域中的
↘倒斜角 按钮，系统会弹出如图3.67所示的"倒斜角"对话框。

如图3.67所示的"倒斜角"对话框中部分选项的说明如下。

（1）"对称"类型：用于通过控制两个相等的距离控制倒角的大小。

（2）"非对称"类型：用于通过两个不同的距离控制倒角的大小。

（3）"偏置和角度"类型：用于通过距离和角度控制倒角的大小。

步骤4 定义倒角对象。选取矩形的右上角点作为倒角对象（对象选取时还可以选取矩形的上方边线和右侧边线）。

图3.67　"倒斜角"对话框

步骤5 定义倒角参数。在"倒斜角"对话框"偏置"区域的"倒斜角"下拉列表中选择"对称"类型，然后在"距离"文本框中输入10，按Enter键确认。

步骤6 结束操作。单击"倒斜角"对话框中的"关闭"按钮，完成倒角操作，效果如图3.66（b）所示。

3.5.12　圆角

下面以图3.68为例，介绍圆角的一般操作过程。

（a）圆角前　　　　　　　　　　（b）圆角后

图3.68　圆角

步骤1 打开文件D:\UG2206\work\ch03.05\圆角-ex。

◎步骤2　进入草图环境。在部件导航器中右击 ◉ ✍草图 (1)，选择 ⊿ 命令，此时系统会进入草图环境。

◎步骤3　选择命令。单击 主页 功能选项卡"曲线"区域中的 🔲 圆角 按钮，系统会弹出如图3.69所示的"圆角"工具条。

如图3.69所示的"圆角"工具条中各选项的说明如下。

（1）🔲（修剪）按钮：用于设置创建圆角后自动修剪原始对象，如图3.68（b）所示。

（2）🔲（不修剪）按钮：用于设置创建圆角后不修剪原始对象，如图3.70所示。

（3）🔯（删除第3条曲线）按钮：用于在3个对象间创建完全圆角，如图3.71所示。

（4）🔯（创建备选圆角）按钮：用于创建备选圆角。

图3.69　"圆角"工具条

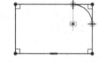
图3.70　不修剪类型

图3.71　删除第3条曲线

◎步骤4　定义圆角对象。选取矩形的右上角点作为倒角对象（对象选取时还可以选取矩形的上方边线和右侧边线）。

◎步骤5　定义圆角参数。在绘图区"半径"文本框中输入20，按Enter键确认。

◎步骤6　结束操作。按Esc键，完成圆角操作，效果如图3.68（b）所示。

3.5.13　投影曲线

投影曲线主要用来将现有模型的边线或者其他草图中的对象通过投影的方式复制到当前草图中，下面以图3.72为例，介绍投影曲线的一般操作过程。

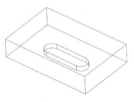
（a）投影曲线前

（b）投影曲线后

图3.72　投影曲线

◎步骤1　打开文件D:\UG2206\work\ch03.05\投影曲线-ex。

◎步骤2　进入草图环境。单击 主页 功能选项卡"构造"区域中的 ⊿ 按钮，在系统的提示下，选取如图3.73所示的模型表面作为草图平面，单击"确定"按钮进入草图环境。

◎步骤3　选择命令。单击 主页 功能选项卡"包含"区域中的 🔯（投影曲线）按钮，系统会弹出如图3.74所示的"投影曲线"对话框。

◎步骤4　定义投影的对象。选取如图3.75所示的曲线作为要投影的对象。

图3.73　草图平面

图3.74　"投影曲线"对话框

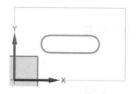

图3.75　投影对象

◎ 步骤5　结束操作。单击"投影曲线"对话框中的"确定"按钮，完成投影曲线操作。

◎ 步骤6　退出草图。单击 主页 功能选项卡"草图"区域中的 按钮，退出草图环境。

3.5.14　删除曲线

删除曲线的一般操作过程如下。

◎ 步骤1　在图形区选中要删除的草图图元。

◎ 步骤2　按键盘上的Delete键，所选图元即可被删除。

删除曲线的另外两种方法：选中要删除的对象，在系统弹出的如图3.76所示的工具条中选择 "删除"命令即可；选中对象后按快捷键Ctrl+D也可以快速删除所选对象。

图3.76　快捷工具条

3.5.15　相交曲线

相交曲线可以用来创建两组对象之间的相交对象。在草图环境中其中一组对象是草图平面，因此只需选择一个与草图平面相交的对象。下面以图3.77为例，介绍相交曲线的一般操作过程。

2min

（a）相交曲线前

（b）相交曲线后

图3.77　相交曲线

◎ 步骤1　打开文件D:\UG2206\work\ch03.05\相交曲线-ex。

◎ 步骤2　进入草图环境。单击 主页 功能选项卡"构造"区域中的 按钮，在系统的提示下，选取如图3.78所示的模型表面作为草图平面，单击"确定"按钮进入草图环境。

◎ 步骤3　选择命令。单击 主页 功能选项卡"包含"区域中的"更多"按钮，在系统弹出的

快捷菜单中选择 相交曲线命令，系统会弹出如图3.79所示的"相交曲线"对话框。

○步骤4　定义要相交的面。选取如图3.80所示的圆锥面。

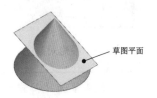

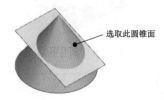

图3.78　草图平面　　　　图3.79　"投影曲线"对话框　　　　图3.80　要相交的面

○步骤5　结束操作。单击"相交曲线"对话框中的"确定"按钮，完成相交曲线操作。

○步骤6　退出草图。单击主页功能选项卡"草图"区域中的▦按钮，退出草图环境。

3.5.16　交点

交点可以用来在曲线和草图平面之间创建一个公共点。下面以图3.81为例，介绍交点创建的一般操作过程。

（a）交点前　　　　　　　　　　　　　　（b）交点后

图3.81　交点

○步骤1　打开文件D:\UG2206\work\ch03.05\交点-ex。

○步骤2　进入草图环境。单击主页功能选项卡"构造"区域中的◢按钮，在系统的提示下，选取"YZ平面"作为草图平面，单击"确定"按钮进入草图环境。

○步骤3　选择命令。单击主页功能选项卡"包含"区域中的"更多"按钮，在系统弹出的快捷菜单中选择◇交点命令，系统会弹出如图3.82所示的"交点"对话框。

○步骤4　定义要相交的曲线。选取如图3.83所示的曲线，确认交点位于右侧位置，如图3.84所示。

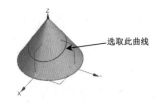

图3.82　"交点"对话框　　　　图3.83　要相交的曲线　　　　图3.84　交点

| 说明 | 如果交点不在右侧，则可以单击 （循环解）按钮进行调整。 |

◎ 步骤5　结束操作。单击"相交曲线"对话框中的"确定"按钮，完成交点创建。

◎ 步骤6　绘制直线。单击 主页 功能选项卡"曲线"区域中的 ▨ 按钮，绘制如图3.85所示的直线。

◎ 步骤7　退出草图。单击 主页 功能选项卡"草图"区域中的 ▨ 按钮，退出草图环境。

图3.85　绘制直线

3.6　UG NX 二维草图的几何约束

3.6.1　几何约束概述

根据实际设计的要求，一般情况下，当用户将草图的形状绘制出来之后，一般会根据实际要求增加一些如平行、相切、相等和共线等约束来帮助进行草图定位。我们把这些定义图元和图元之间几何关系的约束叫作草图几何约束。在UG NX中可以很容易地添加这些约束。

3.6.2　几何约束的种类

在UG NX中支持的几何约束类型包含重合、共线、水平、竖直、相切、平行、垂直、相等、对称、中点、点在线上及均匀比例等。

3.6.3　几何约束的显示与隐藏

在 主页 功能选项卡下的"求解"区域中单击"选项"下的 ▾ 按钮，在系统弹出的快捷菜单中，如果 ☒ 创建持久关系(S) 处于按下状态，则说明几何约束是显示的，如果 ☒ 创建持久关系(S) 处于弹起状态，则说明几何约束是隐藏的。

3.6.4　几何约束的自动添加

下面以绘制1条水平的直线为例，介绍自动添加几何约束的一般操作过程。

◎ 步骤1　选择命令。单击 主页 功能选项卡"曲线"区域中的 ▨ 按钮，系统会弹出"直线"工具条。

◎ 步骤2　在绘图区域中单击以确定直线的第1个端点，然后水平移动鼠标，此时在鼠标的右上角可以看到 ➡ 符号，这就代表此线是一条水平线，此时单击鼠标就可以确定直线的第2个端点，完成直线的绘制，如图3.86所示。

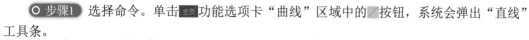

图3.86　几何约束的自动添加

4min

3.6.5　几何约束的手动添加

在UG NX中手动添加几何约束的方法一般先选择"几何约束"命令，然后选择一个合适的几何约束类型，最后根据所选类型选取要添加约束的对象即可。下面以添加一个重合和相切约束为例，介绍手动添加几何约束的一般操作过程。

◎ 步骤1　打开文件D:\UG2206\work\ch03.06\几何约束-ex。

◎ 步骤2　进入草图环境。在部件导航器中右击◉ ╱草图 (1)，选择⤻命令，此时系统会进入草图环境。

◎ 步骤3　选择命令。在图形区上方 Sketch Scene Bar 工具条中选择 ╱（设为重合）命令，系统会弹出如图3.87所示的"设为重合"对话框。

◎ 步骤4　定义约束对象。在绘图区选取如图3.88所示的"点1"作为运动点，按鼠标中键确认，选取"点2"作为静止点，单击"确定"按钮，完成效果如图3.89所示。

图3.87　"设为重合"对话框

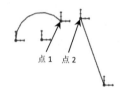

图3.88　定义约束对象

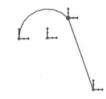

图3.89　重合约束

◎ 步骤5　选择命令。在图形区上方 Sketch Scene Bar 工具条中选择⌒（设为相切）命令，系统会弹出如图3.90所示的"设为相切"对话框。

◎ 步骤6　定义约束对象。在绘图区选取圆弧作为运动曲线，选取直线作为静止曲线，完成效果如图3.91所示。

图3.90　"设为相切"对话框

图3.91　相切约束

3.6.6　几何约束的删除

3min

在UG NX中添加几何约束时，如果草图中有原本不需要的约束，则此时必须先把这些不需要的约束删除，然后来添加必要的约束，原因是对于一个草图来讲，需要的几何约束应该是明确的，如果草图中存在不需要的约束，则必然会导致有一些必要约束无法正常添加，因此我们就需要掌握删除约束的方法。下面以删除如图3.92所示的相切约束为例，介绍删除几何约束的一般操作过程。

（a）删除前　　　　　　　　　　　　　　　（b）删除后

图3.92　删除约束

◎ 步骤1　打开文件D:\UG2206\work\ch03.06\删除约束-ex。

◎ 步骤2　进入草图环境。在部件导航器中右击 ◎ ⊘草图 (1)，选择 ⊁ 命令，此时系统会进入草图环境。

◎ 步骤3　选择命令。在 主页 功能选项卡下"求解"区域中单击"选项"下的 ▾ 按钮，在系统弹出的快捷菜单中选择 ⊀ 持久关系浏览器(B)... 命令，系统会弹出如图3.93所示的"持久关系浏览器"对话框。

图3.93　"持久关系浏览器"对话框

◎ 步骤4　选择要删除的几何约束。在"持久关系浏览器"对话框"范围"下拉列表中选择"活动草图中的所有对象"，在"顶级节点对象"区域选中"关系"，然后在"浏览器"区域选中"相切约束"。

◎ 步骤5　删除几何约束。在"持久关系浏览器"对话框中右击选中的"相切约束"，在弹出的快捷菜单中选择 ✕ 删除 命令。

◎ 步骤6　完成操作。单击"持久关系浏览器"对话框中的"关闭"按钮。

◎ 步骤7　松弛关系。在 主页 功能选项卡下"求解"区域中选择"松弛关系"命令，然后选取圆弧对象，再选取相切约束符号，符号变为红色带代表已经选中。

◎ 步骤8　操纵图形。将鼠标移动到直线的下端点处，按住鼠标左键拖动即可得到如图3.92（b）所示的图形。

3.7　UG NX 二维草图的尺寸约束

3.7.1　尺寸约束概述

尺寸约束也称标注尺寸，主要用来确定草图中几何图元的尺寸，例如长度、角度、半径和直径，它是一种以数值来确定草图图元精确大小的约束形式。一般情况下，当我们绘制完草图的大概形状后，需要对图形进行尺寸控制，使尺寸满足实际要求。

3.7.2 尺寸的类型

在UG NX中标注的尺寸主要分为两种：一种是从动尺寸；另一种是驱动尺寸。从动尺寸的特点有以下两个，一是不支持直接修改，二是如果强制修改了尺寸值，则尺寸所标注的对象不会发生变化；驱动尺寸的特点也有以下两个，一是支持直接修改，二是当尺寸发生变化时，尺寸所标注的对象也会发生变化。

3.7.3 标注线段长度

2min

◎ 步骤1 打开文件D:\UG2206\work\ch03.07\尺寸标注-ex。

◎ 步骤2 进入草图环境。在部件导航器中右击◎⊘草图 (1)，选择⊘命令，此时系统会进入草图环境。

◎ 步骤3 选择命令。单击 主页 功能选项卡"求解"区域中的"快速尺寸"⊘按钮（或者选择下拉菜单"插入"→"尺寸"→"快速"命令），系统会弹出如图3.94所示的"快速尺寸"对话框。

◎ 步骤4 设置测量方法。在"快速尺寸"对话框"方法"下拉列表中选择"自动判断"。

◎ 步骤5 选择标注对象。在系统 选择要标注快速尺寸的第一个对象或双击编辑驱动值；按住并拖动以重定位注释 的提示下，选取如图3.95所示的直线。

◎ 步骤6 定义尺寸的放置位置。在直线上方的合适位置单击，完成尺寸的放置，单击"快速尺寸"对话框中的"关闭"按钮完成操作。

图3.94 "快速尺寸"对话框

图3.95 标注线段长度

3.7.4 标注点线距离

1min

◎ 步骤1 选择命令。单击 主页 功能选项卡"求解"区域中的"快速尺寸"⊘按钮，系统会弹出"快速尺寸"对话框。

◎ 步骤2 设置测量方法。在"快速尺寸"对话框"方法"下拉列表中选择"自动判断"。

◎ 步骤3 选择标注对象。在系统 选择要标注快速尺寸的第一个对象或双击编辑驱动值；按住并拖动以重定位注释 的提示下，选取如图3.96所示的端点与直线。

◎ 步骤4 定义尺寸的放置位置。水平向右移动鼠标并在合适位置单击，完成尺寸的放置，单击"快速尺寸"对话框中的"关闭"按钮完成操作。

3.7.5 标注两点距离

2min

◎ 步骤1 选择命令。单击 主页 功能选项卡"求解"区域中的"快速尺寸"⊘按钮，系统会弹出"快速尺寸"对话框。

◎步骤2　设置测量方法。在"快速尺寸"对话框"方法"下拉列表中选择"自动判断"。

◎步骤3　选择标注对象。在系统 选择要标注快速尺寸的第一个对象或双击编辑驱动值；按住并拖动以重定位注释 的提示下，选取如图3.97所示的两个端点。

◎步骤4　定义尺寸的放置位置。竖直向上移动鼠标在合适位置单击，完成尺寸的放置，单击"快速尺寸"对话框中的"关闭"按钮完成操作。

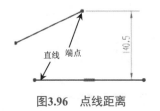

图3.96　点线距离

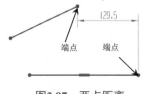

图3.97　两点距离

> **说明**　在放置尺寸时，鼠标移动方向不同所标注的尺寸也不同，如果竖直移动尺寸，则可以标注如图3.97所示的水平尺寸，如果水平移动鼠标，则可以得到如图3.98所示的竖直尺寸，如果沿两点连线的垂直方向移动鼠标，则可以得到如图3.99所示的倾斜尺寸。

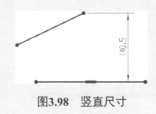

图3.98　竖直尺寸

图3.99　倾斜尺寸

3.7.6　标注两平行线间距离

◎步骤1　选择命令。单击 主页 功能选项卡"求解"区域中的"快速尺寸" 按钮，系统会弹出"快速尺寸"对话框。

◎步骤2　设置测量方法。在"快速尺寸"对话框"方法"下拉列表中选择"自动判断"。

◎步骤3　选择标注对象。在系统 选择要标注快速尺寸的第一个对象或双击编辑驱动值；按住并拖动以重定位注释 的提示下，选取如图3.100所示的两条直线。

◎步骤4　定义尺寸的放置位置。在两直线中间的合适位置单击，完成尺寸的放置，单击"快速尺寸"对话框中的"关闭"按钮完成操作。

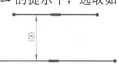

图3.100　两平行线距离

3.7.7　标注直径

◎步骤1　选择命令。单击 主页 功能选项卡"求解"区域中的 按钮，系统会弹出"快速尺寸"对话框。

◎步骤2　设置测量方法。在"快速尺寸"对话框"方法"下拉列表中选择"直径"。

2min

○ 步骤3 选择标注对象。在系统 选择要标注快速尺寸的第一个对象或双击编辑驱动值；按住并拖动以重定位注释 的提示下，选取如图3.101所示的圆。

○ 步骤4 定义尺寸的放置位置。在圆左上方的合适位置单击，完成尺寸的放置，单击"快速尺寸"对话框中的"关闭"按钮完成操作。

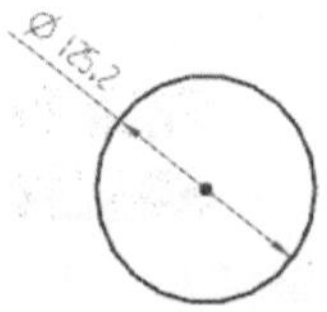

图3.101 直径

3.7.8 标注半径

○ 步骤1 选择命令。单击 主页 功能选项卡"求解"区域中的 按钮，系统会弹出"快速尺寸"对话框。

○ 步骤2 设置测量方法。在"快速尺寸"对话框"方法"下拉列表中选择"径向"。

○ 步骤3 选择标注对象。在系统 选择要标注快速尺寸的第一个对象或双击编辑驱动值；按住并拖动以重定位注释 的提示下，选取如图3.102所示的圆弧。

○ 步骤4 定义尺寸的放置位置。在圆弧上方的合适位置单击，完成尺寸的放置，单击"快速尺寸"对话框中的"关闭"按钮完成操作。

图3.102 半径

3.7.9 标注角度

○ 步骤1 选择命令。单击 主页 功能选项卡"求解"区域中的 按钮，系统会弹出"快速尺寸"对话框。

○ 步骤2 设置测量方法。在"快速尺寸"对话框"方法"下拉列表中选择"斜角"。

○ 步骤3 选择标注对象。在系统 选择要标注快速尺寸的第一个对象或双击编辑驱动值；按住并拖动以重定位注释 的提示下，选取如图3.103所示的两条直线。

○ 步骤4 定义尺寸的放置位置。在两直线之间的合适位置单击，完成尺寸的放置，单击"快速尺寸"对话框中的"关闭"按钮完成操作。

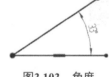

图3.103 角度

3.7.10 标注两圆弧间的最小和最大距离

○ 步骤1 选择命令。单击 主页 功能选项卡"求解"区域中的 按钮，系统会弹出"快速尺寸"对话框。

○ 步骤2 设置测量方法。在"快速尺寸"对话框"方法"下拉列表中选择"自动判断"。

○ 步骤3 选择标注对象。在系统 选择要标注快速尺寸的第一个对象或双击编辑驱动值；按住并拖动以重定位注释 的提示下，靠近左侧的位置选取圆1上的点，靠近右侧的位置选取圆2上的点。

○ 步骤4 定义尺寸的放置位置。在圆上方的合适位置单击，完成最大尺寸的放置，单击"快速尺寸"对话框中的"关闭"按钮完成操作，如图3.104所示。

说明 在选取对象时，如果在靠近右侧的位置选取圆1上

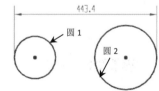

图3.104 最大尺寸

的点，在靠近左侧的位置选取圆 2 上的点放置尺寸，则此时将得到如图3.105所示的最小尺寸。

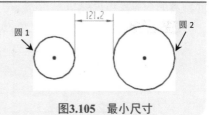

图3.105　最小尺寸

3.7.11　修改尺寸

2min

◎步骤1　打开文件D:\UG2206\work\ch03.07\尺寸修改-ex。

◎步骤2　进入草图环境。在部件导航器中右击 ◎∥草图 (1)，选择 ╋命令，此时系统会进入草图环境。

◎步骤3　在要修改的尺寸（如图3.106所示的尺寸61）上双击，系统会弹出"线性尺寸"对话框和"尺寸"工具条。

◎步骤4　在"线性尺寸"对话框"驱动"区域的"尺寸"文本框中输入数值80，如图3.107所示，然后单击"线性尺寸"对话框中的"关闭"按钮，完成尺寸的修改。

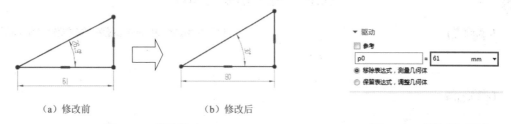

（a）修改前　　　　　　（b）修改后

图3.106　修改尺寸

图3.107　"驱动"区域

说明　　读者也可以在"尺寸"工具条的"尺寸"文本框（如图3.108所示）中修改尺寸值。

图3.108　"尺寸"工具条

◎步骤5　重复步骤2和步骤3，修改角度尺寸，最终结果如图3.106（b）所示。

3.7.12　删除尺寸

删除尺寸的一般操作步骤如下。

◎步骤1　选中要删除的尺寸（单个尺寸可以单击选取，多个尺寸可以按住Ctrl键后选取）。

◎步骤2　按键盘上的Delete键，选中的尺寸就可被删除。

3.7.13　修改尺寸精度

读者可以使用"尺寸设置"对话框来控制尺寸的精度，下面以图3.109为例，介绍修改尺寸精度的一般操作过程。

◎ 步骤1 打开文件D:\UG2206\work\ch03.07\尺寸精度-ex。

（a）修改前   （b）修改后

图3.109　尺寸精度

◎ 步骤2 进入草图环境。在部件导航器中右击◉⁄┅草图 (1)，选择⬡命令，此时系统会进入草图环境。

◎ 步骤3 选取要修改精度的尺寸。在绘图区域选取所有尺寸。

> **说明**　读者也可以通过"选择过滤器"快速选取尺寸，在"选择过滤器"中选择"尺寸"类型，如图3.110所示，然后按快捷键 Ctrl+A 就可选取全部尺寸。 
>
> ≡ 菜单(M) ▾ │ 尺寸 ▾ │ ⟍ │ 仅在工作部件内 ▾ │ ⧉ ⧉ ▾
>
> 图3.110　"选择过滤器"工具条

◎ 步骤4 选择命令。在任意一个尺寸上右击，在系统弹出的快捷菜单中选择 ⁄ 设置... 命令，系统会弹出如图3.111所示的"设置"对话框。

◎ 步骤5 设置精度。在"设置"对话框左侧选中"文本"下的"单位"节点，然后在"小数位数"文本框中输入3（保留3位小数）。

◎ 步骤6 单击"关闭"按钮，完成小数位数的设置，效果如图3.109（b）所示。

图3.111　"设置"对话框

3.8　UG NX 二维草图的全约束

3.8.1　基本概述

在设计完成某个产品之后，这个产品中每个模型的每个结构的大小与位置都应该已经完全确定，因此为了能够使所创建的特征满足产品的要求，有必要把所绘制的草图大小、形状与位置都约束好，这种都约束好的状态就称为全约束。

3.8.2　如何检查是否全约束

检查草图是否全约束的方法主要有以下几种：

（1）观察草图的颜色（在默认情况下暗绿色的草图代表全约束，栗色的草图代表欠约束，红色的草图代表过约束）。

> **说明**　用户可以在如图3.112所示的"草图首选项"对话框中设置各种不同状态下草图的颜色。

图3.112　"草图首选项"对话框

（2）用鼠标拖动图元（如果所有图元不能拖动，则代表全约束，如果有的图元可以拖动，则代表欠约束）。

（3）查看状态栏信息（在状态栏软件会明确提示当前草图是欠定义、完全定义或过定义），如图3.113所示。

选择对象并使用 MB3，双击，按下左键并拖动以移动，或按住 Ctrl 键并左键拖动以复制　　　　　　草图已完全约束

图3.113　状态栏信息

3.9　UG NX 二维草图绘制的一般方法

3.9.1　常规法

常规法绘制二维草图主要针对一些外形不是很复杂或者比较容易进行控制的图形。在使用常规法绘制二维草图时，一般会经历以下几个步骤：

（1）分析将要创建的截面几何图形。

（2）绘制截面几何图形的大概轮廓。

（3）初步编辑图形。

（4）处理相关的几何约束。

（5）标注并修改尺寸。

接下来以绘制如图3.114所示的图形为例，向大家具体介绍，在每步中具体的工作有哪些。

◎ 步骤1　分析将要创建的截面几何图形。

（1）分析所绘制图形的类型（开放、封闭或者多重封闭），此图形是一个封闭的图形。

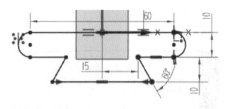

图3.114　草图绘制一般过程

（2）分析此封闭图形的图元组成，此图形是由6段直线和2段圆弧组成的。

（3）分析所包含的图元中有没有通过编辑就可以得到一些对象（总结草图编辑中可以创建新对象的工具：镜像曲线、偏置曲线、倒角、圆角、派生直线、阵列曲线等），在此图形中由于是整体对称的图形，因此可以考虑使用镜像方式实现，此时只需绘制4段直线和1段圆弧。

（4）分析图形包含哪些几何约束，在此图形中包含直线的水平约束、直线与圆弧的相切、对称及原点与水平直线的中点约束。

（5）分析图形包含哪些尺寸约束，此图形包含5个尺寸。

◎ 步骤2　进入草图环境。选择"快速访问工具条"中的 命令，在"新建"对话框中选择"模型"模板，在名称文本框中输入"常规法"，将工作目录设置为D:\UG2206\work\ch03.09\，然后单击"确定"按钮进入零件建模环境；单击 功能选项卡"构造"区域中的 按钮，系统会弹出"创建草图"对话框，在系统的提示下，选取"XY平面"作为草图平面，单击"确定"按钮进入草图环境。

◎ 步骤3　绘制截面几何图形的大概轮廓。通过轮廓命令绘制如图3.115所示的大概轮廓。

注意　在绘制图形中的第1个图元时，尽可能使绘制的图元大小与实际一致，否则会导致后期修改尺寸非常麻烦。

◎ 步骤4　初步编辑图形。通过图元操纵的方式调整图形的形状及整体位置，如图3.116所示。

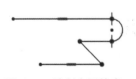

图3.115　绘制大概轮廓

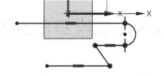

图3.116　初步编辑图形

注意　在初步编辑时，暂时先不去进行镜像、等距、复制等创建类的编辑操作。

◎ 步骤5　处理相关的几何约束。

首先需要检查所绘制的图形中有没有无用的几何约束，如果有无用的约束就需要及时删除，判断是否需要的依据是第1步分析时所分析到的约束就是需要的。

（1）添加必要约束，添加中点约束，在图形区上方 Sketch Scene Bar 工具条中选择 （设为中点）命令，系统会弹出"设为中点对齐"对话框，在绘图区选取直线1作为运动曲线，选取原点作为静止曲线，完成后如图3.117所示。

（2）添加共线约束，在图形区上方 Sketch Scene Bar 工具条中选择 ╱（设为共线）命令，系统会弹出"设为共线"对话框，在绘图区选取直线1作为运动曲线，选取x轴作为静止曲线，完成后如图3.118所示。

（3）添加对称约束，在图形区上方 Sketch Scene Bar 工具条中选择 凹（设为对称）命令，系统会弹出"设为对称"对话框，在绘图区选取最下方直线的左侧端点作为运动曲线，选取最下方直线的右侧端点作为静止曲线，选取y轴为对称直线，完成后如图3.119所示。

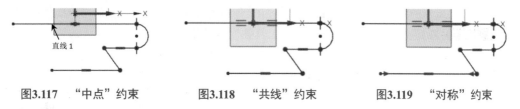

图3.117　"中点"约束　　　图3.118　"共线"约束　　　图3.119　"对称"约束

○ 步骤6　标注并修改尺寸。

单击 主页 功能选项卡"求解"区域中的 按钮，标注如图3.120所示的尺寸。

检查草图的全约束状态。

> **注意**　如果草图是全约束，则代表所添加约束是没问题的，如果此时草图并没有全约束，则首先需检查尺寸有没有标注完整，尺寸如果没问题，就说明草图中缺少必要的几何约束，需要通过操纵的方式检查缺少哪些几何约束，直到全约束。

修改尺寸值最终值，双击尺寸值23.6，在系统弹出的"尺寸"工具条的尺寸文本框中输入15，采用相同的方法修改其他尺寸，修改后的效果如图 3.121所示，最后按鼠标中键完成修改操作。

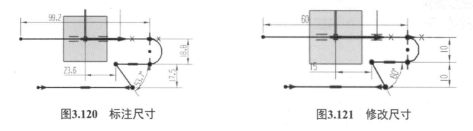

图3.120　标注尺寸　　　　　　　　　图3.121　修改尺寸

> **注意**　一般情况下，如果绘制的图形比我们实际想要的图形大，则建议大家先修改小一些的尺寸，如果绘制的图形比我们实际想要的图形小，则建议大家先修改大一些的尺寸。

○ 步骤7　镜像复制。单击 主页 功能选项卡"曲线"区域中的 镜像 按钮，系统会弹出"镜像曲线"对话框，选取如图3.122所示的一个圆弧与两端直线作为镜像的源对象，在"镜像曲线"对话框中单击激活"中心线"区域的文本框，选取y轴作为镜像中心线，单击"确定"按钮，完成镜像操作，效果如图3.114所示。

◎步骤8　退出草图环境。在草图设计环境中单击 主页 功能选项卡"草图"区域的"完成" 按钮退出草图环境。

◎步骤9　保存文件。选择"快速访问工具条"中的"保存"命令，完成保存操作。

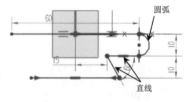

图3.122　镜像源对象

3.9.2　逐步法

逐步法绘制二维草图主要针对一些外形比较复杂或者不容易进行控制的图形。接下来就以绘制如图3.123所示的图形为例，向大家具体介绍，使用逐步法绘制二维草图的一般操作过程。

◎步骤1　新建文件。选择"快速访问工具条"中的 命令，在"新建"对话框中选择"模型"模板，在名称文本框中输入"逐步法"，将工作目录设置为D:\UG2206\work\ch03.09\，然后单击"确定"按钮进入零件建模环境。

◎步骤2　新建草图。单击 主页 功能选项卡"构造"区域中的 按钮，系统会弹出"创建草图"对话框，在系统的提示下，选取"XY平面"作为草图平面，单击"确定"按钮进入草图环境。

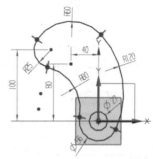

图3.123　逐步法

◎步骤3　绘制圆1。单击 主页 功能选项卡"曲线"区域中的 按钮，系统会弹出"圆"命令条，在"圆"命令条的"圆方法"区域选中"圆心和直径确定圆" 类型，在原点处单击，即可确定圆的圆心，在图形区任意位置再次单击，即可确定圆的圆上点，此时系统会自动在两个点间绘制并得到一个圆；单击 主页 功能选项卡"求解"区域中的 按钮，选取圆对象，然后在合适位置放置尺寸，双击后可将尺寸修改至27，完成后如图3.124所示。

◎步骤4　绘制圆2。参照步骤3绘制圆2，完成后如图3.125所示。

◎步骤5　绘制圆3。单击 主页 功能选项卡"曲线"区域中的 按钮，系统会弹出"圆"命令条，在"圆"命令条的"圆方法"区域选中"圆心和直径确定圆" 类型，在相对原点左上方的合适位置单击，即可确定圆的圆心，在图形区任意位置再次单击，即可确定圆的圆上点，此时系统会自动在两个点间绘制并得到一个圆；单击 主页 功能选项卡"求解"区域中的 按钮，在"测量"区域的"方法"下拉列表中选择"径向"，选取绘制的圆对象，然后在合适位置放置尺寸，在"测量"区域的"方法"下拉列表中选择"自动判断"，然后标注圆心与原点之间的水平与竖直间距，单击"关闭"按钮完成标注；依次双击标注的尺寸，分别将半径尺寸修改为60，将水平间距修改为40，将竖直间距修改为80，单击"快速尺寸"对话框中的"关闭"按钮完成操作，如图3.126所示。

◎步骤6　绘制圆弧1。单击 主页 功能选项卡"曲线"区域中的 按钮，在"圆弧"命令条的"圆弧方法"区域选中"三点定圆弧" 类型，在半径60的圆上的合适位置单击，即可确定圆弧的起点，在直径为56的圆上的合适位置再次单击，即可确定圆弧的终点，在直径为56的圆的右上角的合适位置再次单击，即可确定圆弧的通过点，此时系统会自动在3个点间绘制并得

图3.124　圆1

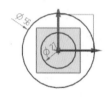

图3.125　圆2

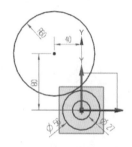

图3.126　圆3

到一个圆弧；在图形区上方 Sketch Scene Bar 工具条中选择 ⌀（设为相切）命令，系统会弹出"设为相切"对话框，在绘图区选取圆弧作为运动曲线，选取半径为60的圆作为静止曲线，单击 应用 完成操作；在绘图区选取圆弧作为运动曲线，选取直径为56的圆作为静止曲线，单击 <确定> 完成操作；单击 主页 功能选项卡"求解"区域中的 按钮，在"测量"区域的"方法"下拉列表中选择"径向"，选取绘制的圆弧对象，然后在合适位置放置尺寸，双击后可将尺寸修改至120，完成后如图3.127所示。

⚪ 步骤7　绘制圆4。单击 主页 功能选项卡"曲线"区域中的 按钮，系统会弹出"圆"命令条，在"圆"命令条的"圆方法"区域选中"圆心和直径确定圆" 类型，在相对原点左上方的合适位置单击，即可确定圆的圆心，在图形区任意位置再次单击，即可确定圆的圆上点，此时系统会自动在两个点间绘制并得到一个圆；在图形区上方 Sketch Scene Bar 工具条中选择 ⌀ 命令，系统会弹出"设为相切"对话框，在绘图区选取圆4作为运动曲线，选取半径为60的圆作为静止曲线，单击 <确定> 完成操作；单击 主页 功能选项卡"求解"区域中的 "快速尺寸"按钮，在"测量"区域的"方法"下拉列表中选择"径向"，选取绘制的圆对象，然后在合适位置放置尺寸，在"测量"区域的"方法"下拉列表中选择"自动判断"，然后标注圆心与原点之间的竖直间距，单击"关闭"按钮完成标注；依次双击标注的尺寸，分别将半径尺寸修改为25，将竖直间距修改为100，完成后如图3.128所示。

⚪ 步骤8　绘制圆弧2。单击 主页 功能选项卡"曲线"区域中的 按钮，在"圆弧"命令条的"圆弧方法"区域选中"三点定圆弧" 类型，在半径为25的圆上的合适位置单击，即可确定圆弧的起点，在直径为56的圆上的合适位置再次单击，即可确定圆弧的终点，在直径为56的圆的左上角的合适位置再次单击，即可确定圆弧的通过点，此时系统会自动在3个点间绘制并得到一个圆弧；在图形区上方 Sketch Scene Bar 工具条中选择 ⌀ 命令，系统会弹出"设为相切"对话框，在绘图区选取圆弧2作为运动曲线，选取半径为25的圆作为静止曲线，单击 应用 完成操作，在绘图区选取圆弧2作为运动曲线，选取直径为56的圆作为静止曲线，单击 <确定> 完成操作；单击 主页 功能选项卡"求解"区域中的 按钮，在"测量"区域的"方法"下拉列表中选择"径向"，选取绘制的圆弧对象，然后在合适位置放置尺寸，双击后可将尺寸修改至60，完成后如图3.129所示。

⚪ 步骤9　修剪图元。单击 主页 功能选项卡"编辑"区域中的 按钮，系统会弹出"修剪"对话框，在系统提示"选择要修剪的曲线"的提示下，拖动鼠标左键以修剪不需要的对象，

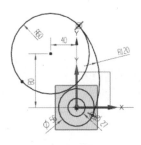

图3.127　圆弧1　　　　　图3.128　圆4　　　　　图3.129　圆弧2

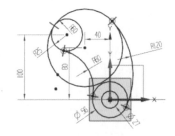

在"修剪"对话框中单击"关闭"按钮，完成操作，结果如图3.123所示。

◎步骤10　退出草图环境。在草图设计环境中单击 主页 功能选项卡"草图"区域的▨按钮退出草图环境。

◎步骤11　保存文件。选择"快速访问工具条"中的"保存"命令，完成保存操作。

3.10　草图的定向

草图的定向主要是以特定的方位进入草图环境，对草图进行定向，便于绘图，因为后面的模型特征总是和先生成的特征存在某种方位关系。接下来就以如图3.130所示的草图方位为例，向大家具体介绍，草图定向的一般操作过程。

方法一：

◎步骤1　打开文件D:\UG2206\work\ch03.10\草图的定向-ex。

◎步骤2　调整模型角度。按住中键将模型旋转至如图3.131所示的大概方位。

图3.130　草图定向

◎步骤3　选择命令。单击 主页 功能选项卡"构造"区域中的▱按钮，系统会弹出"创建草图"对话框。

◎步骤4　选择草绘平面。在系统的提示下，选取如图3.132所示的模型表面作为草图平面，此时在绘图区出现一个坐标系，坐标系的x轴决定了草图环境的水平正方向，坐标系的y轴决定了草图环境的竖直正方向。

◎步骤5　完成操作。单击"确定"按钮进入草图环境，方位如图3.130所示。

图3.131　调整模型角度　　　　　　　图3.132　草图平面

方法二：

○ 步骤1 打开文件D:\UG2206\work\ch03.10\草图的定向-ex。

○ 步骤2 选择命令。单击 主页 功能选项卡"构造"区域中的 ✏ 按钮，系统会弹出"创建草图"对话框。

○ 步骤3 定义平面方法。在"创建草图"对话框的"平面方法"下拉列表中选择"基于平面"，然后选取如图3.133所示的平面作为草图平面。

○ 步骤4 定义平面水平参考。在"创建草图"对话框"方向"区域"激活水平参考"，然后选取如图3.134所示的边线作为水平参考，正方向如图3.135所示。

> **说明** 如果方向不对，则可以通过单击⊠按钮调整。

○ 步骤5 定义原点参考。在"创建草图"对话框"方位"区域激活"指定原点"，然后选取如图3.136所示的端点作为原点参考。

○ 步骤6 完成操作。单击"确定"按钮进入草图环境，方位如图3.130所示。

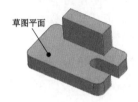
图3.133 草图平面

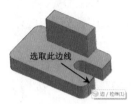
图3.134 水平参考

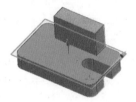
图3.135 水平方向

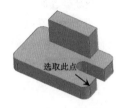
图3.136 原点参考

3.11 UG NX 草图中的其他常用功能

3.11.1 将 AutoCAD 图形导入 UG

▶ 6min

AutoCAD与UG是我们在实际设计过程中两个经常使用的设计软件，可以先将UG的三维模型做成二维工程图，然后导出到AutoCAD，也可以在UG中导入AutoCAD中的二维图形作为草图进行使用。下面介绍将AutoCAD图形导入UG草图环境的一般操作过程。

○ 步骤1 新建模型文件。选择"快速访问工具条"中的 🗋 命令，在"新建"对话框中选择"模型"模板，在名称文本框中输入"将AutoCAD图形导入UG"，将工作目录设置为D:\UG2206\work\ch03.11\01\，然后单击"确定"按钮进入零件建模环境。

○ 步骤2 选择命令。选择下拉菜单 文件(F) → 导入(M) → AutoCAD DXF/DWG... 命令，系统会弹出如图3.137所示的"导入AutoCAD DXF/DWG文件"对话框。

○ 步骤3 选择要导入的文件。在"导入AutoCAD DXF/DWG文件"对话框 输入和输出 区域选择 🗐 命令，选取"AutoCAD图形"文件作为要导入的文件，单击 确定 按钮，在 输入和输出 区域 导入至 下拉列表中选择 工作部件 ，单击 预览 按钮即可查看预览效果。

图3.137 "导入AutoCAD DXF/DWG 文件"对话框（输入与输出）

○ 步骤4 设置导入选项。在"导入AutoCAD DXF/DWG文件"对话框中单击 下一步> 按钮，在 工作流程 下拉列表中选择 图纸 选项，在 将模型数据发送到 下拉列表中选择 建模 选项，其他参数均采用默认，如图3.138所示。

○ 步骤5 设置图层选项。在"导入AutoCAD DXF/DWG文件"对话框中单击 下一步> 按钮，在 图层 区域选中☑ 排除 NX 模板中使用的图层 与☑ 跳过未引用的图层 ，其他参数采用默认，如图3.139所示。

图3.138 选项参数

图3.139 图层参数

○ 步骤6 文字、线型与剖面线参数均采用系统默认，单击 完成 完成导入，如图3.140所示。

○ 步骤7 调整文字字体。双击标题栏中显示为框框的文字，将字体设置为宋体，并将文字调整到合适位置，完成后如图3.141所示。

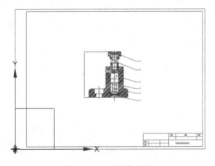

图3.140 图层参数

图3.141 调整文字字体

3.11.2　根据图片创建二维草图

10min

UG在绘制草图时，可以导入图片，可以利用导入的图片来生成相应的草图，进而生成对应的特征，利用这个功能可以快捷地绘制特征的二维草图。下面介绍创建图片草图的一般操作过程。

◎步骤1　新建模型文件。选择"快速访问工具条"中的📷命令，在"新建"对话框中选择"模型"模板，在名称文本框中输入"图片草图"，将工作目录设置为D:\UG2206\work\ch03.11\02\，然后单击"确定"按钮进入零件建模环境。

◎步骤2　选择命令。选择 工具 功能选项卡 实用工具 区域中的📷（光栅图像）命令，系统会弹出如图3.142所示的"光栅图像"对话框。

◎步骤3　选择导入图像。在"光栅图像"对话框中选择📷命令，选取"格宸教育"作为要导入的图片参考。

◎步骤4　定义图片目标面。在图形区选取XY平面作为图片放置目标面。

◎步骤5　定义图片方位。在 方位 区域的 旋转 文本框中输入180，其他参数采用系统默认。

◎步骤6　单击"光栅图像"对话框中的 确定 按钮完成图片的导入，如图3.143所示。

◎步骤7　新建草图。单击 主页 功能选项卡"构造"区域中的📷按钮，系统会弹出"创建草图"对话框，在系统的提示下，选取"XY平面"作为草图平面，单击"确定"按钮进入草图环境。

◎步骤8　利用直线、圆弧、样条等工具根据图片描画二维图形，如图3.144所示。

图3.142　"光栅图像"对话框

图3.143　光栅图像

图3.144　图片草图

3.12　UG NX 二维草图综合案例1

5min

案例概述：

本案例所绘制的图形相对简单，因此我们采用常规方法进行绘制，通过草图绘制功能绘制大概形状，通过草图约束限制大小与位置，通过草图编辑添加圆角圆弧，读者需要重点掌握创建常规草图的正确流程，案例如图3.145所示，其绘制过程如下。

◉ 步骤1 新建文件。选择"快速访问工具条"中的⬚命令，在"新建"对话框中选择"模型"模板，在名称文本框中输入"草图案例1"，将工作目录设置为D:\UG2206\work\ch03.11\，然后单击"确定"按钮进入零件建模环境。

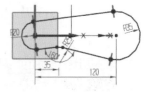

图3.145 案例1

◉ 步骤2 新建草图。单击 主页 功能选项卡"构造"区域中的⬚按钮，系统会弹出"创建草图"对话框，在系统的提示下，选取 *XY*平面 作为草图平面，单击"确定"按钮进入草图环境。

◉ 步骤3 绘制圆。单击 主页 功能选项卡"曲线"区域中的◯按钮，在绘图区绘制如图3.146所示的圆。

◉ 步骤4 绘制直线。单击 草图 功能选项卡"曲线"区域中的⬚按钮，在绘图区绘制如图3.147所示的直线。

◉ 步骤5 添加几何约束。在图形区上方 Sketch Scene Bar 工具条中选择 —（设为水平）命令，系统会弹出"设为水平"对话框，在绘图区选取圆2的圆心作为运动曲线，选取圆1的圆心作为静止曲线，单击 确定 完成操作。

◉ 步骤6 修剪图元。单击 主页 功能选项卡"编辑"区域中的✕按钮，系统会弹出"修剪"对话框，在系统提示"选择要修剪的曲线"的提示下，在需要修剪的图元上按住鼠标左键拖动，在"修剪"对话框中单击"关闭"按钮，完成操作，结果如图3.148所示。

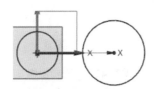

图3.146 绘制圆

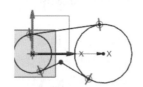

图3.147 绘制直线

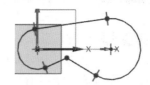

图3.148 修剪图元

◉ 步骤7 标注并修改尺寸。单击 主页 功能选项卡"求解"区域中的⬚按钮，标注如图3.149所示的尺寸，然后分别双击要修改的尺寸，修改至最终值，效果如图3.150所示。

◉ 步骤8 添加圆角并标注。单击 主页 功能选项卡"曲线"区域中的⬚按钮，系统会弹出"圆角"工具条，选取下方的两条直线的交点作为圆角对象，在绘图区"半径"文本框中输入25，按Enter键确认，单击 主页 功能选项卡"求解"区域中的⬚按钮，选取圆角圆心与坐标原点，然后竖直向下移动鼠标，在合适位置单击以标注水平间距，将值修改为35，单击"快速尺寸"对话框中的"关闭"按钮完成操作，如图3.151所示。

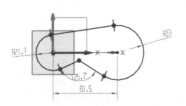

图3.149 标注尺寸

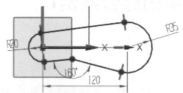

图3.150 修改尺寸

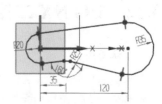

图3.151 添加圆角并标注

○步骤9　退出草图环境。在草图设计环境中单击 主页 功能选项卡"草图"区域的"完成" ▣按钮退出草图环境。

○步骤10　保存文件。选择"快速访问工具条"中的"保存"命令，完成保存操作。

12min

3.13　UG NX 二维草图综合案例2

案例概述：

本案例所绘制的图形相对比较复杂，因此我们采用逐步方法进行绘制，通过绘制约束同步进行的方法可以很好地控制图形的整体形状，案例如图3.152所示，其绘制过程如下。

○步骤1　新建文件。选择"快速访问工具条"中的 ▣命令，在"新建"对话框中选择"模型"模板，在名称文本框中输入"草图案例2"，将工作目录设置为D:\UG2206\work\ch03.12\，然后单击"确定"按钮进入零件建模环境。

○步骤2　新建草图。单击 主页 功能选项卡"构造"区域中的 ▣按钮，系统会弹出"创建草图"对话框，在系统的提示下，选取"XY平面"作为草图平面，单击"确定"按钮进入草图环境。

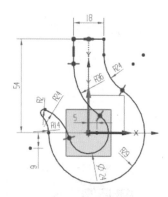

图3.152　案例2

○步骤3　绘制圆1。单击 主页 功能选项卡"曲线"区域中的 ◯按钮，系统会弹出"圆"命令条，在"圆"命令条的"圆方法"区域选中"圆心和直径确定圆" ▣类型，在原点处单击，即可确定圆的圆心，在图形区任意位置再次单击，即可确定圆的圆上点，此时系统会自动在两个点间绘制并得到一个圆；单击 主页 功能选项卡"求解"区域中的 ▣按钮，选取圆对象，然后在合适位置放置尺寸，在系统弹出的"尺寸"工具条的尺寸文本框中输入24，单击"快速尺寸"对话框中的"关闭"按钮完成操作，如图3.153所示。

○步骤4　绘制圆2。单击 主页 功能选项卡"曲线"区域中的 ◯按钮，系统会弹出"圆"命令条，在"圆"命令条的"圆方法"区域选中"圆心和直径确定圆" ▣类型，在相对原点右侧的合适位置单击，即可确定圆的圆心，在图形区任意位置再次单击，即可确定圆的圆上点，此时系统会自动在两个点间绘制并得到一个圆；在图形区上方 Sketch Scene Bar 工具条中选择 — （设为水平）命令，系统会弹出"设为水平"对话框，在绘图区选取"圆2的圆心"作为运动曲线，选取"原点"作为静止曲线，单击"关闭"按钮完成几何约束的操作；单击 主页 功能选项卡"求解"区域中的 ▣按钮，在"测量"区域的"方法"下拉列表中选择"径向"，选取绘制的圆对象，然后在合适位置放置尺寸，在"测量"区域的"方法"下拉列表中选择"自动判断"，然后标注圆心与原点之间的水平间距，单击"关闭"按钮完成标注；依次双击标注的尺寸，分别将半径尺寸修改为29，将水平间距修改为5，单击"快速尺寸"对话框中的"关闭"按钮完成操作，如图3.154所示。

○步骤5　绘制圆3。单击 主页 功能选项卡"曲线"区域中的 ◯按钮，系统会弹出"圆"命令条，在"圆"命令条的"圆方法"区域选中"圆心和直径确定圆" ▣ 类型，在相对原点左侧的合适位置单击，即可确定圆的圆心，在图形区任意位置再次单击，即可确定圆的圆上点，此时系统会自动在两个点间绘制并得到一个圆；在图形区上方 Sketch Scene Bar 工具条中选择 ― （设为水平）命令，系统会弹出"设为水平"对话框，在绘图区选取"圆3的圆心"作为运动曲线，选取"原点"作为静止曲线，单击 <确定> 完成操作，在图形区上方 Sketch Scene Bar 工具条中选择 ⌀ 命令，在绘图区选取圆3作为运动曲线，选取"半径为29的圆"作为静止曲线，单击 <确定> 完成操作；单击 主页 功能选项卡"求解"区域中的 ⚡ 按钮，在"测量"区域的"方法"下拉列表中选择"径向"，选取绘制的圆对象，然后在合适位置放置尺寸，再将半径尺寸修改为14，单击"快速尺寸"对话框中的"关闭"按钮完成操作，如图3.155所示。

图3.153　绘制圆1

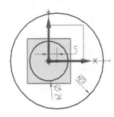

图3.154　绘制圆2

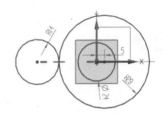

图3.155　绘制圆3

◎ 步骤6　绘制圆4。单击 主页 功能选项卡"曲线"区域中的 ◯ 按钮，系统会弹出"圆"命令条，在相对原点坐标下的合适位置单击，即可确定圆的圆心，在图形区任意位置再次单击，即可确定圆的圆上点，此时系统会自动在两个点间绘制并得到一个圆；在图形区上方 Sketch Scene Bar 工具条中选择 ⌀ 命令，在绘图区选取圆4作为运动曲线，选取"直径为24的圆"作为静止曲线，单击 <确定> 完成操作；单击 主页 功能选项卡"求解"区域中的 ⚡ 按钮，在"测量"区域的"方法"下拉列表中选择"径向"，选取绘制的圆对象，然后在合适位置放置尺寸，在"测量"区域的"方法"下拉列表中选择"自动判断"，然后标注圆心与原点之间的竖直间距，单击"关闭"按钮完成标注；依次双击标注的尺寸，分别将半径尺寸修改为24，将竖直间距修改为9，单击"快速尺寸"对话框中的"关闭"按钮完成操作，如图3.156所示。

◎ 步骤7　绘制圆5。单击 主页 功能选项卡"曲线"区域中的 ◯ 按钮，系统会弹出"圆"命令条，在半径14与半径24圆的中间的合适位置单击，即可确定圆的圆心，在图形区任意位置再次单击，即可确定圆的圆上点，此时系统会自动在两个点间绘制并得到一个圆；在图形区上方 Sketch Scene Bar 工具条中选择 ⌀ 命令，在绘图区选取圆5作为运动曲线，选取"半径为24的圆"作为静止曲线，单击 应用 完成操作，在绘图区选取圆5作为运动曲线，选取"半径为14的圆"作为静止曲线，单击 <确定> 完成操作；单击 主页 功能选项卡"求解"区域中的 ⚡ 按钮，在"测量"区域的"方法"下拉列表中选择"径向"，选取绘制的圆对象，然后在合适位置放置尺寸，再将半径尺寸修改为2，单击"快速尺寸"对话框中的"关闭"按钮完成操作，如图3.157所示。

◎ 步骤8　绘制直线。单击 草图 功能选项卡"曲线"区域中的 ╲ 按钮，绘制如图3.158所示的直线；在图形区上方 Sketch Scene Bar 工具条中选择 ┝ （设为中点对齐）命令，在绘图区选取水平作为运动曲线，选取"原点"作为静止曲线，单击 <确定> 完成操作；单击 主页 功能选项卡"求解"区域中的 <img> 按钮，在"测量"区域的"方法"下拉列表中选择"自动判断"，标注原点与水平线的竖直间距及水平直线的长度，然后分别将竖直间距修改为54，将水平长度修改为18，单击"快速尺寸"对话框中的"关闭"按钮完成操作，如图3.159所示。

○步骤9　修剪对象。单击 主页 功能选项卡"编辑"区域中的 ╳ "修剪"按钮，系统会弹出的"修剪"对话框，在系统提示"选择要修剪的曲线"的提示下，在需要修剪的图元上按住鼠标左键拖动，在"修剪"对话框中单击"关闭"按钮，完成操作，结果如图3.160所示。

○步骤10　添加圆角并标注。单击 主页 功能选项卡"曲线"区域中的 <img> 按钮，系统会弹出"圆角"命令条，选取左侧竖直直线与直径24的圆弧作为圆角对象，在绘图区"半径"文本框中输入36，按Enter键确认，选取右侧竖直直线与半径29的圆弧作为圆角对象，在绘图区"半径"文本框中输入24，按Enter键确认，按鼠标中键结束操作，效果如图3.161所示。

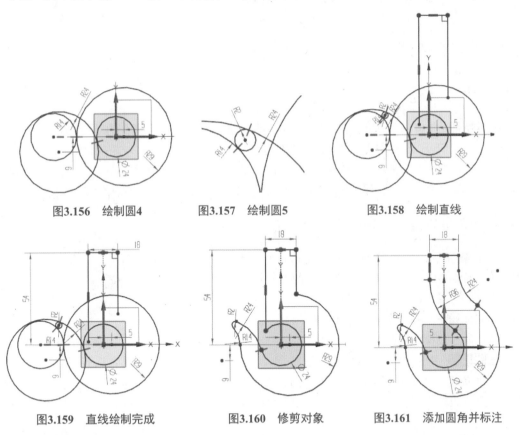

图3.156　绘制圆4　　　　　图3.157　绘制圆5　　　　　图3.158　绘制直线

图3.159　直线绘制完成　　　图3.160　修剪对象　　　　图3.161　添加圆角并标注

○步骤11　退出草图环境。在草图设计环境中单击 主页 功能选项卡"草图"区域的"完成" <img> 按钮退出草图环境。

○步骤12　保存文件。选择"快速访问工具条"中的"保存"命令，完成保存操作。

第4章

UG NX零件设计

4.1 拉伸特征

4.1.1 基本概述

拉伸特征是指将一个截面轮廓沿着草绘平面的垂直方向进行伸展而得到的一种实体。通过对概念的学习，我们可以总结得到，拉伸特征的创建需要有以下两大要素：一是截面轮廓，二是草绘平面，对于这两大要素来讲，一般情况下截面轮廓是绘制在草绘平面上的，因此，一般在创建拉伸特征时需要先确定草绘平面，然后考虑要在这个草绘平面上绘制一个什么样的截面轮廓草图。

4.1.2 拉伸凸台特征的一般操作过程

一般情况下在使用拉伸特征创建特征结构时都会经过以下几步：①执行命令；②选择合适的草绘平面；③定义截面轮廓；④设置拉伸的开始位置；⑤设置拉伸的终止位置；⑥设置其他的拉伸特殊选项；⑦完成操作。接下来就以创建如图4.1所示的模型为例，介绍拉伸凸台特征的一般操作过程。

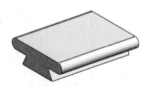

图4.1　拉伸凸台

○ 步骤1　新建文件。选择"快速访问工具条"中的 命令（或者选择下拉菜单"文件"→"新建"命令），系统会弹出"新建"对话框；在"新建"对话框中选择"模型"模板，将名称设置为"拉伸凸台"，将保存路径设置为D:\UG2206\work\ch04.01，然后单击"确定"按钮进入零件建模环境。

○ 步骤2　选择命令。单击 主页 功能选项卡"基本"区域中的 按钮（或者选择下拉菜单"插入"→"设计特征"→"拉伸"命令），系统会弹出"拉伸"对话框。

○ 步骤3　绘制截面轮廓。在系统 选择要绘制的平面，或为截面选择曲线 下，选取"ZX平面"作为草图平面，进入草图环境，绘制如图4.2

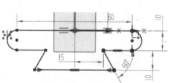

图4.2　截面轮廓

所示的草图（具体操作可参考3.9.1节中的相关内容），绘制完成后单击 主页 选项卡"草图"区域的 █ 按钮退出草图环境。

草图平面的几种可能性：系统默认的3个基准面（*XY*平面、*XZ*平面、*YZ*平面）；现有模型的平面表面；用户自己独立创建的基准平面。

退出草图环境的其他几种方法：

（1）在图形区右击，在弹出的快捷菜单中选择"完成草图"命令。

（2）选择下拉菜单："任务"→"完成草图"命令。

⭕ 步骤4 定义拉伸的开始位置。退出草图环境后，系统会弹出如图4.3所示的"拉伸"对话框，在"限制"区域的"起始"下拉列表中选择"值"，然后在"距离"文本框中输入值0。

⭕ 步骤5 定义拉伸的深度方向。采用系统默认的方向。

图4.3 "拉伸"对话框

> **说明**
> （1）在"拉伸"对话框的"方向"区域中单击 ⊠ 按钮就可调整拉伸的方向。
> （2）在绘图区的模型中可以看到如图4.4所示的拖动手柄，将鼠标放到拖动手柄中，按住左键拖动就可以调整拉伸的深度及方向。

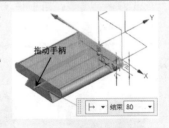

图4.4 拖动箭头手柄

⭕ 步骤6 定义拉伸的深度类型及参数。在"拉伸"对话框"限制"区域的"终止"下拉列表中选择 ┠ 值 选项，在"距离"文本框中输入深度值80。

⭕ 步骤7 完成拉伸凸台。单击"拉伸"对话框中的"确定"按钮，完成特征的创建。

⭕ 步骤8 保存文件。选择"快速访问工具条"中的"保存"命令，完成保存操作。

4.1.3 拉伸切除特征的一般操作过程

拉伸切除与拉伸凸台的创建方法基本一致，只不过拉伸凸台是添加材料，而拉伸切除是减去材料，下面以创建如图4.5所示的拉伸切除为例，介绍拉伸切除的一般操作过程。

▶️ 4min

⭕ 步骤1 打开文件D:\UG2206\work\ch04.01\拉伸切除-ex。

⭕ 步骤2 选择命令。单击 主页 功能选项卡"基本"区域中的 █ 按钮。

⭕ 步骤3 绘制截面轮廓。在系统的提示下选取模型上表面作为草图平面，绘制如图4.6所示的截面草图，绘制完成后，单击 主页 选项卡"草图"区域的 █ 按钮退出草图环境。

◎步骤4　定义拉伸的开始位置。在"拉伸"对话框的"限制"区域的"起始"下拉列表中选择"值"，然后在"距离"文本框中输入值0。

◎步骤5　定义拉伸的深度方向。单击"方向"区域的⊠按钮以调整切除方向。

◎步骤6　定义拉伸的深度类型及参数。在"拉伸"对话框"限制"区域的"终止"下拉列表中选择 ┤ 贯通 选项。

◎步骤7　定义布尔运算类型。在"拉伸"对话框"布尔"区域的"布尔"下拉列表选择"减去"类型，如图4.7所示。

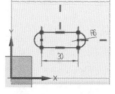

图4.5　拉伸切除　　　图4.6　截面轮廓　　　　　图4.7　"布尔"区域

图4.7"布尔"区域选项的说明如下。

（1）无 类型：用于创建独立的拉伸实体，如图4.8所示。

（2）合并 类型：用于将拉伸实体与目标体合并为单个体，如图4.9所示。

（3）减去 类型：用于从目标体移除拉伸体，如图4.10所示。

（4）相交 类型：用于创建一个体，其中包含由拉伸特征和与它相交的现有体共享的空间体，如图4.11所示。

图4.8　布尔无　　　图4.9　布尔合并　　　图4.10　布尔减去　　　图4.11　布尔相交

（5）自动判断 类型：用于根据拉伸的方向向量及正在拉伸的对象的位置来确定概率最高的布尔操作。

（6）显示快捷方式 类型：用于以快捷键方式显示各布尔类型，如图4.12所示。

图4.12　显示快捷方式

◎步骤8　完成拉伸切除。单击"拉伸"对话框中的"确定"按钮，完成特征的创建。

4.1.4　拉伸特征的截面轮廓要求

绘制拉伸特征的横截面时，需要满足以下要求：

（1）横截面需要闭合，不允许有缺口，如图4.13（a）所示。

（2）横截面不能有探出的多余的图元，如图4.13（b）所示。

（3）横截面不能有重复的图元，如图4.13（c）所示。

（4）横截面可以包含一个或者多个封闭截面，在生成特征时，外环生成实体，内环生成孔，环与环之间也不能有直线或者圆弧相连，如图4.13（d）所示。

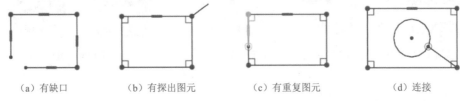

　（a）有缺口　　　　　（b）有探出图元　　　　（c）有重复图元　　　　（d）连接

图4.13　截面轮廓要求

4.1.5　拉伸深度的控制选项

"拉伸"对话框"限制"区域的"终止"下拉列表各选项的说明如下。

（1）⊢值选项：表示通过给定一个深度值确定拉伸的终止位置，当选择此选项时，特征将从草绘平面开始，按照我们给定的深度，沿着特征创建的方向进行拉伸，如图4.14所示。

（2）对称值选项：表示特征将沿草绘平面正垂直方向与负垂直方向同时伸展，并且伸展的距离是相同的，如图4.15所示。

（3）直至下一个选项：表示将通过查找与模型中下一个面的相交来确定限制，如图4.16所示。

（4）直至选定选项：表示特征将拉伸到用户所指定的面（模型平面表面、基准面或者模型曲面表面均可）上，如图4.17所示。

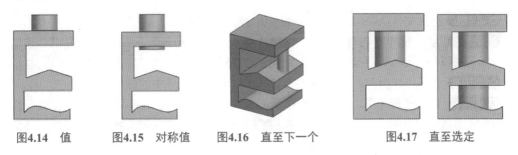

图4.14　值　　　图4.15　对称值　　　图4.16　直至下一个　　　图4.17　直至选定

（5）直至延伸部分选项：表示在截面延伸超过所选面的边时，将拉伸特征修剪至该面，如果拉伸截面延伸到选定的面以外，或不完全与选定的面相交，软件则会尽可能地对选定的面进行数学延伸，然后应用修剪。某个平的所选面会无限延伸，以使修剪成功，而B样条曲面无法延伸，如图4.18所示。

（6）距离所选项的偏置选项：表示特征将拉伸到与所选定面（模型平面表面、基准面或者模型曲面表面均可）有一定间距的面上，如图4.19所示。

（7）贯通选项：表示将特征从草绘平面开始拉伸到所沿方向上的最后一个面上，此选项通常可以帮助我们做一些通孔，如图4.20所示。

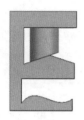

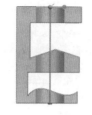

图4.18 直至延伸部分   图4.19 距离所选项的偏置   图4.20 贯通

4.1.6 拉伸方向的自定义

▶ 6min

下面以创建如图4.21所示的模型为例，介绍拉伸方向自定义的一般操作过程。

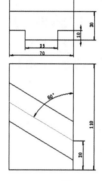

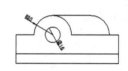

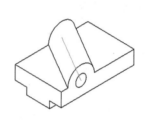

图4.21 拉伸方向的自定义

◎ 步骤1 打开文件D:\UG2206\work\ch04.01\拉伸方向-ex。

◎ 步骤2 定义拉伸方向草图。单击 主页 功能选项卡"构造"区域中的 按钮，选取如图4.22所示的模型表面作为草绘平面，绘制如图4.23所示的草图。

◎ 步骤3 选择拉伸命令。单击 主页 功能选项卡"基本"区域中的 按钮。

◎ 步骤4 定义截面轮廓。在系统的提示下选取如图4.24所示的模型表面作为草绘平面，绘制如图4.25所示的草图，绘制完成后，单击 主页 选项卡"草图"区域的 按钮退出草图环境。

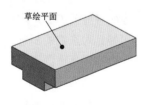

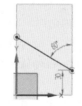

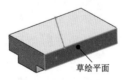

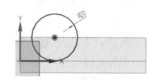

图4.22 草绘平面   图4.23 拉伸方向草图   图4.24 草绘平面   图4.25 截面轮廓

说明 半径20的圆弧圆心与步骤2创建的直线端点重合。

○ 步骤5 定义拉伸方向。在"拉伸"对话框"方向"区域的下拉列表中选择 ▦，选取步骤2创建的直线作为方向参考。

○ 步骤6 定义拉伸深度。在"拉伸"对话框"限制"区域的"终止"下拉列表中选择 ▦ 直至延伸部分选项，然后选取如图4.26所示的面作为特征终止面。

○ 步骤7 定义布尔运算类型。在"拉伸"对话框"布尔"区域的"布尔"下拉列表选择"合并"类型。

○ 步骤8 完成拉伸凸台。单击"拉伸"对话框中的"确定"按钮，完成拉伸特征的创建，如图4.27所示。

○ 步骤9 创建拉伸切除。单击 主页 功能选项卡"基本"区域中的 ▦ 按钮，在系统的提示下选取如图4.24所示的模型表面作为草绘平面，绘制如图4.28所示的草图，绘制完成后，单击 主页 选项卡"草图"区域的 ▦（完成）按钮退出草图环境，在"拉伸"对话框"方向"区域的下拉列表中选择 ▦，选取步骤2创建的直线作为方向参考，在"拉伸"对话框"限制"区域的"终止"下拉列表中选择 ▦ 贯通 选项，在"拉伸"对话框"布尔"区域的"布尔"下拉列表选择"减去"类型，单击"拉伸"对话框中的"确定"按钮，完成拉伸特征的创建，如图4.29所示。

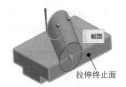

图4.26 定义拉伸深度

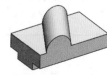

图4.27 拉伸凸台

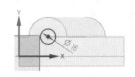

图4.28 截面轮廓

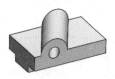

图4.29 拉伸切除

说明 选取方向线时，如果不容易选取，则可以将显示方式调整为"静态线框"。

4.1.7 拉伸中的偏置选项

"拉伸"对话框"偏置"区域的"偏置"下拉列表各选项的说明如下。

（1） 单侧 选项：表示将草图沿着单个方向偏置，从而得到一个新的草图，然后用新的草图进行拉伸，如图4.30所示，原始截面为直径100的圆，正常拉伸将得到直径为100的圆柱，当添加单侧10mm的偏置时，如果方向向外，则将得到直径为120的圆柱，如果方向向内，则将得到直径为80的圆柱（注意：单侧偏置只针对封闭截面有效）。

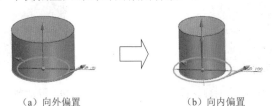

（a）向外偏置　　　　　　　　（b）向内偏置

图4.30 单侧偏置

> **说明**　偏置的方向是由输入正负值来决定的，在默认情况下输入正值向外偏置，输入负值向内偏置。

（2）**两侧**选项：表示将草图沿着两个方向同时偏置，从而得到一个新的草图，然后用新的草图进行拉伸，例如原始截面为直径100的圆，正常拉伸将得到直径为100的圆柱，将偏置类型设置为两侧，开始为0，结束为10，此时将得到内径为100，外径为120的圆管，如图4.31所示；开始为0，结束为-10，此时将得到内径为80，外径为100的圆管，如图4.32所示；开始为10，结束为20，此时将得到内径为120，外径为140的圆管，如图4.33所示；开始为10，结束为-5，此时将得到内径为90，外径为120的圆管，如图4.34所示；开始为-5，结束为-10，此时将得到内径为80，外径为90的圆管，如图4.35所示。

图4.31　开始为0　　图4.32　开始为0　　图4.33　开始为10　　图4.34　开始为10　　图4.35　开始为-5
　　　　结束为10　　　　　　结束为-10　　　　　结束为20　　　　　　结束为-5　　　　　　结束为-10

> **说明**　开始与结束值不可相同，否则将弹出如图4.36所示的警报。
>
> 　　两侧类型的偏置，草图可以封闭也可以开放，如图4.37所示。

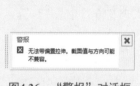

图4.36　"警报"对话框　　　　　　　　图4.37　开放截面的两侧偏置

（3）**对称**选项：表示将草图沿正反两个方向同时偏置加厚，并且正反方向的厚度一致，从而得到壁厚均匀的实体效果；如果草图是封闭草图，则将得到如图4.38所示的中间是空的实体效果；如果草图是开放草图，则将得到如图4.39所示的有一定厚度的实体。

图4.38　封闭截面对称偏置　　　　　　图4.39　开放截面对称偏置

4.2   旋转特征

4.2.1   基本概述

旋转特征是指将一个截面轮廓绕着我们给定的中心轴旋转一定的角度而得到的实体效果。通过对概念的学习，我们应该可以总结得到，旋转特征的创建需要有以下两大要素：一是截面轮廓，二是中心轴，两个要素缺一不可。

4.2.2   旋转凸台特征的一般操作过程

▶ 5min

一般情况下在使用旋转凸台特征创建特征结构时会经过以下几步：①执行命令；②选择合适的草绘平面；③定义截面轮廓；④设置旋转中心轴；⑤设置旋转的截面轮廓；⑥设置旋转的方向及旋转角度；⑦完成操作。接下来就以创建如图4.40所示的模型为例，介绍旋转凸台特征的一般操作过程。

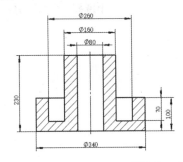

图4.40   旋转凸台特征

◎ 步骤1   新建文件。选择"快速访问工具条"中的 命令，系统会弹出"新建"对话框；在"新建"对话框中选择"模型"模板，将名称设置为"旋转凸台"，将保存路径设置为D:\UG2206\work\ch04.02，然后单击"确定"按钮进入零件建模环境。

◎ 步骤2   选择命令。单击 主页 功能选项卡"基本"区域中的 （旋转）按钮（或者选择下拉菜单"插入"→"设计特征"→"旋转"命令），系统会弹出如图4.41所示的"旋转"对话框。

◎ 步骤3   绘制截面轮廓。在系统 选择要绘制的平的面，或为截面选择曲线 的提示下，选取"ZX平面"作为草图平面，进入草图环境，绘制如图4.42所示的草图，绘制完成后，单击 主页 选项卡"草图"区域的 按钮退出草图环境。

> **注意**   旋转特征的截面轮廓要求与拉伸特征的截面轮廓要求基本一致：①截面需要尽可能封闭；②不允许有多余及重复的图元；③当有多个封闭截面时，环与环之间也不能有直线或者圆弧相连。

◎ 步骤4   定义旋转轴。在"旋转"对话框激活"轴"区域的"指定向量"选取"z轴"作为旋转轴。

图4.41　"旋转"对话框

图4.42　截面轮廓

旋转轴的一般要求：要让截面轮廓位于旋转轴的一侧。

🔘 步骤5　定义旋转方向与角度。采用系统默认的旋转方向，在"旋转"对话框的"限制"区域的"起始"下拉列表中选择"值"，然后在"角度"文本框中输入值0；在"结束"下拉列表中选择"值"，然后在"角度"文本框中输入值360。

🔘 步骤6　完成旋转凸台。单击"旋转"对话框中的"确定"按钮，完成特征的创建。

4.2.3　旋转切除特征的一般操作过程

旋转切除与旋转凸台的操作基本一致，下面以创建如图4.43所示的模型为例，介绍旋转切除特征的一般操作过程。

（a）切除前　　　　　　　　（b）切除后

图4.43　旋转切除特征

🔘 步骤1　打开文件D:\UG2206\work\ch04.02\旋转切除-ex。

🔘 步骤2　选择命令。单击 主页 功能选项卡"基本"区域中的 🖉 按钮，系统会弹出"旋转"对话框。

🔘 步骤3　绘制截面轮廓。在系统 选择要绘制的平面，或为截面选择曲线 的提示下，选取"ZX平面"作为草图平面，进入草图环境，绘制如图4.44所示的草图，绘制完成后，单击 主页 选项卡"草图"区域的 ▦ 按钮退出草图环境。

◎ 步骤4　定义旋转轴。在"旋转"对话框激活"轴"区域的"指定向量"选取"z轴"作为旋转轴。

◎ 步骤5　定义旋转方向与角度。采用系统默认的旋转方向，在"旋转"对话框的"限制"**方向(D)**区域的"起始"下拉列表中选择"值"，然后在"角度"文本框中输入值0；在"结束"下拉列表中选择"值"，然后在"角度"文本框中输入值360。

◎ 步骤6　定义布尔运算类型。在"旋转"对话框"布尔"区域的"布尔"下拉列表选择"减去"类型。

图4.44　截面轮廓

◎ 步骤7　完成旋转切除。单击"旋转"对话框中的"确定"按钮，完成特征的创建。

4.3　UG NX的部件导航器

4.3.1　基本概述

部件导航器以树的形式显示当前活动模型中的所有特征，在部件导航器中的所有特征构成了当前的这个零件模型，也就是说我们每添加一个特征，在部件导航器中就显示出来，这样非常方便管理，并且还能够及时地反映出我们前面和当前做了哪些工作。部件导航器记录了在模型上添加的所有特征，也就是说部件导航器上的内容和图形区模型上所表现出来的特征是一一对应的。

4.3.2　部件导航器的作用

1. 选取对象

用户可以在部件导航器中选取要编辑的特征或者零件对象，当选取的对象在绘图区域不容易选取或者所选对象在图形区是被隐藏的时，使用部件导航器选取就非常方便了；软件中的某些功能在选取对象时必须在部件导航器中选取。

2. 更改特征的名称

更改特征名称可以帮助用户更快地在部件导航器中选取所需对象；在部件导航器中缓慢单击特征两次，然后输入新的名称即可，如图4.45所示，也可以在部件导航器中右击要修改的特征，例如"拉伸（1）"，选择"重命名"命令，输入新的名称，例如"100正方体"。

（a）更改前　　　　　　　　　　　（b）更改后

图4.45　更改名称

> **说明** 读者也可以在特征属性对话框修改特征的名称。方法如下：在部件导航器右击要修改的特征（例如"拉伸（1）"），在系统弹出的快捷菜单中选择"属性"命令，系统会弹出如图4.46所示的"拉伸属性"对话框，单击"常规"选项卡，在"特征名"文本框中输入新的名称即可（例如"100正方体"），然后单击"确定"按钮完成操作。

更改特征名称后系统默认显示系统默认名称与用户自定义名称的组合，如果用户只需显示用户自定义的名称，则可以进行以下设置，在"部件导航器"空白区域右击，选择"属性"命令，系统会弹出如图4.47所示的"部件导航器属性"对话框，在"常规"选项卡的"名称显示"下拉列表中选择"用户替换系统"选项，此时将只显示用户定义的名称，如图4.48所示。

图4.46 "拉伸属性"对话框   图4.47 "部件导航器属性"对话框

（a）更改前   （b）更改后

图4.48 用户替换系统

3. 插入特征

在部件导航器中有一个当前特征的控制图标，其作用是控制创建特征时特征的插入位置。在默认情况下，它的位置是在部件导航器中最后一个特征后，如图4.49所示；读者可以在部件导航器根据实际需求设置当前特征，新插入的特征将自动添加到当前特征的后面；当前特征后的特征在部件导航器中变为灰色，并且不会在图形区显示，如图4.50所示；读者如果想显示全部的模型，则只需将最后一个特征设置为当前特征，如图4.51所示。

> **说明** 读者也可以在部件导航器中右击特征后选择 ▣ 设为当前特征(C)，这样就可以将所选特征设置为当前特征。

4. 调整特征顺序

在默认情况下，部件导航器将会以特征创建的先后顺序进行排序，如果在创建时顺序安排得不合理，则可以通过部件导航器对顺序进行重排；按住需要重排的特征拖动，然后放置到合适的位置即可，如图4.52所示。

图4.49 默认当前特征位置   图4.50 中间当前特征

图4.51 最后当前特征

（a）重排前   （b）重排后

图4.52 顺序重排

> **注意**　特征顺序的重排与特征的父子关系有很大关系，没有父子关系的特征可以重排，存在父子关系的特征不允许重排，父子关系的具体内容将会在4.3.4节中具体介绍。

用户也可以在部件导航器右击要重新排序的特征，在系统弹出的快捷菜单中选择"重排在前"（用于将当前特征调整到所选特征之前）或者"重排在后"（用于将当前特征调整到所选特征之后）下对应的特征即可。

5. 其他作用

在部件导航器"模型视图"节点下可以查看系统提供的标准平面或者等轴测方位。

在部件导航器右击某一特征选择"显示尺寸"命令就可以显示当前特征的所有尺寸。

在部件导航器"最新"节点可以显示特征的状态，✓代表特征正常生成，✕代表特征生成失败。

4.3.3 编辑特征

1. 显示特征尺寸并修改

○ 步骤1 打开文件D:\UG2206\work\ch04.03\编辑特征-ex。

5min

🔘步骤2 显示特征尺寸。在如图4.53所示的部件导航器中右击要显示尺寸的特征（例如拉伸（1）），在系统弹出的快捷菜单中选择 🔲 显示尺寸 命令，此时该特征的所有尺寸都会显示出来，如图4.54所示。

🔘步骤3 修改特征尺寸。在模型中双击需要修改的尺寸（例如深度尺寸80），系统会弹出如图4.55所示的"特征尺寸"对话框，在"特征尺寸"对话框中的文本框中输入新的尺寸，单击"特征尺寸"对话框中的"确定"按钮。

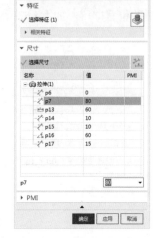

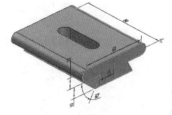

图4.53　部件导航器　　　　图4.54　显示尺寸　　　　图4.55　"特征尺寸"对话框

🔘步骤4 隐藏尺寸。在图形区空白区域右击并选择"刷新"命令（或者按F5键）。

2. 可回滚编辑

可回滚编辑编辑特征用于修改特征的一些参数信息，例如深度类型、深度信息等。

🔘步骤1 选择命令。在部件导航器中选中要编辑的"拉伸（1）"右击，选择 ◈ 可回滚编辑... 命令。

🔘步骤2 修改参数。在系统弹出的"拉伸"对话框中可以调整拉伸的方向、限制参数、拔模参数及偏置参数等。

3. 编辑草图

编辑草图用于修改草图中的一些参数信息。

🔘步骤1 选择命令。在部件导航器中选中要编辑的拉伸（1）后右击，选择 ◈ 编辑草图(K)... 命令。

🔘步骤2 修改参数。在草图设计环境中可以编辑，以便调整草图的一些相关参数。

4.3.4　父子关系

　　父子关系是指在创建当前特征时，有可能会借用之前特征的一些对象，被用到的特征被称为父特征，当前特征被称为子特征。父特征在进行编辑特征时非常重要，假如修改了父特征，子特征有可能会受到影响，并且有可能会导致子特征无法正确地生成而产生报错，所以为了避免错误的产生就需要大概清楚某个特征的父特征与子特征包含哪些，在修改特征时尽量不要修改父子关系相关联的内容。

　　查看特征的父子关系的方法如下。

方法一

◎ **步骤1** 选择命令。在部件导航器中右击要查看父子关系的特征（例如拉伸（4）），在系统弹出的快捷菜单中选择 信息 命令。

◎ **步骤2** 查看父子关系。在系统弹出的如图4.56所示的"信息"对话框中可以查看当前特征的父特征与子特征。

方法二

◎ **步骤1** 在部件导航器中选中要查看父子关系的特征（例如拉伸（4）），然后单击部件导航器中的"相关性"节点。

◎ **步骤2** 查看父子关系。在如图4.57所示的"相关性"节点中即可查看所选特征的父项与子项。

图4.56　"信息"对话框

图4.57　"相关性"节点

> **说明** 拉伸（4）特征的父项包含基准坐标系、拉伸（1）、拉伸（2）及基准面（3）；拉伸（4）特征的子项包含拉伸（6）、拉伸（7）、边倒圆（12）及边倒圆（13）。

方法三

◎ **步骤1** 在部件导航器中选中要查看父子关系的特征（例如拉伸（4））。

◎ **步骤2** 查看父子关系。在部件导航器中父特征将以紫色显示，子特征将以蓝色显示，如图4.58所示。

> **说明** 父子特征的颜色可以在"部件导航器属性"对话框进行自定义设置。在部件导航器空白区域右击并选择"属性"命令，系统会弹出如图4.59所示"部件导航器属性"对话框，在"常规"节点的"字体颜色"区域可以设置父对象与子对象的颜色。

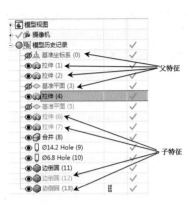

图4.58　部件导航器

图4.59　"部件导航器属性"对话框

4.3.5　删除特征

对于模型中不再需要的特征可以删除，删除的一般操作步骤如下。

○ 步骤1　选择命令。在部件导航器中右击要删除的特征（例如拉伸（6）），在弹出的快捷菜单中选择 ✕ 删除(D) 命令。

> **说明**　选中要删除的特征后，直接按键盘上的 Delete 键也可以删除特征。

○ 步骤2　在如图4.60所示的"通知"对话框中单击"确定"按钮即可删除特征。

> **说明**　当删除父特征时，系统默认会将子特征一并删除，读者可以单击"通知"对话框的信息按钮，在弹出的如图4.61所示的"信息"对话框中查看所包含的子特征信息。

图4.60　"通知"对话框

图4.61　"信息"对话框

4min

4.3.6　隐藏特征

在UG NX中，隐藏基准特征与隐藏实体特征的方法是不同的。下面以如图4.62所示的图形为例，介绍隐藏特征的一般操作过程。

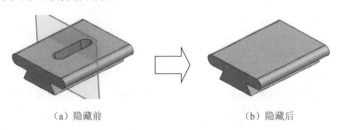

（a）隐藏前　　　　　　　　　　　　　　（b）隐藏后

图4.62　隐藏特征

◎ 步骤1　打开文件D:\UG2206\work\ch04.03\隐藏特征-ex。

◎ 步骤2　隐藏基准特征。在部件导航器中右击"基准面（3）"，在弹出的快捷菜单中选择⌀（隐藏）命令，即可隐藏基准面。

基准特征包括基准面、基准轴、基准点及基准坐标系等。

> **说明**　　读者也可以通过单击部件导航器中基准特征前的◉按钮对特征进行隐藏，隐藏后特征前的符号将变为⌀。

◎ 步骤3　隐藏实体特征。在设计树中右击"拉伸（2）"，在弹出的快捷菜单中选择⊘抑制(S)命令，即可隐藏拉伸（2），如图4.62（b）所示。

实体特征包括拉伸、旋转、抽壳、扫掠、通过曲线组等；如果实体特征依然用⌀命令，则系统默认会对特征所在的体进行隐藏。

> **说明**　　读者如果想显示基准特征，则可以通过右击要显示的基准特征选择◉ 显示(S) 命令，如果想显示实体特征，则可以通过右击实体特征选择⊗取消抑制(U) 命令。

4.4　UG NX模型的定向与显示

4.4.1　模型的定向

在设计模型的过程中，需要经常改变模型的视图方向，利用模型的定向工具就可以将模型精确地定向到某个特定方位上。用户可以在图形区空白位置右击，在弹出的快捷菜单中选择定向视图，系统会弹出如图4.63所示的下拉列表，通过选择其中的一个方位就可以快速地定向；用户还可以选择下拉菜单"视图"→"布局"→"替换视图"命令，系统会弹出如图4.64所示的"视图替换为"对话框，在视图列表中选择合适的视图，单击"确定"按钮就可以快速定向。

图4.63 "定向视图"下拉列表　　　　图4.64 "视图替换为"对话框

"视图替换为"对话框各视图的说明如下。

（1）俯视图：沿着XY基准面正法向的平面视图，如图4.65所示。

（2）前视图：沿着ZX基准面正法向的平面视图，如图4.66所示

（3）右视图：沿着ZY基准面正法向的平面视图，如图4.67所示。

（4）后视图：沿着ZX基准面负法向的平面视图，如图4.68所示。

图4.65 俯视图　　　图4.66 前视图　　　图4.67 右视图　　　图4.68 后视图

（5）仰视图：沿着XY基准面负法向的平面视图，如图4.69所示。

（6）左视图：沿着ZY基准面负法向的平面视图，如图4.70所示。

（7）正等测图：将视图调整到正等轴测方位，如图4.71所示。

（8）正三轴测图：将视图调整到正三轴测图，如图4.72所示。

图4.69 仰视图　　　图4.70 左视图　　　图4.71 正等测图　　　图4.72 正三轴测图

用户自定义视图并保存的一般操作方法如下。

◎步骤1 通过鼠标的操纵将模型调整到一个合适的方位，如图4.73所示。

◎步骤2 选择命令。选择下拉菜单"视图"→"操作"→"另存为"命令，系统会弹出如图4.74所示的"保存工作视图"对话框。

◎步骤3　命名视图。在"保存工作视图"对话框的"名称"文本框中输入视图名称（例如v01），然后单击"确定"按钮。

◎步骤4　查看保存的视图。选择下拉菜单"视图"→"布局"→"替换视图"命令，系统会弹出"视图替换为"对话框，选中"v01"视图，然后单击"确定"按钮即可。

快速定义平面视图的方法：通过鼠标的操纵将模型调整到与所想要平面方位比较接近的方位，例如想要如图4.75所示的平面方位，可以先将模型旋转到如图4.76所示的方位，然后按F8键即可将方位快速调正。

图4.73　调整方位　　图4.74　"保存工作视图"对话框　　图4.75　自定义平面方位　　图4.76　鼠标操纵调正

4.4.2　模型的显示

UG NX向用户提供了9种不同的显示方法，通过不同的显示方式可以方便用户查看模型内部的细节结构，也可以帮助用户更好地选取一个对象；用户可以单击 视图 功能选项卡"显示"区域的"样式"节点，在弹出的快捷菜单中可以显示不同的显示方式，如图4.77所示，样式节点下各选项的说明如下。

（1）🔲带边着色：模型以实体方式显示，并且可见边加粗显示，如图4.78所示。

（2）🔲着色：模型以实体方式显示，所有边线不加粗显示，如图4.79所示。

（3）🔲局部着色：模型对局部着色的面进行着色显示，其他面采用线框方式显示，如图4.80所示。

图4.77　"样式"节点　　图4.78　带边着色　　图4.79　着色　　图4.80　局部着色

（4）▨ 带有隐藏边的线框：模型以线框方式显示，可见边为加粗显示，不可见线不显示，如图4.81所示。

（5）▨ 带有淡化边的线框：模型以线框方式显示，可见边为加粗显示，不可见线以淡化灰色形式显示，如图4.82所示。

（6）▨ 静态线框：模型以线框方式显示，所有边线为加粗显示，如图4.83所示。

图4.81　带有隐藏边的线框　　图4.82　带有淡化边的线框　　图4.83　静态线框

（7）◓ 艺术外观：根据基本材料、纹理和光源实际渲染面。没有指派材料或纹理特性的对象显示为已着色，并且系统会打开透视功能，如图4.84所示。

（8）▨ 面分析：只渲染可使用面分析数据的面。用边几何元素渲染剩余的面，如图4.85所示。

（9）◖ 真实着色：以真实着色可视化特性显示视图，如图4.86所示。

图4.84　艺术外观　　　　图4.85　面分析　　　　图4.86　真实着色

4.5　布尔操作

4.5.1　基本概述

布尔运算是指对已经存在的多个独立的实体进行运算，以产生新的实体。在使用UG进行产品设计时，一个零部件从无到有一般像搭积木一样将一个个特征所创建的几个体累加起来，在这些特征中，有时是添加材料，有时是去除材料，在添加材料时是将多个几何体相加，也就是求和，在去除材料时，是从一个几何体中减去另外一个或者多个几何体，也就是求差，在机械设计中，我们把这种方式叫作布尔运算。在使用UG进行机械设计时，进行布尔运算是非常有用的。在UG NX中布尔运算主要包括布尔求和、布尔求差及布尔求交。

4.5.2　布尔求和

3min

布尔求和命令是将工具体和目标体组合为一个整体。目标体只能有一个，而工具体可以有多个。

下面以如图4.87所示的模型为例，说明进行布尔求和的一般操作过程。

○ 步骤1 打开文件D:\UG2206\work\ch04.05\布尔求和-ex。

○ 步骤2 选择命令。单击 主页 功能选项卡"基本"区域中的 （合并）按钮（或者选择下拉菜单"插入"→"组合"→"合并"命令），系统会弹出如图4.88所示的"合并"对话框。

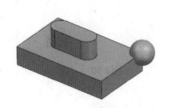

图4.87 布尔求和

图4.88 "合并"对话框

○ 步骤3 选择目标体。在系统"选择目标体"的提示下，选取长方体作为目标体。

> **说明** 目标体是指执行布尔运算的实体，只能选择一个。

○ 步骤4 选择工具体。在系统"选择工具体"的提示下，选取另外两个体（球体和槽口体）作为工具体。

> **说明** 工具体是指在目标体上执行操作的实体，可以选择多个。

○ 步骤5 设置参数。在"合并"对话框的"设置"区域中取消选中"保存目标"与"保存工具"复选框。

○ 步骤6 完成操作。在"合并"对话框中单击"确定"按钮完成操作。

4.5.3 布尔求差

布尔求差命令是将工具体和目标体重叠的部分从目标体中去除，同时移除工具体。目标体只能有一个，而工具体可以有多个。

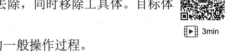

下面以一个如图4.89所示的模型为例，说明进行布尔求差的一般操作过程。

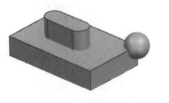

（a）求差前

（b）求差后

图4.89 布尔求差

◎ 步骤1 打开文件D:\UG2206\work\ch04.05\布尔求差-ex。

◎ 步骤2 选择命令。单击 主页 功能选项卡"基本"区域中的  （减去）按钮（或者选择下拉菜单"插入"→"组合"→"减去"命令），系统会弹出如图4.90所示的"减去"对话框。

◎ 步骤3 选择目标体。在系统"选择目标体"的提示下，选取长方体作为目标体。

◎ 步骤4 选择工具体。激活"工具"区域中的"选择体"，然后在系统"选择工具体"的提示下选取另外两个体（球体和槽口体）作为工具体。

图4.90 "减去"对话框

◎ 步骤5 设置参数。在"减去"对话框的"设置"区域中取消选中"保存目标"与"保存工具"复选框。

◎ 步骤6 完成操作。在"减去"对话框中单击"确定"按钮完成操作。

4.5.4　布尔求交

▶ 3min

布尔求交命令是将工具体和目标体重叠的部分保留，其余的部分全部移除。下面以一个如图4.91所示的模型为例，说明进行布尔求交的一般操作过程。

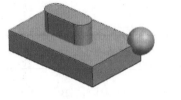

（a）求交前　　　　　　　　　　　（b）求交后

图4.91　布尔求交

◎ 步骤1 打开文件D:\UG2206\work\ch04.05\布尔求交-ex。

◎ 步骤2 选择命令。选择下拉菜单"插入"→"组合"→"相交"命令，系统会弹出如图4.92所示的"求交"对话框。

◎ 步骤3 选择目标体。在系统"选择目标体"的提示下，选取长方体作为目标体。

◎ 步骤4 选择工具体。激活"工具"区域中的"选择体"，然后在系统"选择工具体"的提示下，选取另外两个体（球体和槽口体）作为工具体。

◎ 步骤5 设置参数。在"相交"对话框的"设置"区域中取消选中"保存目标"与"保存工具"复选框。

图4.92 "求交"对话框

◎ 步骤6 完成操作。在"相交"对话框中单击"确定"按钮完成操作。

布尔运算出错的几种常见情况：

在进行实体的求和、求差和求交运算时，所选工具体必须与目标体相交，否则系统会弹出警报信息："工具体完全在目标体外"，如图4.93所示。

图4.93　"警报"对话框

> **注意**　如果创建的是第1个特征，则此时不会存在布尔运算，"布尔操作"的列表框为灰色。从创建第2个特征开始，以后加入的特征都可以选择"布尔操作"，而且对于一个独立的零件，每个添加的特征都需要选择"布尔操作"，这样就便于我们后续的一些操作。

4.6　设置零件模型的属性

4.6.1　材料的设置

设置模型材料主要可以确定模型的密度，进而确定模型的质量属性。

1. 添加现有材料

下面以一个如图4.94所示的扳手模型为例，说明设置零件模型材料属性的一般操作过程。

　打开文件D:\UG2206\work\ch04.06\设置模型属性。

图4.94　扳手模型

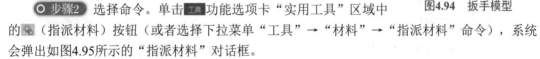　选择命令。单击 工具 功能选项卡"实用工具"区域中的 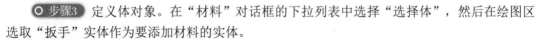（指派材料）按钮（或者选择下拉菜单"工具"→"材料"→"指派材料"命令），系统会弹出如图4.95所示的"指派材料"对话框。

步骤3　定义体对象。在"材料"对话框的下拉列表中选择"选择体"，然后在绘图区选取"扳手"实体作为要添加材料的实体。

步骤4　选择材料。在"材料"对话框"材料列表"区域中选取Steel材料。

步骤5　应用材料。在"材料"对话框中单击"确定"按钮，将材料应用到模型。

2. 添加新材料

步骤1　打开文件D:\UG2206\work\ch04.06\设置模型属性。

步骤2　选择命令。单击 工具 功能选项卡"实用工具"区域中的 按钮，系统会弹出"指派材料"对话框。

步骤3　设置材料类型。在"指派材料"对话框"材料列表"区域的"新建材料"节点下"类型"下拉列表选择材料类型（例如选择"各向同性"）。

步骤4　新建材料。在"指派材料"对话框"材料列表"区域单击 （创建材料）按钮，系统会弹出如图4.96所示的"各向同性材料"对话框。

步骤5　设置材料名称及属性。在"各向同性材料"对话框的"名称-描述"文本框中输入新材料的名称（例如AcuZinc 5），在"属性"区域输入材料的相关属性（根据材料手册信息真实输入）。

◎步骤6 保存材料。在"各向同性材料"对话框中单击"确定"按钮。

◎步骤7 应用材料。在"材料"对话框中选取"扳手"作为要添加材料的体，单击"确定"按钮，将材料应用到模型。

图4.95 "指派材料"对话框

图4.96 "各向同性材料"对话框

4.6.2 单位的设置

在UG NX中，每个模型都有一个基本的单位系统，从而保证模型大小的准确性，UG NX系统向用户提供了一些预定义的单位系统，其中一个是默认的单位系统，用户可以自己选择合适的单位系统，也可以自定义一个单位系统；需要注意，在进行某个产品的设计之前，需要保证产品中所有的零部件的单位系统是统一的。

修改或者自定义单位系统的方法如下。

◎步骤1 选择命令。选择下拉菜单"工具"→"单位管理器"命令，系统会弹出如图4.97所示的"单位管理器"对话框。

◎步骤2 在"单位管理器"对话框的 对象信息单位 下拉列表中显示默认的单位系统。

说明 系统默认的单位系统是 公制-kg/mm/N/deg/C ，表示质量单位为 kg，长度单位是 mm，力的单位为 N，角度单位为 deg，温度单位为 C。

◎步骤3 如果需要应用其他的单位系统，则只需在 对象信息单位 下拉列表中选择其他单位。

◎步骤4　如果需要自定义单位系统，则需要在"单位管理器"对话框中选择 新建单位 命令，此时所有选项均将变亮，用户可以根据自身的实际需求定制单位系统。

◎步骤5　完成修改后，单击对话框中的"关闭"按钮。

如图4.97所示的"单位管理器"对话框中部分选项的说明如下。

（1）首选数据输入单位 下拉列表：用于设置输入当前部件参数值的单位制。在此处选择的单位制随部件一起保存，并将替代数据输入的首选单位用户默认设置。

（2）对象信息单位 下拉列表：用于设置打印或列出当前部件中对象信息的单位制。在此处选择的单位制随部件一起保存，并替代首选对象信息输出单位用户默认设置。

（3）测量 下拉列表：用于选择要替代单位类型的特定测量。

（4）单位名 文本框：用于选择要编辑的单位，或输入想要定义的新定制单位的名称。

（5）单位符号 文本框：当在单位符号框中输入新的定制单位名或单击新建单位时可用。

（6）单位描述 文本框：用于为定义的新定制单位设置符号和描述。

（7）转换因子(a) 文本框：当在单位符号框中输入新的定制单位名或单击新建单位时可用。设置转换因子值。NX 在转换方程中使用该值将新的定制单位转换为基本公制单位。

（8）转换加数(b) 文本框：当在单位符号框中输入新的定制单位名或单击新建单位时可用。设置转换加数值。NX 在转换方程中使用该值将新的定制单位转换为基本公制单位。

图4.97　"单位管理器"对话框

（9）新建单位 按钮：从文本框中清除单位数据，为新单位的数据输入做准备。

（10）列出所有替代（部件和系统） 按钮：列出当前部件中所有首选数据输入单位替代。

（11）从部件移除所有数据输入替代 与 从部件移除所有对象信息替代 按钮：从当前部件中移除数据输入或信息显示单位替代。

（12）从部件导出用户定义单位和替代... 按钮：打开文件选择对话框。指定 XML 文件的名称和位置，NX 将所有用户定义单位和当前部件中应用的单位替代后导出至该文件。

（13）导出所有系统单位... 按钮：打开文件选择对话框。指定 XML 文件的名称和位置，NX 将当前部件中可用的所有单位数据导出至该文件。

4.7　倒角特征

4.7.1　基本概述

倒角特征是指在选定的边线处通过裁掉或者添加一块平直剖面的材料，从而在共有该边线的两个原始曲面之间创建出一个斜角曲面。

倒角特征的作用：①提高模型的安全等级；②提高模型的美观程度；③方便装配。

4.7.2　倒角特征的一般操作过程

5min

下面以如图4.98所示的简单模型为例，介绍创建倒角特征的一般过程。

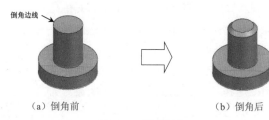

倒角边线

（a）倒角前　　　　　　　　　　　（b）倒角后

图4.98　倒角特征

○步骤1　打开文件D:\UG2206\work\ch04.07\倒角-ex。

○步骤2　选择命令。单击■功能选项卡"基本"区域中的◎（倒斜角）按钮（或者选择下拉菜单"插入"→"细节特征"→"倒斜角"命令），系统会弹出如图4.99所示的"倒斜角"对话框。

○步骤3　定义倒角类型。在"倒斜角"对话框"横截面"下拉列表中选择"对称"类型。

○步骤4　定义倒角对象。在系统的提示下选取如图4.98（a）所示的边线作为倒角对象。

○步骤5　定义倒角参数。在"倒斜角"对话框的"距离"文本框中输入倒角距离值5。

图4.99　"倒斜角"对话框

○步骤6　完成操作。在"倒斜角"对话框中单击"确定"按钮，完成倒角的定义，如图4.98（b）所示。

如图4.99所示的"倒斜角"对话框中各选项的说明如下。

（1）■对称单选项：用于通过两个相同的距离控制倒角大小。

（2）■非对称（距离）单选项：用于通过两个不同的距离控制倒角大小。

（3）■偏置和角度（顶点）：用于通过距离与角度控制倒角的大小。

（4）"长度限制"区域：用于在所选对象的部分创建倒角，如图4.100所示。

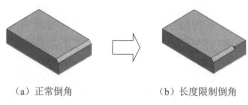

（a）正常倒角　　　　　　　　　　（b）长度限制倒角

图4.100　长度限制

4.8 圆角特征

4.8.1 基本概述

圆角特征是指在我们选定的边线处通过裁掉或者添加一块圆弧剖面的材料，从而在共有该边线的两个原始曲面之间创建出一个圆弧曲面。

圆角特征的作用：①提高模型的安全等级；②提高模型的美观程度；③方便装配；④消除应力集中。

4.8.2 恒定半径圆角

恒定半径圆角是指在所选边线的任意位置半径值都是恒定相等的。下面以如图4.101所示的模型为例，介绍创建恒定半径圆角特征的一般过程。

（a）圆角前　　　　　　　　　　　（b）圆角后

图4.101　恒定半径圆角

◎ 步骤1　打开文件D:\UG2206\work\ch04.08\圆角-ex。

◎ 步骤2　选择命令。单击 主页 功能选项卡"基本"区域中的 （边倒圆）按钮（或者选择下拉菜单"插入"→"细节特征"→"边倒圆"命令），系统会弹出如图4.102所示的"边倒圆"对话框。

◎ 步骤3　定义圆角对象。在系统的提示下选取如图4.101（a）所示的边线作为圆角对象。

◎ 步骤4　定义圆角参数。在"边倒圆"对话框的"半径1"文本框中输入圆角半径值8。

◎ 步骤5　完成操作。在"边倒圆"对话框中单击"确定"按钮，完成圆角的定义，如图4.101（b）所示。

4.8.3 变半径圆角

图4.102　"边倒圆"对话框

变半径圆角是指在所选边线的不同位置具有不同的圆角半径值。下面以如图4.103所示的模型为例，介绍创建变半径圆角特征的一般过程。

◎ 步骤1　打开文件D:\UG2206\work\ch04.08\变半径-ex。

◎ 步骤2　选择命令。单击 主页 功能选项卡"基本"区域中的 按钮，系统会弹出"边倒圆"对话框。

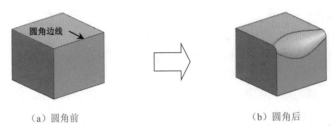

（a）圆角前   （b）圆角后

图4.103　变半径圆角

○ 步骤3　定义圆角对象。在系统的提示下选取如图4.103（a）所示的边线作为圆角对象。

○ 步骤4　定义变半径参数。在"边倒圆"对话框的"变半径"区域激活"指定半径点"，然后选取如图4.104所示的"点1"，然后在弹出的对话框的半径文本框中输入10，确认"弧长百分比"文本框为0，如图4.105所示；选取如图4.104所示的"点2"，将半径设置为10，将弧长百分比设置为100；选取如图4.104所示的"点3"，将半径设置为30，将弧长百分比设置为50。

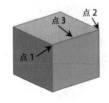

图4.104　变半径点

图4.105　点1参数

○ 步骤5　完成操作。在"边倒圆"对话框中单击"确定"按钮，完成圆角的定义，如图4.103（b）所示。

说明　　结束处软半径更改选项可在倒圆链的端部应用软更改，此时倒圆边链的两端均为0斜率，如图4.106所示。

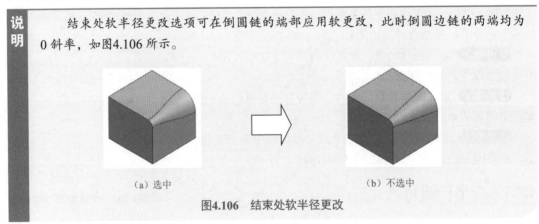

（a）选中   （b）不选中

图4.106　结束处软半径更改

4.8.4　拐角倒角圆角

拐角倒角圆角是指通过选择3根边线的交点，以沿进入拐角的每条边指定倒圆角。下面以如图4.107所示的模型为例，介绍创建拐角倒角圆角特征的一般过程。

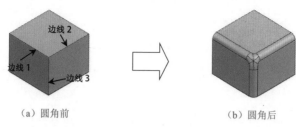

（a）圆角前　　　　　　　　　　　　　（b）圆角后

图4.107　拐角倒角圆角

◎ 步骤1　打开文件D:\UG2206\work\ch04.08\拐角倒角-ex。

◎ 步骤2　选择命令。单击 主页 功能选项卡"基本"区域中的 ◎ 按钮，系统会弹出"边倒圆"对话框。

◎ 步骤3　定义圆角对象。在系统的提示下选取如图4.107（a）所示的边线（3根边线）作为圆角对象。

◎ 步骤4　定义圆角参数。在"边倒圆"对话框的"半径1"文本框中输入圆角半径值10。

◎ 步骤5　定义拐角倒角参数。在"边倒圆"对话框中激活"拐角倒角"区域下的"选择端点"，然后选取边线1、边线2与边线3的交点；在"拐角倒角"区域的列表中选中"点1倒角1"，然后在"点1倒角1"文本框中输入8，选中"点1倒角2"，然后在"点1倒角2"文本框中输入15，选中"点1倒角3"，然后在"点1倒角3"文本框中输入5，如图4.108所示。

图4.108　拐角倒角参数

◎ 步骤6　完成操作。在"边倒圆"对话框中单击"确定"按钮，完成圆角的定义，如图4.107（b）所示。

"拐角倒角"下拉列表的选项说明：用于指定回切是包含在边倒圆拐角中，还是保持分离，如图4.109所示。

（a）包含拐角　　　　　　　　　　　　（b）分离拐角

图4.109　拐角倒角下拉列表

4.8.5　拐角突然停止

拐角突然停止主要用于在所选边线的一部分创建圆角。下面以如图4.110所示的模型为例，介绍创建拐角突然停止特征的一般过程。

◎ 步骤1　打开文件D:\UG2206\work\ch04.08\拐角突然停止-ex。

▶ 2min

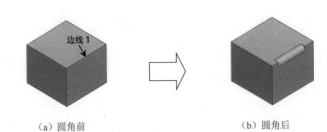

（a）圆角前　　　　　　　　　　　　　（b）圆角后

图4.110　拐角突然停止

◎步骤2　选择命令。单击 主页 功能选项卡"基本"区域中的 ◎ 按钮，系统会弹出"边倒圆"对话框。

◎步骤3　定义圆角对象。在系统的提示下选取如图4.110（a）所示的边线1作为圆角对象。

◎步骤4　定义圆角参数。在"边倒圆"对话框的"半径1"文本框中输入圆角半径值10。

◎步骤5　定义拐角突然停止参数。在"边倒圆"对话框中激活"拐角倒角"区域下的"选择端点"，选取边线1 的左侧端点，在"弧长"文本框中输入15（从左侧端点沿着直线方向有15mm不创建圆角），选取边线1的右侧端点，在"弧长"文本框中输入20（从右侧端点沿着直线方向有20mm不创建圆角），如图4.111所示。

◎步骤6　完成操作。在"边倒圆"对话框中单击"确定"按钮，完成圆角的定义，如图4.110（b）所示。

图4.111　拐角突然停止参数

4.8.6　面圆角

面圆角是指在面与面之间进行倒圆角。下面以如图4.112所示的模型为例，介绍创建面圆角特征的一般过程。

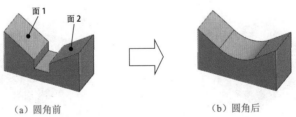

（a）圆角前　　　　　　　　　　　　　（b）圆角后

图4.112　面圆角

◎步骤1　打开文件D:\UG2206\work\ch04.08\面圆角-ex。

◎步骤2　选择命令。单击 主页 功能选项卡"基本"区域中的 ◎ 下的 ⋅ 按钮，选择 ◎ 面倒圆 命令（或者选择下拉菜单"插入"→"细节特征"→"面倒圆"命令），系统会弹出如图4.113所示的"面倒圆"对话框。

◎步骤3　定义圆角类型。在"面倒圆"对话框的类型下拉列表中选择"双面"。

◎步骤4　定义圆角对象。在"面倒圆"对话框中激活"选择面1"区域，选取如图4.112（a）

所示的面1，然后激活"选择面2"区域，选取如图4.112（a）所示的面2。

> **注意**　在选取倒圆对象时需要提前将选择过滤器设置为"单个面"类型，如图4.114所示。

图4.113　"面倒圆"对话框

| 单个面 ▼ | 单条曲线 ▼ | … |

图4.114　选择过滤器

◎ **步骤5**　定义圆角参数。在"横截面"区域中的"半径"文本框中输入圆角半径值80。

◎ **步骤6**　完成操作。在"面倒圆"对话框中单击"确定"按钮，完成圆角的定义，如图4.112（b）所示。

> **说明**　对于两个不相交的曲面来讲，在给定圆角半径值时，一般会有一个合理范围，只有给定的值在合理范围内才可以正确创建，范围值的确定方法可参考图4.115。

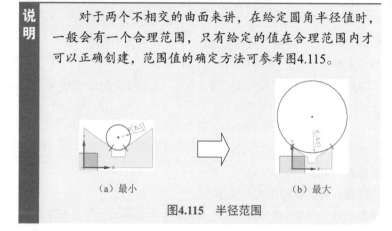

（a）最小　　　　　　　　　　（b）最大

图4.115　半径范围

4.8.7　完全圆角

完全圆角是指在3个相邻的面之间进行倒圆角。下面以如图4.116所示的模型为例，介绍创建完全圆角特征的一般过程。

3min

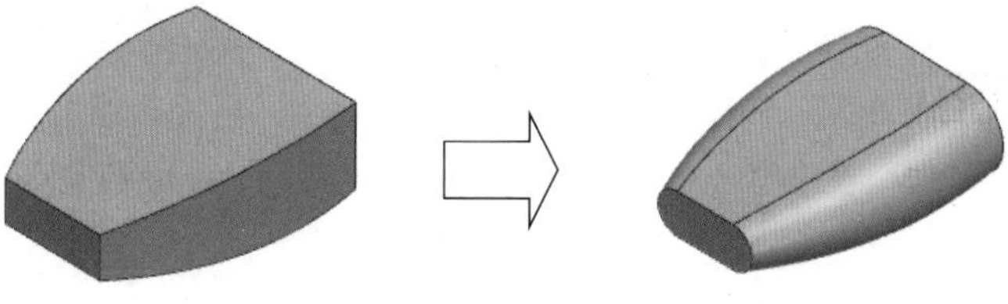

（a）圆角前　　　　　　　　　　（b）圆角后

图4.116　完全圆角

◎ **步骤1**　打开文件D:\UG2206\work\ch04.08\完全圆角-ex。

◎ **步骤2** 选择命令。选择下拉菜单"插入"→"细节特征"→"面倒圆"命令，系统会弹出"面倒圆"对话框。

◎ **步骤3** 定义圆角类型。在"面倒圆"对话框的类型下拉列表中选择"三面"。

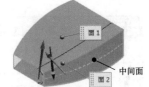

◎ **步骤4** 定义圆角对象。在"面倒圆"对话框中激活"选择面1"区域，选取如图4.117所示的面1，然后激活"选择面2"区域，选取如图4.117所示的面2，然后激活"选择中间面"区域，选取如图4.117所示的中间面。

图4.117　定义圆角对象

注意	在选取倒圆对象时需要提前将选择过滤器设置为"单个面"类型。

说明	面2与面1是两个相对的面。

◎ **步骤5** 在"面倒圆"对话框中单击"应用"按钮完成第1个完全圆角的创建。

◎ **步骤6** 参考步骤4再次创建另外一侧的完全圆角。

◎ **步骤7** 完成操作。在"面倒圆"对话框中单击"确定"按钮，完成圆角的定义，如图4.116（b）所示。

4.8.8　倒圆的顺序要求

在创建圆角时，一般需要遵循以下几点规则和顺序：

（1）一般先创建竖直方向的圆角，再创建水平方向的圆角。

（2）如果要生成具有多个圆角边线及拔模面的铸模模型，则在大多数情况下应先创建拔模特征，再进行圆角的创建。

（3）一般我们将模型的主体结构创建完成后再尝试创建修饰作用的圆角，因为创建圆角越早，在重建模型时花费的时间就越长。

（4）当有多个圆角汇聚于一点时，先生成较大半径的圆角，再生成较小半径的圆角。

（5）为加快零件建模的速度，可以使用单一圆角操作来处理相同半径圆角的多条边线。

4.9　基准特征

4.9.1　基本概述

基准特征在建模的过程中主要起到定位参考的作用，需要注意基准特征并不能帮助我们得到某个具体的实体结构，虽然基准特征并不能帮助我们得到某个具体的实体结构，但是在创建模型中的很多实体结构时，如果没有合适的基准，则将很难或者不能完成结构的具体创建，例

如创建如图4.118所示的模型，该模型有一个倾斜结构，要想得到这个倾斜结构，就需要创建一个倾斜的基准平面。

基准特征在UG NX中主要包括基准面、基准轴、基准点及基准坐标系。这些几何元素可以作为创建其他几何体的参照使用，在创建零件中的一般特征、曲面及装配时起到了非常重要的作用。

4.9.2　基准面

图4.118　基准特征

16min

基准面也称为基准平面，在创建一般特征时，如果没有合适的平面了，就可以自己创建一个基准平面，此基准平面可以作为特征截面的草图平面来使用，也可以作为参考平面来使用，基准平面是一个无限大的平面，在UG NX中为了查看方便，基准平面的显示大小可以自己调整。在UG NX中，软件提供了很多种创建基准平面的方法，接下来就对一些常用的创建方法进行具体介绍。

1. 平行有一定间距创建基准面

通过平行有一定间距创建基准面需要提供一个平面参考，新创建的基准面与所选参考面平行，并且有一定的间距值。下面以创建如图4.119所示的基准面为例介绍平行有一定间距创建基准面的一般创建方法。

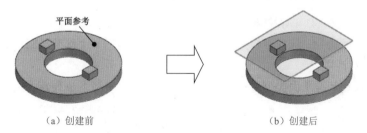

平面参考

（a）创建前　　　　　　　　　（b）创建后

图4.119　平行有一定间距基准面

◎步骤1　打开文件D:\UG2206\work\ch04.09\基准面01-ex。

◎步骤2　选择命令。单击 主页 功能选项卡"构造"区域◇后下的·按钮，选择 基准平面 命令（或者选择下拉菜单"插入"→"基准"→"基准平面"命令），系统会弹出如图4.120所示的"基准平面"对话框。

◎步骤3　选择基准平面类型。在"基准平面"对话框类型下拉列表中选择"按某一距离"类型。

◎步骤4　选择参考平面。选取如图4.119所示的平面参考。

◎步骤5　定义偏置距离。在"基准平面"对话框"偏置"区域的"距离"文本框中输入偏置距离50。

◎步骤6　定义偏置方向。确认偏置方向向上。

图4.120　"基准平面"对话框

> **说明** 如果偏置方向不正确，则可以通过单击⊠按钮调整。

◎ **步骤7** 完成操作。在"基准平面"对话框中单击"确定"按钮，完成基准平面的定义，如图4.119（b）所示。

2. 通过轴与面成一定角度创建基准面

通过轴与面有一定角度创建基准面需要提供一个平面参考与一个轴的参考，新创建的基准面通过所选的轴，并且与所选面成一定的夹角。下面以创建如图4.121所示的基准面为例介绍通过轴与面有一定角度创建基准面的一般创建方法。

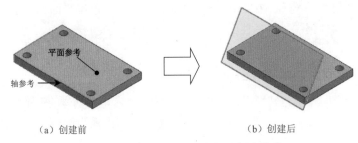

（a）创建前　　　　　　　　　　　（b）创建后

图4.121　通过轴与面成一定角度创建基准面

◎ **步骤1** 打开文件D:\UG2206\work\ch04.09\基准面02-ex。

◎ **步骤2** 选择命令。选择下拉菜单"插入"→"基准"→"基准平面"命令，系统会弹出"基准平面"对话框。

◎ **步骤3** 选择基准平面类型。在"基准平面"对话框类型下拉列表中选择"成一角度"类型。

◎ **步骤4** 选择平面参考。选取如图4.121所示的平面参考。

◎ **步骤5** 选择轴参考。选取如图4.121所示的轴参考。

◎ **步骤6** 定义参数。在"基准平面"对话框"角度"区域的"角度"文本框中输入角度值60。

> **说明** 如果角度方向不正确，则可以通过输入负值来调整。

◎ **步骤7** 完成操作。在"基准平面"对话框中单击"确定"按钮，完成基准平面的定义，如图4.121（b）所示。

3. 垂直于曲线创建基准面

垂直于曲线创建基准面需要提供曲线参考与一个点的参考，一般情况下点是曲线端点或者曲线上的点，新创建的基准面通过所选的点，并且与所选曲线垂直。下面以创建如图4.122所示的基准面为例介绍垂直于曲线创建基准面的一般创建方法。

曲线参考

点参考

（a）创建前 （b）创建后

图4.122 垂直于曲线创建基准面

◎ 步骤1 打开文件D:\UG2206\work\ch04.09\基准面03-ex。

◎ 步骤2 选择命令。选择下拉菜单"插入"→"基准"→"基准平面"命令，系统会弹出如图4.123所示的"基准平面"对话框。

◎ 步骤3 选择基准平面类型。在"基准平面"对话框类型下拉列表中选择"曲线和点"类型，在"子类型"下拉列表中选择"点和曲线/轴"类型。

◎ 步骤4 选择点参考。选取如图4.122所示的点参考。

◎ 步骤5 选择曲线参考。选取如图4.122所示的曲线参考。

图4.123 "基准平面"对话框

> **说明** 曲线参考可以是草图中的直线、样条曲线、圆弧等开放对象，也可以是现有实体中的一些边线。

◎ 步骤6 完成操作。在"基准平面"对话框中单击"确定"按钮，完成基准平面的定义，如图4.122（b）所示。

4. 其他常用的创建基准面的方法

（1）通过两个平行平面创建基准平面，所创建的基准面在所选两个平行基准平面的中间位置，如图4.124所示。

（2）通过两个相交平面创建基准平面，所创建的基准面在所选两个相交基准平面的角平分位置，如图4.125所示。

（3）通过3点创建基准平面，所创建的基准面通过选取的3个点，如图4.126所示。

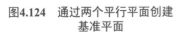

图4.124 通过两个平行平面创建基准平面

图4.125 通过两个相交平面创建基准平面

图4.126 通过3点创建基准平面

（4）通过直线和点创建基准平面，所创建的基准面通过选取的直线和点，如图4.127所示。

（5）通过与某一平面平行并且通过点创建基准平面，所创建的基准面通过选取的点，并且与参考平面平行，如图4.128所示。

（6）通过与曲面相切创建基准平面，所创建的基准面与所选曲面相切，并且还需要其他参考，例如与某个平面平行或者垂直，或者通过某个对象，如图4.129所示。

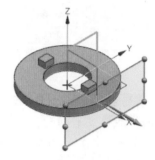

图4.127　通过直线和点创建　　图4.128　通过与某一平面平行　　图4.129　通过与曲面相切创建
　　　　　基准平面　　　　　　　　　　　　并且通过点创建基准面　　　　　　　　　基准平面

4.9.3　基准轴

基准轴与基准面一样，可以作为特征创建时的参考，也可以为创建基准面、同轴放置项目及圆周阵列等提供参考。在UG NX中，软件提供了很多种创建基准轴的方法，接下来就对一些常用的创建方法进行具体介绍。

1. 通过交点创建基准轴

通过交点创建基准轴需要提供两个平面的参考。下面以创建如图4.130所示的基准轴为例介绍通过交点创建基准轴的一般创建方法。

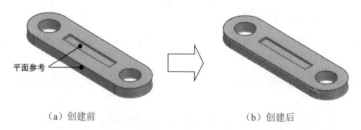

（a）创建前　　　　　　　　　　　　　　（b）创建后

图4.130　通过相交创建基准轴

🔘 步骤1　打开文件D:\UG2206\work\ch04.09\基准轴-ex。

🔘 步骤2　选择命令。单击 主页 功能选项卡"构造"区域 ◇ 后的 · 按钮，选择 🖊 基准轴 命令（或者选择下拉菜单"插入"→"基准"→"基准轴"命令），系统会弹出如图4.131所示的"基准轴"对话框。

🔘 步骤3　选取类型。在"基准轴"对话框"类型"下拉列表中选择"交点"类型。

🔘 步骤4　选取参考。选取如图4.130（a）所示的两个平面参考。

🔘 步骤5　完成操作。在"基准轴"对话框中单击"确定"按钮，完成基准轴的定义，如图4.130（b）所示。

2. 通过曲线/面轴创建基准轴

通过曲线/面轴创建基准轴需要提供一个曲线的参考或者圆柱面的参考。下面以创建如图4.132所示的基准轴为例介绍通过曲线/面轴创建基准轴的一般创建方法。

图4.131　"基准轴"对话框

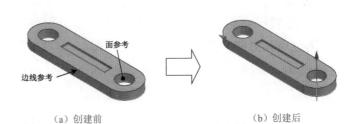

（a）创建前　　　　　　　　（b）创建后

图4.132　通过曲线/面轴创建基准轴

🔘 步骤1　打开文件D:\UG2206\work\ch04.09\基准轴-ex。

🔘 步骤2　选择命令。选择下拉菜单"插入"→"基准"→"基准轴"命令，系统会弹出"基准轴"对话框。

🔘 步骤3　选取类型。在"基准轴"对话框"类型"下拉列表中选择"曲线/面轴"类型。

🔘 步骤4　选取曲线参考。选取如图4.132（a）所示的边线作为参考。

🔘 步骤5　完成操作。在"基准轴"对话框中单击"应用"按钮，完成基准轴的定义。

🔘 步骤6　选取面参考。选取如图4.132（a）所示的面作为参考。

🔘 步骤7　完成操作。在"基准轴"对话框中单击"确定"按钮，完成基准轴的定义，如图4.132（b）所示。

3. 通过曲线上的向量创建基准轴

通过曲线上的向量创建基准轴需要提供曲线的参考。下面以创建如图4.133所示的基准轴为例介绍通过曲线上的向量创建基准轴的一般创建方法。

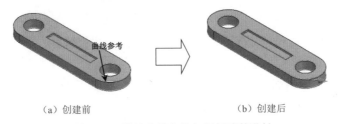

（a）创建前　　　　　　　　（b）创建后

图4.133　通过曲线上的矢量创建基准轴

🔘 步骤1　打开文件D:\UG2206\work\ch04.09\基准轴-ex。

🔘 步骤2　选择命令。选择下拉菜单"插入"→"基准"→"基准轴"命令，系统会弹出"基准轴"对话框。

🔘 步骤3　选取类型。在"基准轴"对话框"类型"下拉列表中选择"曲线上的向量"类型。

○ 步骤4　选取曲线参考。选取如图4.133（a）所示的边线作为参考。

○ 步骤5　定义参数。在"基准轴"对话框的"位置"下拉列表中选择"弧长百分比"，在"弧长百分比"文本框中输入20，在"方位"下拉列表中选择"相切"，如图4.134所示。

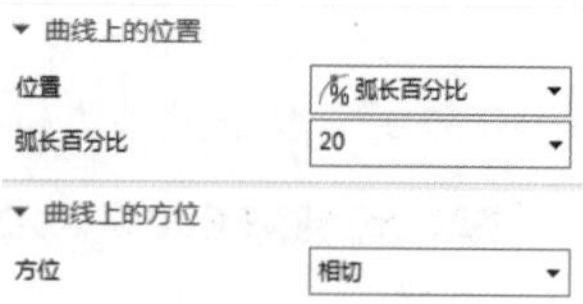

○ 步骤6　完成操作。在"基准轴"对话框中单击"确定"按钮，完成基准轴的定义，如图4.133（b）所示。

图4.134　定义参数

4. 通过点和方向创建基准轴

通过点和方向创建基准轴需要提供点和方向的参考。下面以创建如图4.135所示的基准轴为例介绍通过点和方向创建基准轴的一般创建方法。

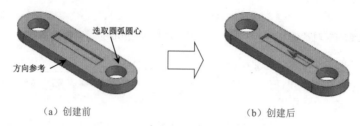

选取圆弧圆心

方向参考

（a）创建前　　　　　　　　　（b）创建后

图4.135　通过点和方向创建基准轴

○ 步骤1　打开文件D:\UG2206\work\ch04.09\基准轴-ex。

○ 步骤2　选择命令。选择下拉菜单"插入"→"基准"→"基准轴"命令，系统会弹出"基准轴"对话框。

○ 步骤3　选取类型。在"基准轴"对话框"类型"下拉列表中选择"点和方向"类型。

○ 步骤4　选取点参考。选取如图4.135所示的圆弧圆心作为点参考。

○ 步骤5　选取方向参考。选取如图4.135所示的边线作为方向参考，在"方位"下拉列表中选择"平行于向量"类型。

> **说明**　如果方向不正确，则可以通过单击⊠按钮来调整。

○ 步骤6　完成操作。在"基准轴"对话框中单击"确定"按钮，完成基准轴的定义，如图4.135（b）所示。

5. 通过两点创建基准轴

通过两点创建基准轴需要提供两个点的参考。下面以创建如图4.136所示的基准轴为例介绍通过两点创建基准轴的一般创建方法。

○ 步骤1　打开文件D:\UG2206\work\ch04.09\基准轴-ex。

○ 步骤2　选择命令。选择下拉菜单"插入"→"基准"→"基准轴"命令，系统会弹出"基准轴"对话框。

○ 步骤3　选取类型。在"基准轴"对话框"类型"下拉列表中选择"两点"类型。

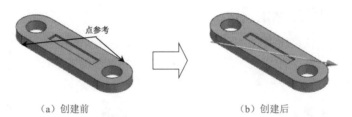

（a）创建前　　　　　　　　　　（b）创建后

图4.136　通过两点创建基准轴

🔘 步骤4　选取点参考。选取如图4.136所示的两个点作为点参考。

🔘 步骤5　完成操作。在"基准轴"对话框中单击"确定"按钮，完成基准轴的定义，如图4.136（b）所示。

4.9.4　基准点

点是最小的几何单元，由点可以得到线，由点也可以得到面，所以在创建基准轴或者基准面时，如果没有合适的点了，就可以通过基准点命令进行创建，另外基准点也可以作为其他实体特征创建的参考元素。在UG NX中，软件向我们提供了很多种创建基准点的方法，接下来就对一些常用的创建方法进行具体介绍。

1. 通过圆弧中心/椭圆中心/球心创建基准点

通过圆弧中心/椭圆中心/球心创建基准点需要提供一个圆弧、椭圆或者球的参考。下面以创建如图4.137所示的基准点为例介绍通过圆弧中心/椭圆中心/球心创建基准点的一般创建方法。

（a）创建前　　　　　　　　　　（b）创建后

图4.137　通过圆弧中心/椭圆中心/球心创建基准点

🔘 步骤1　打开文件D:\UG2206\work\ch04.09\基准点-ex。

🔘 步骤2　选择命令。选择下拉菜单"插入"→"基准"→"点"命令，系统会弹出如图4.138所示的"点"对话框。

🔘 步骤3　选取类型。在"点"对话框"类型"下拉列表中选择"圆弧中心/椭圆中心/球心"类型。

🔘 步骤4　选取圆弧参考。选取如图4.137所示的圆弧参考。

🔘 步骤5　完成操作。在"点"对话框中单击"确定"按钮，完成点的定义，如图4.137（b）所示。

图4.138　"点"对话框

2. 通过面上的点创建基准点

通过面上的点创建基准点需要提供一个面（平面、圆弧面、曲面）的参考，然后通过给定精确的UV方向参数完成点的创建。下面以创建如图4.139所示的基准点为例介绍通过面上的点创建基准点的一般创建方法。

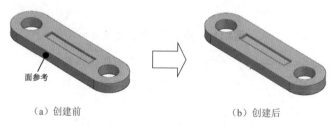

（a）创建前　　　　　　　　　　　　　（b）创建后

图4.139　通过面上的点创建基准点

◎ 步骤1　打开文件D:\UG2206\work\ch04.09\基准点-ex。

◎ 步骤2　选择命令。选择下拉菜单"插入"→"基准"→"点"命令，系统会弹出"点"对话框。

◎ 步骤3　选取类型。在"点"对话框"类型"下拉列表中选择"面上的点"类型。

◎ 步骤4　选取面参考。选取如图4.139所示的面作为参考。

◎ 步骤5　定义位置参数。在"点"对话框的"U向参数"文本框中输入0.2，在"V向参数"文本框中输入0.5。

◎ 步骤6　完成操作。在"点"对话框中单击"确定"按钮，完成点的定义，如图4.139（b）所示。

3. 其他创建基准点的方式

（1）通过端点创建基准点，可以在现有直线、圆弧、二次曲线及其他曲线的端点指定一个点位置。

（2）通过控制点创建基准点，可以在几何对象的控制点上指定一个点位置。

（3）通过圆弧/椭圆上的角度创建基准点，可以在沿着圆弧或椭圆的成角度位置指定一个点位置。软件引用从正向 XC 轴起角度，并沿圆弧按逆时针方向测量它。

（4）通过象限点创建基准点，可以在圆弧或椭圆的四分点指定一个点位置。

（5）通过曲线/边上的点创建基准点，可以在曲线或边上指定一个点位置。

（6）通过两点之间创建基准点，可以在两点之间指定一个点位置。

（7）通过样条极点创建基准点，可以指定样条或曲面的极点。

（8）通过样条定义点创建基准点，可以指定样条或曲面的定义点。

4.9.5　基准坐标系

▶ 3min

基准坐标系可以定义零件的坐标系，添加基准坐标系有以下几点作用：在使用测量分析工具时使用；在装配配合时使用。

下面以创建如图4.140所示的基准坐标系为例介绍创建基准坐标系的一般创建方法。

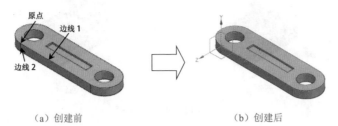

（a）创建前　　　　　　　　　　　　（b）创建后

图4.140　基准坐标系

◎ 步骤1　打开文件D:\UG2206\work\ch04.09\基准坐标系-ex。

◎ 步骤2　选择命令。单击 主页 功能选项卡"构造"区域
◇下的·按钮，选择 ⚒ 基准坐标系 命令（或者选择下拉菜单"插
入"→"基准"→"基准坐标系"命令），系统会弹出如
图4.141所示的"基准坐标系"对话框。

◎ 步骤3　选取类型。在"基准坐标系"对话框"类型"
下拉列表中选择"X轴、Y轴、原点"类型。

◎ 步骤4　选取基准坐标系参考。选取如图4.140所示的原
点作为原点参考，选取如图4.141所示的边线1作为x轴参考，选
取如图4.140所示的边线2作为y轴参考。

图4.141　"基准坐标系"对话框

| 说明 | 如果x轴或者y轴的方向不正确，则可以通过单击🗙按钮来调整。 |

◎ 步骤5　完成操作。在"基准坐标系"对话框中单击"确定"按钮，完成点的定义，如
图4.140（b）所示。

4.10　抽壳特征

4.10.1　基本概述

抽壳特征是指移除一个或者多个面，然后将其余所有的模型外表面向内或者向外偏移一个
相等或者不等的距离而实现的一种效果。通过对概念的学习可以总结得到抽壳的主要作用是帮
助我们快速得到箱体或者壳体效果。

4.10.2　等壁厚抽壳

下面以如图4.142所示的效果为例，介绍创建等壁厚抽壳的一般过程。

◎ 步骤1　打开文件D:\UG2206\work\ch04.10\等壁厚抽壳-ex。

◎ 步骤2　选择命令。单击 主页 功能选项卡"基本"区域中的 抽壳 按钮（或者选择下拉菜单

▶ 3min

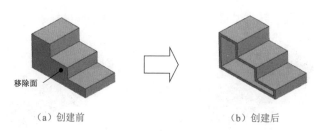

（a）创建前　　　　　　　　　　　　（b）创建后

图4.142　等壁厚抽壳

"插入"→"偏置缩放"→"抽壳"命令），系统会弹出如图4.143 所示的"抽壳"对话框。

◎步骤3　定义类型。在"抽壳"对话框"类型"下拉列表中选择"开放"类型。

◎步骤4　定义打开面（移除面）。选取如图4.142所示的移除面。

◎步骤5　定义抽壳厚度参数。在"抽壳"对话框的"厚度"文本框中输入抽壳的厚度值10。

◎步骤6　完成操作。在"抽壳"对话框中单击"确定"按钮，完成抽壳的创建，如图4.142（b）所示。

图4.143　"抽壳"对话框

4.10.3　不等壁厚抽壳

不等壁厚抽壳是指抽壳后不同面的厚度是不同的，下面以如图4.144所示的效果为例，介绍创建不等壁厚抽壳的一般过程。

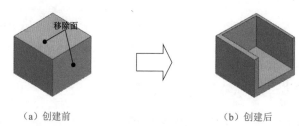

（a）创建前　　　　　　　　　　　　（b）创建后

图4.144　不等壁厚抽壳

◎步骤1　打开文件D:\UG2206\work\ch04.10\不等壁厚抽壳-ex。

◎步骤2　选择命令。单击 主页 功能选项卡"基本"区域中的 抽壳 按钮，系统会弹出"抽壳"对话框。

◎步骤3　定义类型。在"抽壳"对话框"类型"下拉列表中选择"开放"类型。

◎步骤4　定义打开面（移除面）。选取如图4.144所示的移除面。

◎步骤5　定义抽壳厚度。在"抽壳"对话框"厚度"区域的"厚度"文本框中输入5；单击激活"交变厚度"区域的"选择面"，然后选取如图4.145所示的面，在"交变厚度"区域的"厚度1"文本框中输入10（代表此面的厚度为10）；按鼠标中键（或者单击"交变厚度"

区域的⊕"添加新集"按钮）添加新集，选取长方体的底部面，在"交变厚度"区域的"厚度2"文本框中输入15（代表此面的厚度为15）。

厚度为10的面

图4.145　不等壁厚面

🔘 步骤6　完成操作。在"抽壳"对话框中单击"确定"按钮，完成抽壳的创建，如图4.144（b）所示。

4.10.4　抽壳方向的控制

前面创建的抽壳方向都是向内抽壳，从而保证模型整体尺寸的不变，其实抽壳的方向也可以向外，只是需要注意，当抽壳方向向外时，模型的整体尺寸会发生变化。例如，如图4.146所示的长方体的原始尺寸为80×80×60；如果是正常的向内抽壳，假如抽壳厚度为5，则抽壳后的效果如图4.147所示，此模型的整体尺寸依然是80×80×60，中间腔槽的尺寸为70×70×55；如果是向外抽壳，则只需在"抽壳"对话框单击"厚度"区域中的⊠按钮，假如抽壳厚度为5，抽壳后的效果如图4.148所示，此模型的整体尺寸为90×90×65，中间腔槽的尺寸为80×80×60。

图4.146　原始模型　　　　图4.147　向内抽壳　　　　图4.148　向外抽壳

4.10.5　抽壳的高级应用（抽壳的顺序）

▶ 6min

抽壳特征是一个对顺序要求比较严格的功能，同样的特征不同的顺序，对最终的结果有非常大的影响。接下来就以创建圆角和抽壳为例，来介绍不同顺序对最终效果的影响。

方法一：先圆角再抽壳

🔘 步骤1　打开文件D:\UG2206\work\ch04.10\抽壳高级应用-ex。

🔘 步骤2　创建如图4.149所示的倒圆角1。单击 主页 功能选项卡"基本"区域中的◈按钮，系统会弹出"边倒圆"对话框，在系统的提示下选取4根竖直边线作为圆角对象，在"边倒圆"对话框的"半径1"文本框中输入圆角半径值15，单击"确定"按钮完成倒圆角1的创建。

🔘 步骤3　创建如图4.150所示的倒圆角2。单击 主页 功能选项卡"基本"区域中的◈按钮，系统会弹出"边倒圆"对话框，在系统的提示下选取下方任意边线作为圆角对象，在"边倒圆"对话框的"半径1"文本框中输入圆角半径值8，单击"确定"按钮完成倒圆角2的创建。

🔘 步骤4　创建如图4.151所示的抽壳。单击 主页 功能选项卡"基本"区域中的 抽壳按钮，系统会弹出"抽壳"对话框，在"抽壳"对话框"类型"下拉列表中选择"开放"类型，选取如图4.151（a）所示的移除面，在"抽壳"对话框的"厚度"文本框中输入抽壳的厚度值5，在"抽壳"对话框中单击"确定"按钮，完成抽壳的创建，如图4.151（b）所示。

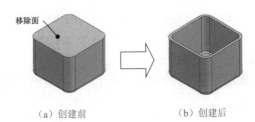

（a）创建前　　　　　　　　（b）创建后

图4.149　倒圆角1　　　　图4.150　倒圆角2　　　　　　　　图4.151　抽壳

方法二：先抽壳再圆角

○ 步骤1　打开文件D:\UG2206\work\ch04.10\抽壳高级应用-ex。

○ 步骤2　创建如图4.152所示的抽壳。单击 主页 功能选项卡"基本"区域中的 抽壳 按钮，系统会弹出"抽壳"对话框，在"抽壳"对话框"类型"下拉列表中选择"开放"类型，选取如图4.152（a）所示的移除面，在"抽壳"对话框的"厚度"文本框中输入抽壳的厚度值5，在"抽壳"对话框中单击"确定"按钮，完成抽壳的创建，如图4.152（b）所示。

○ 步骤3　创建如图4.153所示的倒圆角1。单击 主页 功能选项卡"基本"区域中的 按钮，系统会弹出"边倒圆"对话框，在系统的提示下选取4根竖直边线作为圆角对象，在"边倒圆"对话框的"半径1"文本框中输入圆角半径值15，单击"确定"按钮完成倒圆角1的创建。

○ 步骤4　创建如图4.154所示的倒圆角2。单击 主页 功能选项卡"基本"区域中的 按钮，系统会弹出"边倒圆"对话框，在系统的提示下选取下方外侧任意边线作为圆角对象，在"边倒圆"对话框的"半径1"文本框中输入圆角半径值8，单击"确定"按钮完成倒圆角2的创建。

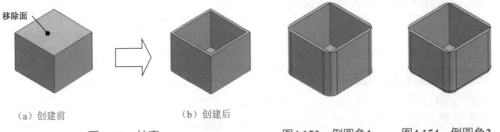

（a）创建前　　　　　（b）创建后

图4.152　抽壳　　　　　　　图4.153　倒圆角1　　　图4.154　倒圆角2

总结：我们发现相同的参数，不同的操作步骤所得到的效果是截然不同的。那么出现不同结果的原因是什么呢？这是由抽壳时保留面的数目不同导致的，在方法一中，先做的圆角，当我们移除一个面进行抽壳时，剩下了17个面（5个平面和12个圆角面）参与抽壳偏移，从而可以得到如图4.151所示的效果；在方法二中，虽然也移除了一个面，但是由于圆角是抽壳后做的，因此剩下的面只有5个，这5个面参与抽壳，进而得到如图4.152所示的效果，后面再单独圆角得到如图4.154所示的效果。那么在实际使用抽壳时我们该如何合理安排抽壳的顺序呢？一般情况下需要把要参与抽壳的特征放在抽壳特征的前面做，把不需要参与抽壳的特征放到抽壳后面做。

4.11　孔特征

4.11.1　基本概述

孔在我们的设计过程中起着非常重要的作用，主要起着定位配合和固定设计产品的重要作用，既然有这么重要的作用，当然软件也给我提供了很多创建孔的方法。例如一般简单的通孔（用于上螺钉的）、一般产品底座上的沉头孔（也是用于上螺钉的）、两个产品配合的锥形孔（通过销来定位和固定的孔）、最常见的螺纹孔等，这些孔都可以通过软件提供的孔命令进行具体实现。

4.11.2　孔特征

使用孔特征功能创建孔特征，一般会经过以下几个步骤：

（1）选择命令。

（2）定义打孔平面。

（3）定义孔的位置。

（4）定义打孔的类型。

（5）定义孔的对应参数。

下面以如图4.155所示的效果为例，具体介绍创建孔特征的一般过程。

▶ 5min

（a）创建前　　　　　　　（b）创建后

图4.155　孔特征

图4.156　"孔"对话框

○ 步骤1　打开文件D:\UG2206\work\ch04.11\孔特征-ex。

○ 步骤2　选择命令。单击 主页 功能选项卡"基本"区域中的 ⬡ （孔）按钮，系统会弹出如图4.156所示的"孔"对话框。

○ 步骤3　定义打孔平面。选取如图4.155所示的模型表面作为打孔平面。

○ 步骤4　定义孔的位置。在打孔面上的任意位置单击，以确定打孔的初步位置，然后通过添加尺寸与几何约束精确定位孔，如图4.157所示，单击 主页 功能选项卡"草图"区域中的 ▨ （完成）按钮退出草图环境。

> **注意** 在选择打孔面进入草图环境时，系统自动会创建一个点，点的位置与选择面的位置一致，所以如果用户想创建两个点，则只需放置一个点就可以了。

◉ **步骤5** 定义孔的类型。在"孔"对话框的"类型"下拉列表中选择"沉头"类型，在"形状"区域的"孔大小"下拉列表中选择"螺纹间隙"，在"标准"下拉列表中选择GB，在"螺钉类型"下拉列表中选择 Socket Head Cap Screw。

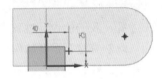

图4.157 定义孔的位置

◉ **步骤6** 定义孔参数。在"孔"对话框的"螺丝规格"下拉列表中选择"M12"，在"限制"区域的"深度限制"下拉列表中选择"贯通体"。

◉ **步骤7** 完成操作。在"孔"对话框中单击"确定"按钮，完成孔的创建，如图4.155（b）所示。

4.11.3 螺纹特征

螺纹特征可以在选定的圆柱面上创建修饰或者真实（详细）螺纹。下面以如图4.158所示的效果为例，具体介绍创建螺纹特征的一般过程。

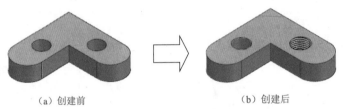

（a）创建前 （b）创建后

图4.158 螺纹特征

◉ **步骤1** 打开文件D:\UG2206\work\ch04.11\螺纹-ex。

◉ **步骤2** 选择命令。单击 主页 功能选项卡"基本"区域中的 🥄 下的 ▾ （更多）按钮，在"细节特征"区域选择 🔩 螺纹 命令（或者选择下拉菜单"插入"→"设计特征"→"螺纹"命令），系统会弹出如图4.159所示的"螺纹"对话框。

◉ **步骤3** 定义类型。在"螺纹"对话框的"类型"下拉列表中选择"符号"类型。

◉ **步骤4** 定义螺纹参考。在系统"为螺纹选择圆柱"的提示下，选取如图4.160所示的圆柱面1。

◉ **步骤5** 定义螺纹参数。在"螺纹"对话框"牙型"区域的"螺纹标准"下拉列表中选择 Metric Coarse ，在"螺纹规格"下拉列表中选择"M48×5"，在"限制"区域的"螺纹限制"下拉列表中选择"完整"，其他参数均采用默认。

◉ **步骤6** 完成操作。在"螺纹"对话框中单击"应用"按钮，完成螺纹的创建。

◉ **步骤7** 定义类型。在"螺纹"对话框的"类型"下拉列表中选择"详细"类型。

◉ **步骤8** 定义螺纹参考。在系统"为螺纹选择圆柱"的提示下，选取如图4.160所示的圆柱面2。

○ 步骤9　定义螺纹参数。在"螺纹"对话框"牙型"区域的"螺纹标准"下拉列表中选择 Metric Coarse ，在"螺纹规格"下拉列表中选择"M56×5.5"，在"限制"区域的"螺纹限制"下拉列表中选择"完整"，其他参数均采用默认，如图4.161所示。

○ 步骤10　完成操作。在"螺纹"对话框中单击"确定"按钮，完成螺纹的创建。

图4.159　"螺纹"对话框　　　图4.160　螺纹参考　　　图4.161　"螺纹"对话框

4.12　拔模特征

4.12.1　基本概述

拔模特征是指将竖直的平面或者曲面倾斜一定的角，从而得到一个斜面或者有锥度的曲面。注塑件和铸造件往往都需要一个拔模斜度才可以顺利脱模，拔模特征就是专门用来创建拔模斜面的。在UG NX中拔模特征主要有5种类型：面拔模、边拔模、与面相切拔模、分型边拔模及拔模体。

拔模中需要提前理解的关键术语如下。

（1）拔模面：要发生倾斜角度的面。

（2）固定面：保持固定不变的面。

（3）拔模角度：拔模方向与拔模面之间的倾斜角度。

4.12.2　面拔模

8min

下面以如图4.162所示的效果为例，介绍创建面拔模的一般过程。

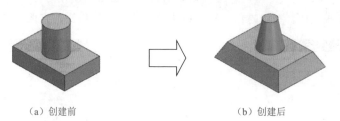

（a）创建前　　　　　　　　　　　　（b）创建后

图4.162　面拔模

◎ 步骤1　打开文件D:\UG2206\work\ch04.12\拔模01-ex。

◎ 步骤2　选择命令。单击 主页 功能选项卡"基本"区域中的 拔模 按钮（或者选择下拉菜单"插入"→"细节特征"→"拔模"命令），系统会弹出如图4.163所示的"拔模"对话框。

◎ 步骤3　定义拔模类型。在"拔模"对话框的"类型"下拉列表中选择"面"类型。

◎ 步骤4　定义拔模方向。采用系统默认的拔模方向（z轴方向）。

> **说明**　如果默认拔模方向无法满足实际需求，则可以通过激活"脱模方向"区域的"指定向量"手动选取合适的拔模方向。

◎ 步骤5　定义拔模固定面。在"拔模"对话框"拔模方法"下拉列表中选择"固定面"，激活"选择固定面"，选取如图4.164所示的面作为固定面。

◎ 步骤6　定义要拔模的面。在"拔模"对话框激活"要拔模的面"区域的"选择面"，选取如图4.165所示的面作为拔模面。

◎ 步骤7　定义拔模角度。在"拔模"对话框"角度1"文本框中输入拔模角度10。

◎ 步骤8　完成操作。在"拔模"对话框中单击"应用"按钮，完成拔模的创建，如图4.166所示。

◎ 步骤9　定义拔模固定面。在"拔模"对话框"拔模方法"下拉列表中选择"固定面"，激活"选择固定面"，选取如图1.164所示的面作为固定面。

◎ 步骤10　定义要拔模的面。在"拔模"对话框激活"要拔模的面"区域的"选择面"选取长方体的4个侧面作为拔模面。

◎ 步骤11　定义拔模角度。在"拔模"对话框"角度1"文本框中输入拔模角度25。

◎ 步骤12　完成操作。在"拔模"对话框中单击"确定"按钮，完成拔模的创建，如图4.167所示。

图4.163　"拔模"对话框

固定面

图4.164　固定面　　　图4.165　拔模面　　　图4.166　拔模特征1　　　图4.167　拔模特征2

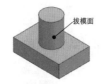

拔模面

4.12.3　边拔模

下面以如图4.168所示的效果为例，介绍创建边拔模的一般过程。

3min

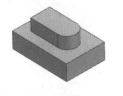
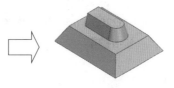

（a）创建前　　　　　　　　　　（b）创建后

图4.168　边拔模

◎步骤1　打开文件D:\UG2206\work\ch04.12\拔模02-ex。

◎步骤2　选择命令。单击 主页 功能选项卡"基本"区域中的 拔模 按钮，系统会弹出"拔模"对话框。

◎步骤3　定义拔模类型。在"拔模"对话框的"类型"下拉列表中选择"边"类型。

◎步骤4　定义拔模方向。采用系统默认的拔模方向（z轴方向）。

◎步骤5　定义拔模固定边。激活"拔模"对话框"固定边"区域的"选择边"，然后在选择过滤器下拉列表中选择"相切曲线"，选取如图4.169所示的边作为固定边。

◎步骤6　定义拔模角度。在"拔模"对话框"角度1"文本框中输入拔模角度15。

◎步骤7　完成操作。在"拔模"对话框中单击"应用"按钮，完成拔模的创建，如图4.170所示。

◎步骤8　定义拔模固定边。激活"拔模"对话框"固定边"区域的"选择边"，选取底部长方体上方的4条外侧边线作为固定边。

◎步骤9　定义拔模角度。在"拔模"对话框"角度1"文本框中输入拔模角度30。

◎步骤10　完成操作。在"拔模"对话框中单击"确定"按钮，完成拔模的创建，如图4.171所示。

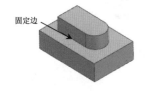

固定边

图4.169　固定边

图4.170　拔模1

图4.171　拔模2

4.12.4 与面相切拔模

下面以如图4.172所示的效果为例，介绍创建与面相切拔模的一般过程。

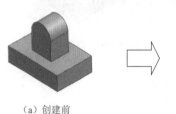

（a）创建前　　　　　　　　　　　（b）创建后

图4.172　与面相切拔模

◎ 步骤1　打开文件D:\UG2206\work\ch04.12\拔模03-ex。

◎ 步骤2　选择命令。单击 主页 功能选项卡"基本"区域中的 拔模 按钮，系统会弹出"拔模"对话框。

◎ 步骤3　定义拔模类型。在"拔模"对话框的"类型"下拉列表中选择"与面相切"类型。

◎ 步骤4　定义拔模方向。采用系统默认的拔模方向（z轴方向）。

◎ 步骤5　定义拔模相切面。激活"拔模"对话框"相切面"区域的"选择面"，然后在选择过滤器下拉列表中选择"相切面"，选取如图4.173所示的面。

◎ 步骤6　定义拔模角度。在"拔模"对话框"角度1"文本框中输入拔模角度15。

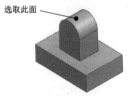

选取此面

图4.173　相切面

> **说明**　角度方向需要向外拔模，否则拔模将无法生成。如果方向不对，则可通过单击"脱模方向"区域的 ⊠ 按钮调整。

◎ 步骤7　完成操作。在"拔模"对话框中单击"确定"按钮，完成拔模的创建，如图4.172（b）所示。

4.12.5 分型边拔模

下面以如图4.174所示的效果为例，介绍创建分型边拔模的一般过程。

（a）创建前　　　　　　　　　　　（b）创建后

图4.174　分型边拔模

◎ 步骤1　打开文件D:\UG2206\work\ch04.12\拔模04-ex。

◎ 步骤2　创建分型草图。单击 主页 功能选项卡"构造"区域中的 ✐（草图）按钮，选取如图4.175所示的面作为草图平面，绘制如图4.176所示的草图。

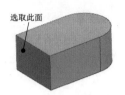

选取此面

图4.175　草图平面

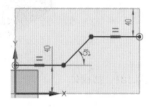

图4.176　分型草图

图4.177　"分割面"对话框

◎ 步骤3　创建分割面。单击 主页 功能选项卡"基本"区域中的 ▧ 下的 ▾ 按钮，在"修剪"区域选择 ▧ 分割面 命令（或者选择下拉菜单"插入"→"修剪"→"分割面"命令），系统会弹出如图4.177所示的"分割面"对话框，选取如图4.175所示的面作为要分割的面，选取如图4.176所示的草图的分割对象，在"投影方向"的下拉列表中选择"垂直于曲线平面"，单击"确定"按钮完成分割面的创建，如图4.178所示。

◎ 步骤4　选择命令。单击 主页 功能选项卡"基本"区域中的 ▧拔模 按钮，系统会弹出"拔模"对话框。

◎ 步骤5　定义拔模类型。在"拔模"对话框的"类型"下拉列表中选择"分型边"类型。

◎ 步骤6　定义拔模方向。采用系统默认的拔模方向（z轴方向）。

◎ 步骤7　定义固定面与分型边。激活"拔模"对话框"固定平面"区域的"选择平面"，选取如图4.179所示的面作为固定平面，选取如图4.178所示的分型边。

◎ 步骤8　定义拔模角度。在"拔模"对话框"角度1"文本框中输入拔模角度15。

◎ 步骤9　完成操作。在"拔模"对话框中单击"确定"按钮，完成拔模的创建，如图4.180所示。

图4.178　分割面

选取此面

图4.179　固定平面

图4.180　分型线拔模

4.12.6　拔模体

使用拔模体命令可将拔模添加到分型面的两侧并使之匹配，并使用材料填充底切区域。开发铸件与塑模部件的模型时，经常使用此功能。下面以如图4.181所示的效果为例，介绍创建拔模体的一般过程。

▶ 5min

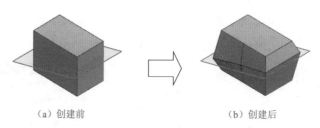

（a）创建前　　　　　　　　　　　（b）创建后

图4.181　拔模体

🔘 步骤1　打开文件D:\UG2206\work\ch04.12\拔模05-ex。

🔘 步骤2　选择命令。单击 主页 功能选项卡"基本"区域中的 🗇 下的 · 按钮，在"细节特征"区域选择 拔模体 命令（或者选择下拉菜单"插入"→"细节特征"→"拔模体"命令），系统会弹出如图4.182所示的"拔模体"对话框。

🔘 步骤3　定义拔模类型。在"拔模体"对话框的"类型"下拉列表中选择"面"类型。

🔘 步骤4　定义分型对象。选取如图4.183所示的倾斜基准平面作为分型对象。

🔘 步骤5　定义脱模方向。激活"拔模体"对话框"脱模方向"区域的"指定向量"，选取z轴方向作为脱模方向。

图4.182　"拔模体"对话框

> **注意**　系统默认选择分型面的垂直方向作为脱模方向，如果无法满足实际需求，则可以激活"指定向量"手动选取合适方向。

🔘 步骤6　定义拔模面。激活"拔模体"对话框"面"区域的"选择面"，选取长方体的4个侧面作为拔模面。

🔘 步骤7　定义拔模角度。在"拔模体"对话框"角度1"文本框中输入拔模角度10。

🔘 步骤8　定义匹配对象。在"拔模体"对话框"匹配分型对象处的面"区域的"匹配类型"下拉列表中选择"至等斜线"，在"匹配范围"下拉列表中选择"全部"，其他参数采用默认。

🔘 步骤9　完成操作。在"拔模体"对话框中单击"确定"按钮，完成拔模体的创建，如图4.184所示。

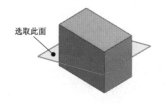

选取此面

图4.183　分型面

图4.184　拔模体

如图4.182所示"拔模体"对话框部分选项的说明如下。

（1）边类型：用于选择边进行拔模，系统会自动根据所选边判断拔模对象；边类型的拔模体可以拔模分型面单侧面，也可以拔模两侧，如图4.185所示。

（a）仅分型上方　　　　　　　　（b）仅分型下方　　　　　　　　（c）上方和下方

图4.185　边类型

（2）面类型：用于选择面进行拔模，系统会自动根据所选面判断固定边；面类型的拔模体必须拔模整个面。

（3）☐ 将已拔模体用作分型对象 复选框：用于使用已拔模体作为分型对象。

（4）⬡（选择分型对象）：用于将片体、基准平面或平的面指定为分型对象。只能选择一个分型对象。如果选择了基准平面，NX则会在该基准平面上创建临时片体，并将它用作分型片体。分型片体可以是平的片体，也可以是非平片体。

（5）匹配类型 下拉列表：用于设置分型面上下的匹配方式；当选择"无"时，将不匹配，如图4.186所示；当选择"从边"时，此选项只在选择"边"类型时可用，会将其较短面的固定边桥接到分型对象处较长面的边，如图4.187所示；当选择"至等斜线"时，此选项只在选择"面"类型时可用，会将其较短面的等斜度边桥接到分型对象处较长面的边，如图4.188所示；当选择"至面相切"时，此选项只在选择"面"类型时可用，会将其较短面相切桥接到分型对象处较长面的边，如图4.189所示。

（6）匹配范围 下拉列表：用于设置匹配范围；当选择"全部"时，将全部匹配，如图4.190所示；当选择"全部（选定除外）"时，需要用户手动选择不需要匹配的面，如图4.191所示。

图4.186　无匹配　　　　　　图4.187　从边　　　　　　图4.188　至等斜线

图4.189　至相切面　　　　　图4.190　全部　　　　　　图4.191　全部（选定除外）

4.13 筋板特征

4.13.1 基本概述

筋板顾名思义是用来加固零件的，当想要提升一个模型的承重或者抗压能力时，可以在当前模型的一些特殊的位置加上一些筋板的结构。筋板的创建过程与拉伸特征比较类似，不同点在于拉伸需要一个封闭的截面，筋板开放截面就可以了。

4.13.2 筋板特征的一般操作过程

7min

下面以如图4.192所示的效果为例，介绍创建筋板特征的一般过程。

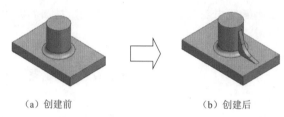

（a）创建前   （b）创建后

图4.192 筋板

○ 步骤1 打开文件D:\UG2206\work\ch04.13\加强筋-ex。

○ 步骤2 选择命令。单击 主页 功能选项卡"基本"区域中的 🥄 下的 ⋅ 按钮，在"细节特征"区域选择 ◎ 筋板 命令（或者选择下拉菜单"插入"→"设计特征"→"筋板"命令），系统会弹出如图4.193所示的"筋板"对话框。

○ 步骤3 定义筋板截面轮廓。在系统的提示下选取"ZX平面"作为草图平面，绘制如图4.194所示的截面草图，单击 ❌ 按钮退出草图环境。

图4.193 "筋板"对话框

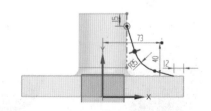

图4.194 截面轮廓

○ 步骤4 定义筋板参数。在"筋板"对话框"壁"区域选中 ◎ 平行于剖切平面 单选项，确认筋板方向是朝向实体，在 维度 下拉列表中选择"对称"，在 厚度 文本框中输入筋板厚度10，其他参数采用默认。

> **注意**　　如果筋板的材料生成方向不是朝向实体的，用户则可以通过单击 反转筋板侧　后的 ⊠ 按钮调整。

◯ 步骤5 完成创建。单击"筋板"对话框中的"确定"按钮，完成筋板的创建，如图4.192（b）所示。

如图4.193所示"筋板"对话框部分选项的说明如下。

（1）◉ 平行于剖切平面 单选项：用于沿平行于草图的方向添加材料生成加强筋，如图4.195（a）所示。

（2）◉ 垂直于剖切平面 单选项：用于沿垂直于草图的方向添加材料生成加强筋，如图4.195（b）所示。

（a）平行于剖切平面　　　　　　　　（b）垂直于剖切平面

图4.195　方向

（3）维度 下拉列表：用于设置筋板厚度值的方向，当选择"对称"时，用于沿两侧同时添加材料，如图4.196（a）所示；当选择"非对称"时，用于沿一侧添加材料，如图4.196（b）所示，如果厚度方向与实际不符，则可以通过单击如图4.197所示的反向箭头调整，效果如图4.196（c）所示。

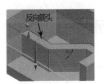

（a）对称　　　　（b）非对称一　　　　（c）非对称二　　　　　　　　

图4.196　厚度方向　　　　　　　　　　**图4.197　方向箭头**

（4）拔模 区域：用于在加强筋上添加拔模锥度，此区域仅在选中 ◉ 垂直于剖切平面 时有效，如图4.198所示。

（a）添加拔模　　　　　　　　（b）不添加拔模

图4.198　拔模

（5） 帽形体 区域：用于设置筋板的开始位置，此区域仅在选中◉ 垂直于剖切平面 时有效，如图4.199所示。

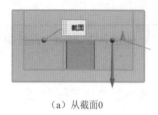 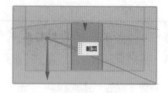

（a）从截面0　　　　　　　（b）从截面10　　　　　　　（c）从所选对象

图4.199　帽形体

4.14　扫掠特征

4.14.1　基本概述

扫掠特征是指将截面轮廓沿着我们给定的曲线路径掠过而得到的一个实体效果。通过对概念的学习可以总结得到，要想创建一个扫掠特征就需要有以下两大要素作为支持：一是截面轮廓，二是曲线路径。

> **注意** 扫掠的截面轮廓可以是一个，也可以是多个；扫掠的路径在UG中称为引导线，引导线可以是一根、两根或者三根。

4.14.2　扫掠特征的一般操作过程

11min

下面以如图4.200所示的效果为例，介绍创建扫掠特征的一般过程。

○ 步骤1　新建文件。选择"快速访问工具条"中的 命令，在"新建"对话框中选择"模型"模板，在名称文本框中输入"扫掠"，将工作目录设置为D:\UG2206\work\ch04.14\，然后单击"确定"按钮进入零件建模环境。

图4.200　扫掠特征

○ 步骤2　绘制如图4.201所示的扫掠引导线。单击 主页 功能选项卡"构造"区域中的 按钮，系统会弹出"创建草图"对话框，在系统的提示下，选取"XY平面"作为草图平面，绘制如图4.202所示的草图。

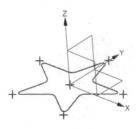 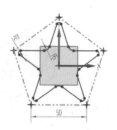

图4.201　扫掠引导线　　　　　　　　图4.202　引导线草图

◎ 步骤3 绘制如图4.203所示的扫掠截面。单击 主页 功能选项卡"构造"区域中的 ✏ 按钮，系统会弹出"创建草图"对话框，在系统的提示下，选取"*YZ*平面"作为草图平面，绘制如图4.204所示的草图。

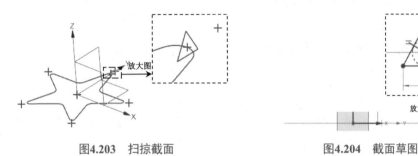

图4.203　扫掠截面　　　　　　　　图4.204　截面草图

> **注意**　截面轮廓的中心与扫掠引导线需要添加重合，用户需要通过添加圆心和交点的重合实现，通过软件提供的交点功能创建曲线和草绘平面的交点。

◎ 步骤4 选择命令。单击 曲面 功能选项卡"基本"区域中的 ◎（扫掠）按钮（或者选择下拉菜单"插入"→"扫掠"→"扫掠"命令），系统会弹出如图4.205所示的"扫掠"对话框。

◎ 步骤5 定义扫掠截面。选取如图4.204所示的三角形作为扫掠截面。

◎ 步骤6 定义扫掠引导线。激活"扫掠"对话框"引导线"区域的"选择曲线"，选取如图4.203所示的五角形作为扫掠引导线。

> **注意**　当选取截面与引导线时需要将过滤器设置为"相连曲线"。

◎ 步骤7 设置扫掠参数。在"扫掠"对话框的"截面选项"区域选中"保留形状"复选框，其他参数采用系统默认。

◎ 步骤8 完成创建。单击"扫掠"对话框中的"确定"按钮，完成扫掠的创建，如图4.201所示。

> **注意**　创建扫掠特征，必须遵循以下规则。
> （1）对于扫掠凸台，截面需要封闭。
> （2）引导线可以是开环的，也可以是闭环的。
> （3）引导线可以是一个草图或者模型边线。
> （4）引导线不能自相交。

图4.205　"扫掠"对话框

（5）引导线的起点必须位于轮廓所在的平面上。

（6）相对于轮廓截面的大小，引导线的弧或样条半径不能太小，否则扫掠特征在经过该弧时会由于自身相交而出现特征生成失败的情况。

4.14.3　多截面扫掠的一般操作过程

下面以如图4.206所示的效果为例，介绍创建多截面扫掠的一般过程。

○ 步骤1　打开文件D:\UG2206\work\ch04.14\扫掠02-ex。

○ 步骤2　选择命令。单击 曲面 功能选项卡"基本"区域中的 按钮，系统会弹出"扫掠"对话框。

（a）扫掠前　　　　　　　　　　　　　　　（b）扫掠后

图4.206　多截面轮廓扫掠

○ 步骤3　定义扫掠截面。在绘图区选取如图4.207所示的圆1作为第1个截面，按鼠标中键确认，选取如图4.207所示的圆2作为第2个截面。

> **注意**　选取截面后需要保证箭头与位置一致，如图4.207所示。

○ 步骤4　定义扫掠引导线。激活"扫掠"对话框"引导线"区域的"选择曲线"，选取如图4.207所示的对象作为扫掠引导线。

○ 步骤5　完成创建。单击"扫掠"对话框中的"确定"按钮，完成扫掠的创建，效果如图4.206所示。

图4.207　扫掠截面与引导线

4.14.4　多截面多引导线扫掠的一般操作过程

下面以如图4.208所示的效果为例，介绍创建多截面多引导线扫掠的一般过程。

○ 步骤1　新建文件。选择"快速访问工具条"中的 命令，在"新建"对话框中选择"模型"模板，在名称文本框中输入"多截面多引导线扫掠"，将工作目录设置为D:\UG2206\work\ch04.14\，然后单击"确定"按钮进入零件建模环境。

○ 步骤2　创建如图4.209所示的拉伸（1）。单击 主页

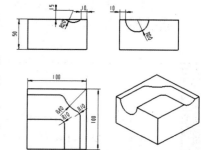

图4.208　多截面多引导线扫掠

功能选项卡"基本"区域中的 按钮，在系统的提示下选取"XY平面"作为草图平面，绘制如图4.210所示的草图；在"拉伸"对话框"限制"区域的"终止"下拉列表中选择 选项，在"距离"文本框中输入深度值50；单击"确定"按钮，完成拉伸（1）的创建。

◎步骤3　绘制扫掠截面1。单击 功能选项卡"构造"区域中的 按钮，系统会弹出"创建草图"对话框，在系统的提示下，选取如图4.211所示的模型表面作为草图平面，绘制如图4.212所示的草图。

图4.209　拉伸（1）

图4.210　截面草图

图4.211　草图平面

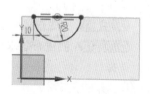

图4.212　截面草图

◎步骤4　绘制扫掠截面2。单击 功能选项卡"构造"区域中的 按钮，系统会弹出"创建草图"对话框，在系统的提示下，选取如图4.213所示的模型表面作为草图平面，绘制如图4.214所示的草图。

◎步骤5　绘制扫掠引导线1。单击 功能选项卡"构造"区域中的 按钮，系统会弹出"创建草图"对话框，在系统的提示下，选取如图4.215所示的模型表面作为草图平面，绘制如图4.216所示的草图。

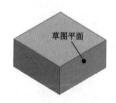

图4.213　草图平面

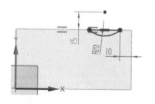

图4.214　截面草图

图4.215　草图平面

图4.216　引导线1

注意　扫掠引导线 1 与扫掠截面在如图4.217 所示的位置需要重合。

◎步骤6　绘制扫掠引导线2。单击 功能选项卡"构造"区域中的 按钮，系统会弹出"创建草图"对话框，在系统的提示下，选取如图4.215所示的模型表面作为草图平面，绘制如图4.218所示的草图。

注意　扫掠引导线 2 与扫掠截面在如图4.219 所示的位置重合。

◎步骤7　选择命令。单击 功能选项卡"基本"区域中的 按钮，系统会弹出"扫掠"对话框。

◎步骤8　定义扫掠截面。在绘图区选取步骤3创建的扫掠截面1，按鼠标中键确认，选取步骤4创建的扫掠截面2。

> **注意** 选取截面后需要保证箭头与位置一致，如图4.220所示。

◎ **步骤9** 定义扫掠引导线。激活"扫掠"对话框"引导线"区域的"选择曲线"，选取步骤5创建的扫掠引导线1，按鼠标中键确认，在选取步骤6创建的扫掠引导线2。

◎ **步骤10** 定义扫掠参数。在"扫掠"对话框的"截面选项"区域选中"保留形状"复选框，其他参数采用默认。

◎ **步骤11** 完成扫掠创建。单击"扫掠"对话框中的"确定"按钮，完成扫掠的创建。

◎ **步骤12** 创建布尔求差。单击 主页 功能选项卡"基本"区域中的 ◎（减去）按钮，在系统"选择目标体"的提示下，选取长方体作为目标体，在系统"选择工具体"的提示下，选取步骤10创建的扫掠体，在"减去"对话框中单击"确定"按钮完成操作，效果如图4.221所示。

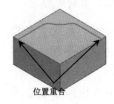  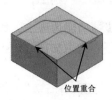  

图4.217　引导线与　图4.218　引导线2　图4.219　引导线与　图4.220　扫掠截面位　图4.221　布尔求差
　　　　截面位置　　　　　　　　　　　　　　　截面位置　　　　　　置与方向

4.15　通过曲线组特征

4.15.1　基本概述

通过曲线组特征是指将一组不同的截面沿着其边线，用一个过渡曲面的形式连接形成一个连续的特征。通过对概念的学习可以总结得到，要想创建通过曲线组特征我们只需提供一组不同的截面。

> **注意** 一组不同截面的要求是数量至少为两个，不同的截面需要绘制在不同的草绘平面。

4.15.2　通过曲线组特征的一般操作过程

下面以如图4.222所示的效果为例，介绍创建通过曲线组特征的一般过程。

◎ **步骤1** 新建文件。选择"快速访问工具条"中的 ◎ 命令，在"新建"对话框中选择"模型"模板，在名称文本框中输入"通过曲线组1"，将工作目录设置为D:\UG2206\work\ch04.15\，然后单

图4.222　通过曲线组特征

击"确定"按钮进入零件建模环境。

◎ 步骤2　绘制截面1。单击 主页 功能选项卡"构造"区域中的 ✐ 按钮，系统会弹出"创建草图"对话框，在系统的提示下，选取"YZ平面"作为草图平面，绘制如图4.223所示的草图。

◎ 步骤3　创建基准面1。单击 主页 功能选项卡"构造"区域 ◇ 后的 · 按钮，选择 ◇ 基准平面 命令，在类型下拉列表中选择"按某一距离"类型，选取"YZ平面"作为参考平面，在"偏置"区域的"距离"文本框中输入偏置距离100，单击"确定"按钮，完成基准平面的定义，如图4.224所示。

◎ 步骤4　绘制截面2。单击 主页 功能选项卡"构造"区域中的 ✐ 按钮，系统会弹出"创建草图"对话框，在系统的提示下，选取"基准面1"作为草图平面，绘制如图4.225所示的草图。

◎ 步骤5　创建基准面2。单击 主页 功能选项卡"构造"区域 ◇ 后的 · 按钮，选择 ◇ 基准平面 命令，在类型下拉列表中选择"按某一距离"类型，选取"基准面1"作为参考平面，在"偏置"区域的"距离"文本框中输入偏置距离100，单击"确定"按钮，完成基准平面的定义，如图4.226所示。

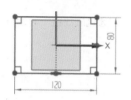
图4.223　绘制截面1

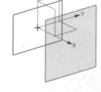
图4.224　基准面1

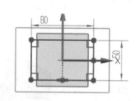
图4.225　绘制截面2

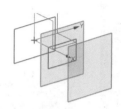
图4.226　基准面2

◎ 步骤6　绘制截面3。单击 主页 功能选项卡"构造"区域中的 ✐ 按钮，系统会弹出"创建草图"对话框，在系统的提示下，选取"基准面2"作为草图平面，绘制如图4.227所示的草图。

注意　通过投影曲线复制截面1中的矩形。

◎ 步骤7　创建基准面3。单击 主页 功能选项卡"构造"区域 ◇ 后的 · 按钮，选择 ◇ 基准平面 命令，在类型下拉列表中选择"按某一距离"类型，选取"基准面2"作为参考平面，在"偏置"区域的"距离"文本框中输入偏置距离100，单击"确定"按钮，完成基准平面的定义，如图4.228所示。

◎ 步骤8　绘制截面4。单击 主页 功能选项卡"构造"区域中的 ✐ 按钮，系统会弹出"创建草图"对话框，在系统的提示下，选取"基准面3"作为草图平面，绘制如图4.229所示的草图。

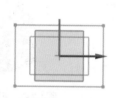
图4.227　绘制截面3

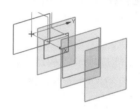
图4.228　基准面3

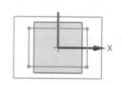
图4.229　绘制截面4

> **注意** 通过投影曲线复制截面 2 中的矩形。

○ **步骤9** 选择命令。单击 功能选项卡"基本"区域中的 （通过曲线组）按钮（或者选择下拉菜单"插入"→"网格曲面"→"通过曲线组"命令），系统会弹出如图4.230所示的"通过曲线组"对话框。

○ **步骤10** 定义通过曲线组截面。在绘图区选取如图4.231所示的截面1、截面2、截面3与截面4。

> **说明** 在选取第 1 个截面后需要按鼠标中键确认，然后选取第 2 个截面。

图4.230　"通过曲线组"对话框

> **注意** 在选取截面轮廓时要靠近统一的位置进行选取，保证起点的统一，如图4.231 所示，如果起点不统一就会出现如图4.232 所示的扭曲情况。

图4.231　起始点统一

图4.232　起始点不统一

○ **步骤11** 定义通过曲线组参数。在"通过曲线组"对话框"对齐"区域选中"保留形状"复选框，其他参数采用系统默认。

○ **步骤12** 完成创建。单击"通过曲线组"对话框中的"确定"按钮，完成通过曲线组的创建。

4.15.3　截面不类似的通过曲线组

下面以如图4.233所示的效果为例，介绍创建截面不类似的通过曲线组的一般过程。

○ **步骤1** 新建文件。选择"快速访问工具条"中的 命令，在"新建"对话框中选择"模型"模板，在名称文本框中输入"通过曲线组2"，将工作目录设置为D:\UG2206\work\ch04.15\，然后单击"确定"按钮进入零件建模环境。

○ **步骤2** 绘制截面1。单击 功能选项卡"构造"区域中的 按钮，系统会弹出"创建草图"对话框，在系统的提示下，选取"*XY*平面"作为草图平面，绘制如图4.234所示的草图。

○ **步骤3** 创建基准面1。单击 功能选项卡"构造"区域 后的 · 按

图4.233　截面不类似的通过曲线组

钮，选择 ◇ 基准平面 命令，在类型下拉列表中选择"按某一距离"类型，选取"*XY*平面"作为参考平面，在"偏置"区域的"距离"文本框中输入偏置距离100，单击"确定"按钮，完成基准平面的定义，如图4.235所示。

◎ 步骤4　绘制截面2。单击 主页 功能选项卡"构造"区域中的 ⌀ 按钮，系统会弹出"创建草图"对话框，在系统的提示下，选取"基准面1"作为草图平面，绘制如图4.236所示的草图。

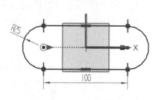
图4.234　绘制截面1

图4.235　基准面1

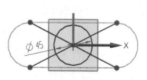
图4.236　绘制截面2

◎ 步骤5　创建如图4.237所示的拉伸（1）。单击 主页 功能选项卡"基本"区域中的 ⬡ 按钮，选取步骤2创建的截面作为拉伸草图；在"拉伸"对话框"限制"区域的"终止"下拉列表中选择⊢ 值选项，在"距离"文本框中输入深度值100；单击✖按钮调整拉伸的方向，单击"确定"按钮，完成拉伸（1）的创建。

◎ 步骤6　创建如图4.238所示的拉伸（2）。单击 主页 功能选项卡"基本"区域中的 ⬡ 按钮，选取步骤4创建的草图中的圆作为拉伸草图；在"拉伸"对话框"限制"区域的"终止"下拉列表中选择⊢ 值选项，在"距离"文本框中输入深度值30；在"布尔"区域的下拉列表中选择"无"；单击"确定"按钮，完成拉伸（2）的创建。

注意　在选取截面轮廓时要将选择过滤器设置为"单条曲线"类型。

◎ 步骤7　创建如图4.239所示的通过曲线组。

（1）选择命令。单击 曲面 功能选项卡"基本"区域中的 ◇ 按钮，系统会弹出"通过曲线组"对话框。

（2）定义通过曲线组截面1。在绘图区选取如图4.240所示的截面1，确认箭头位置和方向与图4.240一致，然后按鼠标中键确认。

图4.237　拉伸（1）

图4.238　拉伸（2）

图4.239　通过曲线组特征

图4.240　截面1

注意　在选取截面轮廓时要将选择过滤器设置为"相连曲线"类型。

（3）定义通过曲线组截面2。在选择过滤器中选择"单条曲线"，然后在绘图区选取如图4.241所示的截面2，确认箭头方向与图4.241一致（如果方向不一致，则可以通过双击方向箭头调整）。

（4）定义对齐方法。在"通过曲线组"对话框的"对齐"区域的"对齐"下拉列表中选择"根据点"，此时效果如图4.242所示。

（5）添加定位点。在如图4.243所示点位置单击添加一个定位点。

（6）调整定位点。在如图4.244所示的定位点1上单击，然后将选择过滤器中的 捕捉打开，选取如图4.244所示的交点，此时定位点将调整到交点处，效果如图4.245；采用相同的方法调整其余点的位置，调整完成后如图4.246所示。点位置单击添加一个定位点。

（7）定义连续性参数。在"通过曲线组"对话框的"连续性"区域的"第1个截面"的下拉列表中选择"G1相切"，然后依次选取步骤5所创建的拉伸的4个侧面（读者可通过将选择过滤器设置为"相切面"快速选取）作为相切参考；在"最后一个截面"的下拉列表中选择"G1相切"，然后选取步骤6所创建的拉伸的圆柱面作为相切参考，此时效果如图4.247所示。

（8）定义其他参数。在"通过曲线组"对话框的"连续性"区域的"流向"下拉列表中选择"垂直"，选中"对齐"区域中的"保留形状"复选框，在"输出曲面选项"区域的"补片类型"下拉列表中选择"单侧"，其他参数均采用默认，效果如图4.248所示。

（9）完成操作。在"通过曲线组"对话框中单击"确定"按钮，完成操作。

图4.241 截面2

图4.242 根据点对齐

图4.243 添加定位点

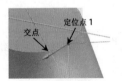
图4.244 定位点1

图4.245 调整定位点1

图4.246 调整其他定位点

图4.247 定义连续性

图4.248 定义其他参数

◎ 步骤8 创建布尔求和。单击 功能选项卡"基本"区域中的 按钮，系统会弹出"合并"对话框，在系统"选择目标体"的提示下，选取步骤6创建的圆柱体作为目标体，在系统"选择工具体"的提示下，选取步骤5与步骤7创建的两个体作为工具体，在"合并"对话框的"设置"区域中取消选中"保存目标"与"保存工具"复选框，在"合并"对话框中单击"确定"按钮完成操作。

4.15.4　截面为点的通过曲线组

下面以如图4.249所示的五角星为例，介绍创建截面为点的通过曲线组特征的一般过程。

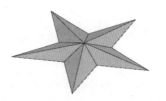

图4.249　截面为点的通过曲线组

○步骤1　新建文件。选择"快速访问工具条"中的 📄 命令，在"新建"对话框中选择"模型"模板，在名称文本框中输入"通过曲线组03"，将工作目录设置为D:\UG2206\work\ch04.15\，然后单击"确定"按钮进入零件建模环境。

○步骤2　绘制截面1。单击 主页 功能选项卡"构造"区域中的 📝 按钮，系统会弹出"创建草图"对话框，在系统的提示下，选取"XY平面"作为草图平面，绘制如图4.250所示的草图。

○步骤3　创建基准面1。单击 主页 功能选项卡"构造"区域 ◇ 后的 · 按钮，选择 基准平面 命令，在类型下拉列表中选择"按某一距离"类型，选取"XY平面"作为参考平面，在"偏置"区域的"距离"文本框中输入偏置距离10，单击"确定"按钮，完成基准平面的定义，如图4.251所示。

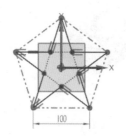

图4.250　绘制截面1

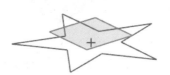

图4.251　基准面1

○步骤4　绘制截面2。单击 主页 功能选项卡"构造"区域中的 📝 按钮，系统会弹出"创建草图"对话框，在系统的提示下，选取"基准面1"作为草图平面，在与原点重合的位置创建一点。

○步骤5　选择命令。单击 曲面 功能选项卡"基本"区域中的 ◇ 按钮，系统会弹出"通过曲线组"对话框。

○步骤6　定义对齐类型。在"通过曲线组"对话框"对齐"区域的"对齐"下拉列表中选择"参数"。

○步骤7　定义通过曲线组截面。在选择过滤器中选择"相连曲线"，选取步骤2创建的五角星作为第1个截面轮廓，按鼠标中键确认；选取步骤4创建的点作为第2个截面轮廓。

○步骤8　定义通过曲线组参数。在"通过曲线组"对话框"对齐"区域选中"保留形状"复选框，在"连续性"区域的"第1个截面"与"最后一个截面"下拉列表中均选择"G0位置"，其他参数采用系统默认。

○步骤9　完成创建。单击"通过曲线组"对话框中的"确定"按钮，完成通过曲线组的创建。

4.16　镜像特征

4.16.1　基本概述

镜像特征是指将用户所选的源对象相对于某个镜像中心平面进行对称复制，从而得到源对象的一个副本。通过对概念的学习可以总结得到，要想创建镜像特征就需要有以下两大要素作为支持：一是源对象；二是镜像中心平面。

> **说明**　镜像特征的源对象可以是单个特征、多个特征或者体；镜像特征的镜像中心平面可以是系统默认的 3 个基准平面、现有模型的平面表面或者自己创建的基准平面。

4.16.2　镜像特征的一般操作过程

下面以如图4.252所示的效果为例，具体介绍创建镜像特征的一般过程。

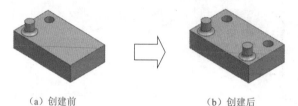

（a）创建前　　　　　（b）创建后

图4.252　镜像特征

◎步骤1　打开文件D:\UG2206\work\ch04.16\镜像01-ex。

◎步骤2　选择命令。单击 主页 功能选项卡"基本"区域中的 ⚙镜像特征 按钮（或者选择下拉菜单"插入"→"关联复制"→"镜像特征"命令），系统会弹出如图4.253所示的"镜像特征"对话框。

◎步骤3　选择要镜像的特征。按住Ctrl键在部件导航器或者绘图区选取"拉伸（2）""边倒圆3"及"拉伸（4）"作为要镜像的特征。

◎步骤4　选择镜像中心平面。在"镜像特征"对话框"镜像平面"区域的"平面"下拉列表中选择"现有平面"，激活"选择平面"，选取"YZ平面"作为镜像平面。

◎步骤5　完成创建。单击"镜像特征"对话框中的"确定"按钮，完成镜像特征的创建，如图4.252（b）所示。

图4.253　"镜像特征"对话框

如图4.253所示"镜像特征"对话框部分选项的说明如下。

（1）要镜像的特征 区域：用于选择一个或多个要镜像的特征，如果选择的特征从属于未选择的其他特征，则在创建镜像特征时系统会弹出更新警报和失败报告消息。

（2）参考点 区域：用于指定源参考点。如果不想在选择源特征时使用NX自动判断的默认点，则可以通过此选项单独定义。

（3）镜像平面 区域：用于定义要镜像的中心平面；当将平面设置为现有平面时显示，用于选择镜像平面，该平面可以是基准平面，也可以是其他任意平的面；当将平面设置为新平面时显示，用于单独创建镜像平面。

（4）源特征的可重用引用 区域：用于指定镜像特征是否应该使用一个或多个源特征的父引用；选择要镜像的特征后，可重用的父引用（如果有）将显示在列表框中；选中引用旁边的复选框后，镜像特征会使用与源特征相同的父引用，如果不选中该复选框，则将会对父引用进行镜像或复制和转换，并且镜像特征使用镜像的父引用。

（5）☑保持螺纹旋向 单选项：用于指定镜像螺纹是否与源特征具有相同的旋向，此选项只在选择螺纹特征时可用。

（6）☑保持螺旋旋向 单选项：用于指定镜像螺旋是否与源特征具有相同的旋向，此选项只在选择螺纹特征时可用。

> **说明**　镜像后的源对象的副本与源对象之间是有关联的，也就是说当源对象发生变化时，镜像后的副本也会发生相应变化。

4.16.3　镜像体的一般操作过程

下面以如图4.254所示的效果为例，介绍创建镜像体的一般过程。

▶2min

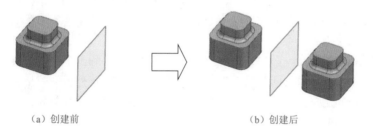

（a）创建前　　　　　　　　（b）创建后

图4.254　镜像体

◎步骤1　打开文件D:\UG2206\work\ch04.16\镜像02-ex。

◎步骤2　选择命令。单击 主页 功能选项卡"基本"区域中的 ⬛ 下的 · 按钮，在"复制"区域选择 镜像几何体 命令（或者选择下拉菜单"插入"→"关联复制"→"镜像几何体"命令），系统会弹出如图4.255所示的"镜像几何体"对话框。

◎步骤3　选择要镜像的体。在"镜像几何体"对话框中激活 要镜像的几何体 区域中的"选择对象"，然后在绘图区域选取整个实体作为要镜像的对象。

◎步骤4　选择镜像中心平面。在"镜像几何体"对话框"镜像平面"区域激活"选择平面"，选取如图4.256所示的基准面作为镜像平面。

◎步骤5　完成创建。单击"镜像几何体"对话框中的"确定"按钮，完成镜像特征的创建，如图4.254（b）所示。

图4.255 "镜像几何体"对话框

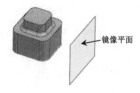

图4.256 镜像平面

4.17 阵列特征

4.17.1 基本概述

阵列特征主要用来快速地得到源对象的多个副本。接下来就通过对比镜像特征与阵列特征之间的相同与不同之处来理解阵列特征的基本概念，首先总结相同之处：第一点是它们的作用，这两个特征都用来得到源对象的副本，因此在作用上是相同的，第二点是所需要的源对象，我们都知道镜像特征的源对象可以是单个特征、多个特征或者体，同样地，阵列特征的源对象也是如此；接下来总结不同之处：第一点，我们都知道镜像是由一个源对象镜像复制得到一个副本，这是镜像的特点，而阵列是由一个源对象快速地得到多个副本，第二点是由镜像得到的源对象的副本与源对象之间是关于镜像中心面对称的，而阵列得到的是多个副本，软件根据不同的排列规律向用户提供了多种不同的阵列方法，这就包括线性阵列、圆形阵列、多边形阵列、螺旋阵列、沿曲线阵列等。

4.17.2 线性阵列

7min

下面以如图4.257所示的效果为例，介绍创建线性阵列的一般过程。

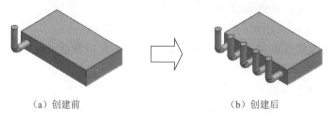

（a）创建前　　　　　　　　　（b）创建后

图4.257 线性阵列

◎ 步骤1 打开文件D:\UG2206\work\ch04.17\线性阵列-ex。

图4.258　"阵列特征"对话框

○ 步骤2　选择命令。单击 主页 功能选项卡"基本"区域中的 阵列特征 按钮（或者选择下拉菜单"插入"→"关联复制"→"阵列特征"命令），系统会弹出如图4.258所示的"阵列特征"对话框。

○ 步骤3　定义阵列类型。在"阵列特征"对话框"阵列定义"区域的"布局"下拉列表中选择"线性"。

○ 步骤4　选取阵列源对象。选取如图4.259所示的管特征作为阵列的源对象。

○ 步骤5　定义阵列参数。在"阵列特征"对话框"方向1"区域激活"指定向量"，选取如图4.259所示的边线（靠近右侧选取），方向如图4.260所示，在"间距"下拉列表中选择"数量和间隔"，在"数量"文本框中输入5，在"间隔"文本框中输入40。

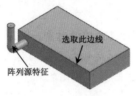

选取此边线

阵列源特征

图4.259　阵列对象

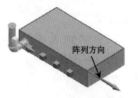

阵列方向

图4.260　阵列方向

> **说明**　如果方向不对，则可以通过单击 ⊠ 按钮进行调整。

○ 步骤6　完成创建。单击"阵列特征"对话框中的"确定"按钮，完成阵列特征的创建，如图4.257（b）所示。

如图4.258所示"阵列阵列"对话框部分选项的说明如下。

（1） 要形成阵列的特征 区域：用于选择一个或多个要形成图样的特征。

（2） 参考点 区域：用于为输入特征指定位置参考点。

（3） 布局 下拉列表：用于设置阵列的类型。

（4） 边界 下拉列表：用于定义阵列的边界；当选择"无"时，表示不定义边界，阵列不会限制为边界；当选择"面"时，用于选择面的边、片体边或区域边界曲线来定义阵列边界，如图4.261所示；当选择"曲线"时，用于通过选择一组曲线或创建草图来定义阵列边界，如图4.262所示；当选择"排除"时，用于通过选择曲线或创建草图来定义从阵列中排除的区域，如图4.263所示。

（5） 数量 文本框：用于设置阵列实例的数目。

（6） 间隔 文本框：用于设置阵列实例的间距。

（7） 跨距 文本框：用于设置第1个实例与最后一个实例之间的间距。

（8） ☑对称 复选框：用于按照与指定方向相反的方向创建实例，如图4.264所示。

（9） 方向2 区域：用于设置线性阵列第二方向的参数，如图4.265所示。

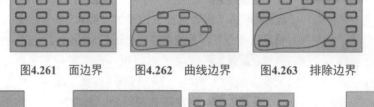

图4.261 面边界　　　图4.262 曲线边界　　　图4.263 排除边界

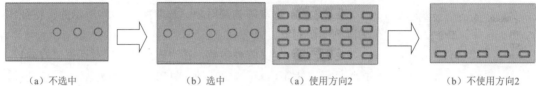

（a）不选中　　　（b）选中　　　　　（a）使用方向2　　　（b）不使用方向2

图4.264 对称　　　　　　　　　图4.265 方向2

（10）阵列增量区域：用于设置在线性方向上将源特征的某个参数实现规律性变化，如图4.266所示。

（11）☑仅限框架复选框：只复制方向1上的源对象，效果如图4.267所示。

（12）交错下拉列表：用于定义阵列交错参数；当选择"无"时，表示不交错阵列；当选择"方向1"时，用于在方向1上交错阵列，如图4.268所示；当选择"方向2"时，用于在方向2上交错阵列，如图4.269所示。

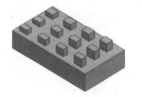

图4.266 阵列增量　　图4.267 仅限框架　　图4.268 方向1 交错　　图4.269 方向2 交错

4.17.3　圆形阵列

下面以如图4.270所示的效果为例，介绍创建圆形阵列的一般过程。

（a）创建前　　　　　　　　　　（b）创建后

图4.270 圆形阵列

○ 步骤1　打开文件D:\UG2206\work\ch04.17\圆形阵列-ex。

○ 步骤2　选择命令。单击 主页 功能选项卡"基本"区域中的 阵列特征 按钮，系统会弹出"阵列特征"对话框。

○步骤3　定义阵列类型。在"阵列特征"对话框"阵列定义"区域的"布局"下拉列表中选择"圆形"。

○步骤4　选取阵列源对象。选取如图4.271所示筋板特征作为阵列的源对象。

○步骤5　定义阵列参数。在"阵列特征"对话框"旋转轴"区域激活"指定向量"，选取如图4.271所示的圆柱面，在"间距"下拉列表中选择"数量和跨度"，在"数量"文本框中输入5，在"跨角"文本框中输入360。

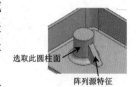

选取此圆柱面

阵列源特征

○步骤6　完成创建。单击"阵列特征"对话框中的"确定"按钮，完成阵列特征的创建，如图4.270（b）所示。

图4.271　阵列源对象

4.17.4　多边形阵列

下面以如图4.272所示的效果为例，介绍创建多边形阵列的一般过程。

3min

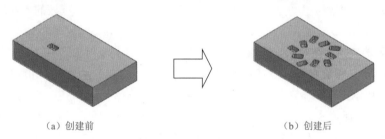

（a）创建前　　　　　　　　　　（b）创建后

图4.272　多边形阵列

○步骤1　打开文件D:\UG2206\work\ch04.17\多边形阵列-ex。

○步骤2　选择命令。单击 主页 功能选项卡"基本"区域中的 ⊕阵列特征 按钮，系统会弹出"阵列特征"对话框。

○步骤3　定义阵列类型。在"阵列特征"对话框"阵列定义"区域的"布局"下拉列表中选择"多边形"。

○步骤4　选取阵列源对象。选取"拉伸（3）""边倒圆4"与"边倒圆5"作为阵列源对象。

○步骤5　定义旋转轴。在"阵列特征"对话框"旋转轴"区域激活"指定向量"，选取"z轴"作为旋转轴。

○步骤6　定义多边形参数。在"阵列特征"对话框"多边形定义"区域的 边数 文本框中输入5（阵列实例连接后为正五边形），在 间距 下拉列表中选择"每边数目"，在 数量 文本框中输入3（正五边形每条边有3个实例），在 跨距 文本框中输入360，如图4.273所示。

图4.273　阵列参数

○步骤7　完成创建。单击"阵列特征"对话框中的"确定"按钮，完成阵列特征的创建，如图4.272（b）所示。

4.17.5　螺旋阵列

下面以如图4.274所示的效果为例，介绍创建螺旋阵列的一般过程。

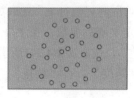

（a）创建前　　　　　　　　　　　　　　（b）创建后

图4.274　螺旋阵列

○ 步骤1　打开文件D:\UG2206\work\ch04.16\螺旋阵列-ex。

○ 步骤2　选择命令。单击 主页 功能选项卡"基本"区域中的 阵列特征 按钮，系统会弹出"阵列特征"对话框。

○ 步骤3　定义阵列类型。在"阵列特征"对话框"阵列定义"区域的"布局"下拉列表中选择"螺旋"。

○ 步骤4　选取阵列源对象。选取"拉伸（2）"作为阵列源对象。

○ 步骤5　定义螺旋参数。在"阵列特征"对话框"螺旋"中激活"指定平面法向"，选取如图4.275所示的平面参考，在"方向"下拉列表中选择"左手"，在"螺旋定义大小依据"下拉列表中选择"圈数"，在"圈数"文本框中输入2.5，在"径向节距"文本框中输入40，在"螺旋向节距"文本框中输入30，激活"参考向量"，选取如图4.275所示的边线，方向如图4.276所示，其他参数采用默认，如图4.277所示。

○ 步骤6　完成创建。单击"阵列特征"对话框中的"确定"按钮，完成阵列特征的创建，如图4.274（b）所示。

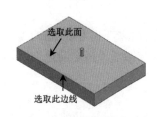
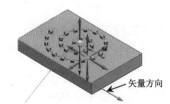

图4.275　螺旋参数　　　　　　图4.276　矢量方向　　　　　　图4.277　螺旋参数

4.17.6　沿曲线阵列

下面以如图4.278所示的效果为例，介绍创建沿曲线阵列的一般过程。

○ 步骤1　打开文件D:\UG2206\work\ch04.17\沿曲线阵列-ex。

○步骤2 选择命令。单击 主页 功能选项卡"基本"区域中的 阵列特征 按钮，系统会弹出"阵列特征"对话框。

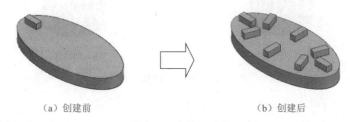

（a）创建前　　　　　　　（b）创建后

图4.278　沿曲线阵列

○步骤3 定义阵列类型。在"阵列特征"对话框"阵列定义"区域的"布局"下拉列表中选择"沿"。

○步骤4 选取阵列源对象。选取如图4.279所示的"拉伸（2）"作为阵列源对象。

○步骤5 定义沿曲线参数。在"阵列特征"对话框"阵列定义"区域的"路径方法"下拉列表中选择"偏置"，激活"选择路径"，选取如图4.279所示的椭圆边线作为路径，在"间距"下拉列表中选择"数量和跨度"，在"数量"文本框中输入8，在"位置"下拉列表中选择"弧长百分比"，在"跨距百分比"文本框中输入100，其他参数采用默认，如图4.280所示。

○步骤6 定义参考点。单击"阵列特征"对话框"参考点"区域的 ⋮⋮ （点对话框）按钮，系统会弹出"点"对话框，在"类型"下拉列表中选择"圆弧/椭圆上的角度"类型，选取如图4.279所示的椭圆边线，在"曲线上的角度"区域的"角度"文本框中输入180，效果如图4.281所示，单击"确定"按钮。

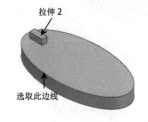

图4.279　源对象与曲线参考　　　图4.280　阵列参数　　　图4.281　参考点

○步骤7 完成创建。单击"阵列特征"对话框中的"确定"按钮，完成阵列特征的创建，如图4.278（b）所示。

4.18　同步建模

4.18.1　移动面

▶ 2min

下面以如图4.282所示的效果为例，介绍创建移动面的一般过程。

（a）创建前 （b）创建后

图4.282 移动面

◎步骤1 打开文件D:\UG2206\work\ch04.18\01\移动面-ex。

◎步骤2 选择命令。单击 主页 功能选项卡"同步建模"区域中的 ☷移动 按钮，系统会弹出"移动面"对话框。

◎步骤3 选择要移动的面。在系统"选择要移动的面"的提示下，选取圆柱上表面作为要移动的面。

◎步骤4 定义移动参数。在 变换 区域的 运动 下拉列表中选择 ⊢━距离 选项，在距离文本框中输入-15。

◎步骤5 完成操作。单击 <确定> 按钮完成移动面的操作。

4.18.2 旋转面

下面以如图4.283所示的效果为例，介绍创建旋转面的一般过程。

（a）创建前 （b）创建后

图4.283 旋转面

◎步骤1 打开文件D:\UG2206\work\ch04.18\02\旋转面-ex。

◎步骤2 选择命令。单击 主页 功能选项卡"同步建模"区域中的 ☷移动 按钮，系统会弹出"移动面"对话框。

◎步骤3 选择要移动的面。在系统"选择要移动的面"的提示下，选取长方体右侧端面作为要移动的面。

◎步骤4 定义移动参数。在 变换 区域的 运动 下拉列表中选择 ⌒角度 选项，选取y轴正方向作为参考，选取长方体的右上角端点作为轴点，在角度文本框中输入20。

◎步骤5 完成操作。单击 <确定> 按钮完成旋转面的操作。

4.18.3 拉动面

下面以如图4.284所示的效果为例，介绍创建拉动面的一般过程。

（a）创建前　　　　　　　　　　　　　　　（b）创建后

图4.284　拉动面

○ 步骤1　打开文件D:\UG2206\work\ch04.18\03\拉动面-ex。

○ 步骤2　选择命令。单击 主页 功能选项卡"同步建模"区域 更多 下的 拉动面 命令，系统会弹出"拉动面"对话框。

○ 步骤3　选择要拉动的面。在系统"选择要拉出的面"的提示下，选取模型上表面作为要拉动的面。

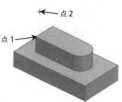

图4.285　拉动参数

○ 步骤4　定义拉动参数。在 变换 区域的 运动 下拉列表中选择 点到点 选项，选取如图4.285所示的点1作为出发点，选取点2作为目标点。

○ 步骤5　完成操作。单击 确定 按钮完成旋转面的操作。

4.18.4　调整面（倒角圆角）大小

下面以如图4.286所示的效果为例，介绍创建调整面大小的一般过程。

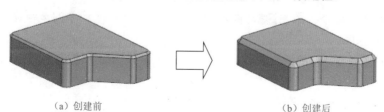

（a）创建前　　　　　　　　　　　　　　　（b）创建后

图4.286　调整面大小

○ 步骤1　打开文件D:\UG2206\work\ch04.18\04\调整面大小-ex。

○ 步骤2　选择命令。单击 主页 功能选项卡"同步建模"区域中的 （调整圆角大小）命令，系统会弹出"调整圆角大小"对话框。

○ 步骤3　选择要调整的圆角面。在系统"选择要调整大小的圆角"的提示下，选取如图4.287所示的圆角面作为参考。

○ 步骤4　定义圆角半径参数。在 半径 文本框中输入新的半径值15，单击 确定 按钮完成圆角面大小的调整，如图4.288所示。

○ 步骤5　选择命令。单击 主页 功能选项卡"同步建模"区域中 更多 下的 调整倒斜角大小 命令，系统会弹出"调整倒斜角大小"对话框。

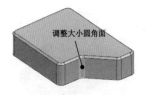

图4.287　要调整的圆角面

图4.288　调整后

◎步骤6 选择要调整的倒角面。在系统"选择要调整大小的倒斜角"的提示下，选取所有的斜角面作为参考。

◎步骤7 在 偏置1 文本框中输入新的倒角值6，单击 ◂确定▸ 按钮完成倒角面大小的调整。

4.18.5　替换面

下面以如图4.289所示的效果为例，介绍创建替换面的一般过程。

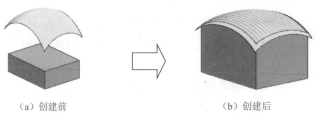

（a）创建前　　　　　　　　　（b）创建后

图4.289　替换面

◎步骤1 打开文件D:\UG2206\work\ch04.18\05\替换面-ex。

◎步骤2 选择命令。单击 主页 功能选项卡"同步建模"区域中的 ◈替换 命令，系统会弹出"替换面"对话框。

◎步骤3 选择要替换的原始面。在系统"选择要替换的面"的提示下，选取长方体的上表面作为参考。

◎步骤4 选择替换面。在"替换面"对话框中激活 替换面 区域中的"选择面"，选取长方体上方的球面曲面作为替换面。

◎步骤5 在 偏置 文本框中输入0，单击 ◂确定▸ 按钮完成替换面的创建。

4.19　零件设计综合应用案例1（电动机）

案例概述：

本案例将介绍电动机的创建过程，主要将使用拉伸、基准、孔及镜像等，本案例的创建相对比较简单，希望读者通过对该案例的学习掌握创建模型的一般方法，熟练掌握常用的建模功能。该模型及部件导航器如图4.290所示。

◎步骤1 新建文件。选择"快速访问工具条"中的 ◈命令，在"新建"对话框中选择"模型"模板，在名称文本框中输入"电动机"，将工作目录设置为D:\UG2206\work\ch04.19\，然后单击"确定"按钮进入零件建模环境。

◎ 步骤2 创建如图4.291所示的拉伸（1）。单击 主页 功能选项卡"基本"区域中的 按钮，在系统的提示下选取"ZX平面"作为草图平面，绘制如图4.292所示的草图；在"拉伸"对话框"限制"区域的"终止"下拉列表中选择 ⊢值 选项，在"距离"文本框中输入深度值96；单击"确定"按钮，完成拉伸（1）的创建。

◎ 步骤3 创建如图4.293所示的拉伸（2）。单击 主页 功能选项卡"基本"区域中的 按钮，在系统的提示下选取如图4.293所示的模型表面作为草图平面，绘制如图4.294所示的草图；在"拉伸"对话框"限制"区域的"终止"下拉列表中选择 ⊞贯通 选项，在"布尔"下拉列表中选择"减去"；单击"方向"区域的 按钮调整拉伸方向；单击"确定"按钮，完成拉伸（2）的创建。

◎ 步骤4 创建如图4.295所示的镜像特征（1）。单击 主页 功能选项卡"基本"区域中的 镜像特征 按钮，系统会弹出"镜像特征"对话框，选取步骤3创建的拉伸（2）作为要镜像的特征，在"镜像平面"区域的"平面"下拉列表中选择"现有平面"，激活"选择平面"，选取"YZ平面"作为镜像平面，单击"确定"按钮，完成镜像特征的创建。

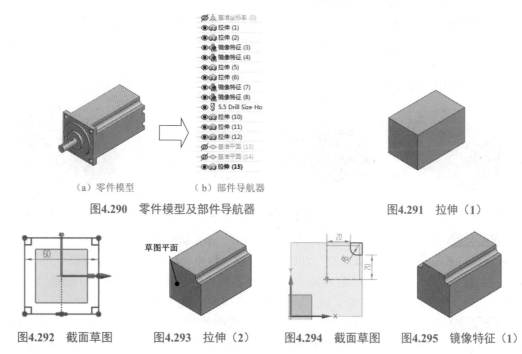

（a）零件模型　　　（b）部件导航器
图4.290　零件模型及部件导航器　　　　　　图4.291　拉伸（1）

图4.292　截面草图　　图4.293　拉伸（2）　　图4.294　截面草图　　图4.295　镜像特征（1）

◎ 步骤5 创建如图4.296所示的镜像特征（2）。单击 主页 功能选项卡"基本"区域中的 镜像特征 按钮，系统会弹出"镜像特征"对话框，选取"拉伸（2）"与"镜像特征（1）"作为要镜像的特征，在"镜像平面"区域的"平面"下拉列表中选择"现有平面"，激活"选择平面"，选取"XY平面"作为镜像平面，单击"确定"按钮，完成镜像特征的创建。

◎ 步骤6　创建如图4.297所示的拉伸（3）。单击 主页 功能选项卡"基本"区域中的 按钮，在系统的提示下选取如图4.298所示的模型表面作为草图平面，绘制如图4.299所示的草图；在"拉伸"对话框"限制"区域的"终止"下拉列表中选择 值 选项，在"距离"文本框中输入深度值6，在"布尔"下拉列表中选择"合并"；单击"确定"按钮，完成拉伸（3）的创建。

图4.296　镜像特征（2）

图4.297　拉伸（3）

草图平面
图4.298　草图平面

图4.299　截面草图

◎ 步骤7　创建如图4.300所示的拉伸（4）。单击 主页 功能选项卡"基本"区域中的 按钮，在系统的提示下选取如图4.301所示的模型表面作为草图平面，绘制如图4.302所示的草图；在"拉伸"对话框"限制"区域的"终止"下拉列表中选择 值 选项，在"距离"文本框中输入深度值4，在"布尔"下拉列表中选择"减去"；单击"方向"区域的 按钮调整拉伸方向；单击"确定"按钮，完成拉伸（4）的创建。

◎ 步骤8　创建图4.303所示的镜像特征（3）。单击 主页 功能选项卡"基本"区域中的 按钮，系统会弹出"镜像特征"对话框，选取步骤7创建的拉伸（4）作为要镜像的特征，在"镜像平面"区域的"平面"下拉列表中选择"现有平面"，激活"选择平面"，选取"XY平面"作为镜像平面，单击"确定"按钮，完成镜像特征的创建。

图4.300　拉伸（4）

草图平面
图4.301　草图平面

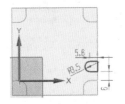
图4.302　截面草图

图4.303　镜像特征（3）

◎ 步骤9　创建如图4.304所示的镜像特征（4）。单击 主页 功能选项卡"基本"区域中的 按钮，系统会弹出"镜像特征"对话框，选取"拉伸（4）"与"镜像特征（3）"作为要镜像的特征，在"镜像平面"区域的"平面"下拉列表中选择"现有平面"，激活"选择平面"，选取"YZ平面"作为镜像平面，单击"确定"按钮，完成镜像特征的创建。

◎ 步骤10　创建如图4.305所示的孔（1）。单击 主页 功能选项卡"基本"区域中的 按钮，系统会弹出"孔"对话框，选取如图4.306所示的模型表面作为打孔平面，在打孔面上的任意位置单击（4个点），以初步确定打孔的初步位置，然后通过添加辅助线、尺寸与几何约束精确定位孔，如图4.307所示，单击 主页 功能选项卡"草图"区域中的 按钮退出草图环境；在"孔"对话框的"类型"下拉列表中选择"简单"类型，在"形状"区域的"孔大小"下拉列表中选择"钻孔大小"，在"标准"下拉列表中选择"ISO"在"大小"下拉列表中选择5.5；

在"限制"区域的"深度限制"下拉列表中选择"贯通体"；在"孔"对话框中单击"确定"按钮，完成孔的创建。

图4.304　镜像特征（4）　图4.305　孔（1）　图4.306　打孔平面　图4.307　定义孔的位置

◎步骤11　创建如图4.308所示的拉伸（5）。单击 主页 功能选项卡"基本"区域中的 按钮，在系统的提示下选取如图4.309所示的模型表面作为草图平面，绘制如图4.310所示的草图；在"拉伸"对话框"限制"区域的"终止"下拉列表中选择⊢值选项，在"距离"文本框中输入深度值3，在"布尔"下拉列表中选择"合并"；单击"确定"按钮，完成拉伸（5）的创建。

图4.308　拉伸（5）　图4.309　草图平面　图4.310　截面草图

◎步骤12　创建如图4.311所示的拉伸（6）。单击 主页 功能选项卡"基本"区域中的 按钮，在系统的提示下选取如图4.312所示的模型表面作为草图平面，绘制如图4.313所示的草图；在"拉伸"对话框"限制"区域的"终止"下拉列表中选择⊢值选项，在"距离"文本框中输入深度值4，在"布尔"下拉列表中选择"合并"；单击"确定"按钮，完成拉伸（6）的创建。

◎步骤13　创建如图4.314所示的拉伸（7）。单击 主页 功能选项卡"基本"区域中的 按钮，在系统的提示下选取如图4.315所示的模型表面作为草图平面，绘制如图4.316所示的草图；在"拉伸"对话框"限制"区域的"终止"下拉列表中选择⊢值选项，在"距离"文本框中输入深度值27，在"布尔"下拉列表中选择"合并"；单击"确定"按钮，完成拉伸（7）的创建。

图4.311　拉伸（6）　图4.312　草图平面　图4.313　截面草图　图4.314　拉伸（7）

◎步骤14　创建如图4.317所示的基准平面（1）。选择下拉菜单"插入"→"基准"→"基准平面"命令，系统会弹出"基准平面"对话框；在"基准平面"对话框类型下拉列表中选择"相切"类型，在"子类型"下拉列表中选择"与平面成一定角度"，选取步骤13创建的

圆柱面作为相切参考，选取"XY平面"作为角度参考，在"角度"区域的"角度选项"下拉
列表中选择"平行"，其他参数采用默认，单击"确定"按钮，完成基准平面的创建。

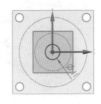

（a）三维效果　　　　　（b）平面效果

图4.315　草图平面　　　　图4.316　截面草图　　　　图4.317　基准平面（1）

○步骤15　创建如图4.318所示的基准平面（2）。选择下拉菜单"插入"→"基准"→
"基准平面"命令，系统会弹出"基准平面"对话框；在"基准平面"对话框类型下拉列表
中选择"按某一距离"类型，选取步骤14创建的基准平面（1）作为参考，在"偏置"区域的
"距离"文本框中输入8，单击⊠按钮调整方向，其他参数采用默认，单击"确定"按钮，完
成基准平面的创建。

○步骤16　创建如图4.319所示的拉伸（8）。单击 主页 功能选项卡"基本"区域中的 按
钮，在系统的提示下选取步骤15创建的基准平面（2）作为草图平面，绘制如图4.320所示的草
图；在"拉伸"对话框"限制"区域的"终止"下拉列表中选择 贯通 选项，方向朝上，在
"布尔"下拉列表中选择"减去"；单击"确定"按钮，完成拉伸（8）的创建。

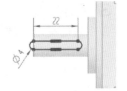

（a）三维效果　　　　　（b）平面效果

图4.318　基准平面（2）　　　　图4.319　拉伸（8）　　　　图4.320　截面草图

○步骤17　保存文件。选择"快速访问工具条"中的"保存"命令，完成保存操作。

4.20　零件设计综合应用案例2（连接臂）

▶28min

案例概述：

本案例将介绍连接臂的创建过程，主要将使用拉伸、孔、镜像复制、阵列复制及圆角倒角
等。该模型及部件导航器如图4.321所示。

○步骤1　新建文件。选择"快速访问工具条"中的 命令，在"新建"对话框中选择
"模型"模板，在名称文本框中输入"连接臂"，将工作目录设置为D:\UG2206\work\ch04.20\，
然后单击"确定"按钮进入零件建模环境。

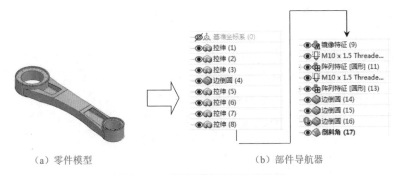

（a）零件模型　　　　　　　　　　　　（b）部件导航器

图4.321　零件模型及部件导航器

○ 步骤2　创建如图4.322所示的拉伸（1）。单击 主页 功能选项卡"基本"区域中的 按钮，在系统的提示下选取"XY平面"作为草图平面，绘制如图4.323所示的草图；在"拉伸"对话框"限制"区域的"终止"下拉列表中选择 对称值 选项，在"距离"文本框中输入深度值100；单击"确定"按钮，完成拉伸（1）的创建。

○ 步骤3　创建图4.324所示的拉伸（2）。单击 主页 功能选项卡"基本"区域中的 按钮，在系统的提示下选取"ZX平面"作为草图平面，绘制如图4.325所示的草图；在"拉伸"对话框"限制"区域的"开始"与"终止"下拉列表中均选择 贯通 选项，在"布尔"下拉列表中选择"减去"；单击"确定"按钮，完成拉伸（2）的创建。

○ 步骤4　创建图4.326所示的拉伸（3）。单击 主页 功能选项卡"基本"区域中的 （拉伸）按钮，在系统的提示下选取"YZ平面"作为草图平面，绘制如图4.327所示的草图；在"拉伸"对话框"限制"区域的"开始"与"终止"下拉列表中均选择 贯通 选项，在"布尔"下拉列表中选择"减去"；单击"确定"按钮，完成拉伸（3）的创建。

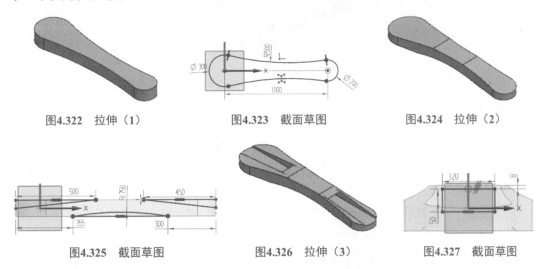

图4.322　拉伸（1）　　　　图4.323　截面草图　　　　图4.324　拉伸（2）

图4.325　截面草图　　　　图4.326　拉伸（3）　　　　图4.327　截面草图

○ 步骤5　创建如图4.328所示的边倒圆（1）。单击 主页 功能选项卡"基本"区域中的 按钮，系统会弹出"边倒圆"对话框，在系统的提示下选取如图4.329所示的4根水平边线作为圆角对象，在"边倒圆"对话框的"半径1"文本框中输入圆角半径值5，单击"确定"按钮完成边倒圆（1）的创建。

○步骤6 创建如图4.330所示的拉伸（4）。单击 主页 功能选项卡"基本"区域中的 按钮，在系统的提示下选取"*XY*平面"作为草图平面，绘制如图4.331所示的草图；在"拉伸"对话框"限制"区域的"终止"下拉列表中均选择 对称值 选项，在"距离"文本框中输入深度值120，在"布尔"下拉列表中选择"合并"；单击"确定"按钮，完成拉伸（4）的创建。

○步骤7 创建如图4.332所示的拉伸（5）。单击 主页 功能选项卡"基本"区域中的 按钮，在系统的提示下选取如图4.333所示的模型表面作为草图平面，绘制如图4.334所示的草图；在"拉伸"对话框"限制"区域的"终止"下拉列表中选择 贯通 选项，在"布尔"下拉列表中选择"减去"；单击"方向"区域的 按钮调整拉伸方向；单击"确定"按钮，完成拉伸（5）的创建。

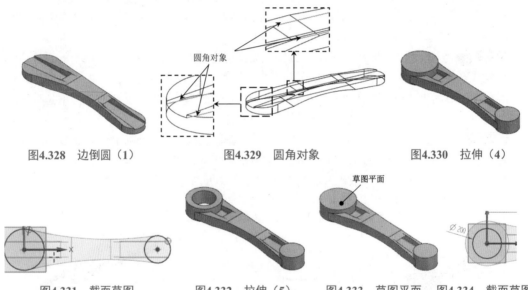

图4.328 边倒圆（1）　　　图4.329 圆角对象　　　图4.330 拉伸（4）

图4.331 截面草图　　　图4.332 拉伸（5）　　　图4.333 草图平面　　图4.334 截面草图

○步骤8 创建如图4.335所示的拉伸（6）。单击 主页 功能选项卡"基本"区域中的 按钮，在系统的提示下选取如图4.336所示的模型表面作为草图平面，绘制如图4.337所示的草图；在"拉伸"对话框"限制"区域的"终止"下拉列表中选择 贯通 选项，在"布尔"下拉列表中选择"减去"；单击"方向"区域的 按钮调整拉伸方向；单击"确定"按钮，完成拉伸（6）的创建。

○步骤9 创建如图4.338所示的拉伸（7）。单击 主页 功能选项卡"基本"区域中的 按钮，在系统的提示下选取如图4.339所示的模型表面作为草图平面，绘制如图4.340所示的草图；在"拉伸"对话框"限制"区域的"终止"下拉列表中选择 值 选项，在"距离"文本框中输入深度值12，在"布尔"下拉列表中选择"减去"；单击"方向"区域的 按钮调整拉伸方向；单击"确定"按钮，完成拉伸（7）的创建。

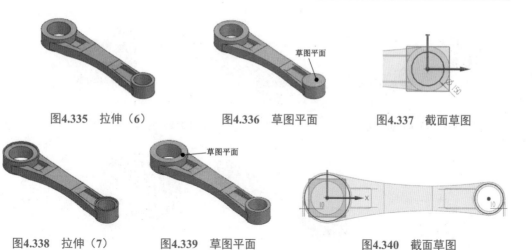

图4.335　拉伸（6）　　　　图4.336　草图平面　　　　图4.337　截面草图

图4.338　拉伸（7）　　　　图4.339　草图平面　　　　图4.340　截面草图

⊙步骤10　创建图4.341所示的镜像特征（1）。单击 主页 功能选项卡"基本"区域中的
 镜像特征 按钮，系统会弹出"镜像特征"对话框，选取步骤9创建的拉伸（7）作为要镜像的特
征，在"镜像平面"区域的"平面"下拉列表中选择"现有平面"，激活"选择平面"，选
取"XY平面"作为镜像平面，单击"确定"按钮，完成镜像特征的创建。

⊙步骤11　创建如图4.342所示的孔（1）。单击 主页 功能选项卡"基本"区域中的 按钮，
系统会弹出"孔"对话框，选取如图4.342所示的模型表面作为打孔平面，然后通过添加辅助
线、尺寸与几何约束精确定位孔，如图4.343所示，单击 主页 功能选项卡"草图"区域中的 按
钮退出草图环境；在"孔"对话框的"类型"下拉列表中选择"有螺纹"类型，在"形状"区
域的"标准"下拉列表中选择 Metric Coarse ，在"大小"下拉列表中选择M10×1.5，在"螺纹深
度"文本框中输入15；在"限制"区域的"深度限制"下拉列表中选择"值"，在"孔深"文
本框中输入20；在"孔"对话框中单击"确定"按钮，完成孔的创建。

⊙步骤12　创建如图4.344所示的圆形阵列（1）。单击 主页 功能选项卡"基本"区域中的
 阵列特征 按钮，系统会弹出"阵列特征"对话框；在"阵列特征"对话框"阵列定义"区域的
"布局"下拉列表中选择"圆形"；选取步骤11创建的"孔（1）"特征作为阵列的源对象；
在"阵列特征"对话框"旋转轴"区域激活"指定向量"，选取如图4.344所示的圆柱面，
在"间距"下拉列表中选择"数量和跨度"，在"数量"文本框中输入8，在"跨角"文本框
中输入360；单击"阵列特征"对话框中的"确定"按钮，完成阵列特征的创建。

⊙步骤13　创建如图4.345所示的孔（2）。单击 主页 功能选项卡"基本"区域中的 按钮，
系统会弹出"孔"对话框，选取如图4.345所示的模型表面作为打孔平面，然后通过添加辅助
线、尺寸与几何约束精确定位孔，如图4.346所示，单击 主页 功能选项卡"草图"区域中的 按
钮退出草图环境；在"孔"对话框的"类型"下拉列表中选择"有螺纹"类型，在"形状"区
域的"标准"下拉列表中选择 Metric Coarse ，在"大小"下拉列表中选择M10×1.5，在"螺纹深
度"文本框中输入15；在"限制"区域的"深度限制"下拉列表中选择"值"，在"孔深"文
本框中输入20；在"孔"对话框中单击"确定"按钮，完成孔的创建。

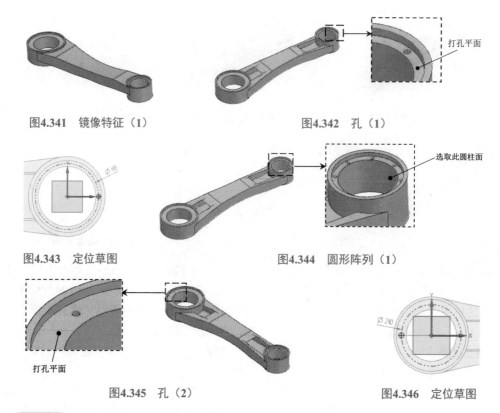

图4.341　镜像特征（1）

图4.342　孔（1）

打孔平面

图4.343　定位草图

选取此圆柱面

图4.344　圆形阵列（1）

打孔平面

图4.345　孔（2）

图4.346　定位草图

○ 步骤14　创建如图4.347所示的圆形阵列（2）。单击 主页 功能选项卡"基本"区域中的 阵列特征 按钮，系统会弹出"阵列特征"对话框；在"阵列特征"对话框"阵列定义"区域的"布局"下拉列表中选择"圆形"；选取步骤13创建的"孔（2）"特征作为阵列的源对象；在"阵列特征"对话框"旋转轴"区域激活"指定向量"，选取如图4.347所示的圆柱面，在"间距"下拉列表中选择"数量和跨度"，在"数量"文本框中输入8，在"跨角"文本框中输入360；单击"阵列特征"对话框中的"确定"按钮，完成阵列特征的创建。

○ 步骤15　创建如图4.348所示的边倒圆（2）。单击 主页 功能选项卡"基本"区域中的 按钮，系统会弹出"边倒圆"对话框，在系统的提示下选取如图4.349所示的两条边线作为圆角对象，在"边倒圆"对话框的"半径1"文本框中输入圆角半径值10，单击"确定"按钮完成边倒圆（2）的创建。

○ 步骤16　创建图4.350所示的边倒圆（3）。单击 主页 功能选项卡"基本"区域中的 按钮，系统会弹出"边倒圆"对话框，在系统的提示下选取如图4.351所示的两条边线作为圆角对象，在"边倒圆"对话框的"半径1"文本框中输入圆角半径值10，单击"确定"按钮完成边倒圆（3）的创建。

○ 步骤17　创建如图4.352所示的边倒圆（4）。单击 主页 功能选项卡"基本"区域中的 按钮，系统会弹出"边倒圆"对话框，在系统的提示下选取如图4.353所示的两条边作为圆角对象，在"边倒圆"对话框的"半径1"文本框中输入圆角半径值2，单击"确定"按钮完成边倒圆（4）的创建。

◯步骤18　创建如图4.354所示的倒斜角（1）。单击 主页 功能选项卡"基本"区域中的 ◎ 按钮，系统会弹出"倒斜角"对话框，在"横截面"下拉列表中选择"对称"类型，在系统的提示下选取如图4.355所示的4条边线作为倒角对象，在"距离"文本框中输入倒角距离值3，单击"确定"按钮，完成倒角的定义。

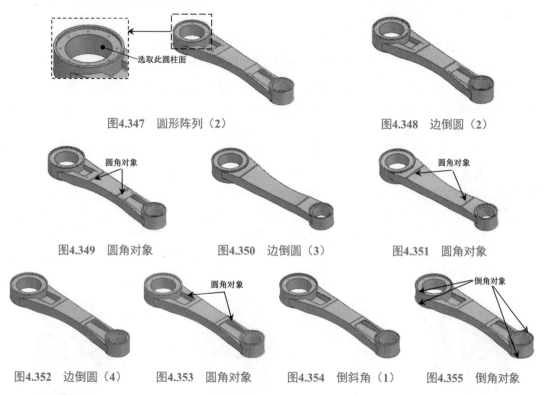

图4.347　圆形阵列（2）　　　　　　　　　　　　图4.348　边倒圆（2）

图4.349　圆角对象　　　　　图4.350　边倒圆（3）　　　　　图4.351　圆角对象

图4.352　边倒圆（4）　　　图4.353　圆角对象　　　图4.354　倒斜角（1）　　　图4.355　倒角对象

◯步骤19　保存文件。选择"快速访问工具条"中的"保存"命令，完成保存操作。

4.21　零件设计综合应用案例3（QQ企鹅造型）

49min

案例概述：

本案例将介绍QQ企鹅造型的创建过程，主要将使用旋转特征、扫掠特征、分割面、基准特征、拉伸及镜像复制等。该模型及部件导航器如图4.356所示。

◯步骤1　新建文件。选择"快速访问工具条"中的 ◻ 命令，在"新建"对话框中选择"模型"模板，在名称文本框中输入"QQ企鹅造型"，将工作目录设置为D:\UG2206\work\ch04.21\，然后单击"确定"按钮进入零件建模环境。

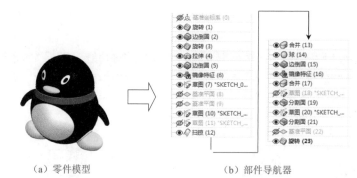

（a）零件模型 （b）部件导航器

图4.356 零件模型及部件导航器

○ 步骤2 创建如图4.357所示的旋转（1）。单击 主页 功能选项卡"基本"区域中的 按钮，系统会弹出"旋转"对话框，在系统的提示下，选取"ZX平面"作为草图平面，进入草图环境，绘制如图4.358所示的草图，在"旋转"对话框激活"轴"区域的"指定向量"，选取"z轴"作为旋转轴，在"旋转"对话框的"限制"区域的"开始"下拉列表中选择"值"，然后在"角度"文本框中输入值0；在"结束"下拉列表中选择"值"，然后在"角度"文本框中输入值360，单击"确定"按钮，完成旋转（1）的创建。

○ 步骤3 创建如图4.359所示的边倒圆（1）。单击 主页 功能选项卡"基本"区域中的 按钮，系统会弹出"边倒圆"对话框，在系统的提示下选取如图4.360所示的边线作为圆角对象，在"边倒圆"对话框的"半径1"文本框中输入圆角半径值25，单击"确定"按钮完成边倒圆（1）的创建。

   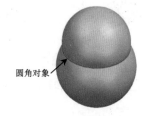

图4.357 旋转（1）　图4.358 截面轮廓　图4.359 边倒圆（1）　图4.360 圆角对象

○ 步骤4 创建如图4.361所示的旋转（2）。单击 主页 功能选项卡"基本"区域中的 按钮，系统会弹出"旋转"对话框，在系统的提示下，选取"ZX平面"作为草图平面，进入草图环境，绘制如图4.362所示的草图，在"旋转"对话框激活"轴"区域的"指定向量"，选取如图4.362所示的水平线作为旋转轴，在"旋转"对话框的"限制"区域的"结束"下拉列表中选择"值"，然后在"角度"文本框中输入值360，在"布尔"下拉列表中选择"合并"，单击"确定"按钮，完成旋转（2）的创建。

○ 步骤5 创建如图4.363所示的拉伸（1）。单击 主页 功能选项卡"基本"区域中的 按钮，在系统的提示下选取"ZX平面"作为草图平面，绘制如图4.364所示的草图；在"拉伸"对话框"限制"区域的"开始"与"终止"下拉列表中均选择 贯通 选项，在"布尔"下拉列表中选择"减去"；单击"确定"按钮，完成拉伸（1）的创建。

○ 步骤6　创建如图4.365所示的边倒圆（2）。单击 主页 功能选项卡"基本"区域中的 按钮，系统会弹出"边倒圆"对话框，在系统的提示下选取如图4.366所示的边线作为圆角对象，在"边倒圆"对话框的"半径1"文本框中输入圆角半径值2，单击"确定"按钮完成边倒圆（2）的创建。

○ 步骤7　创建如图4.367所示的镜像特征（1）。单击 主页 功能选项卡"基本"区域中的 镜像特征 按钮，系统会弹出"镜像特征"对话框，选取"旋转（2）""拉伸（1）"与"边倒圆（2）"作为要镜像的特征，在"镜像平面"区域的"平面"下拉列表中选择"现有平面"，激活"选择平面"，选取"*YZ*平面"作为镜像平面，单击"确定"按钮，完成镜像特征的创建。

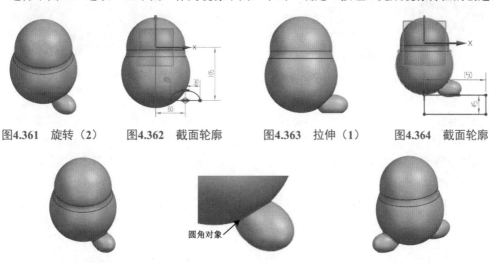

图4.361　旋转（2）　　图4.362　截面轮廓　　图4.363　拉伸（1）　　图4.364　截面轮廓

图4.365　边倒圆（2）　　图4.366　圆角对象　　图4.367　镜像特征（1）

○ 步骤8　创建如图4.368所示的草图（1）。单击 主页 功能选项卡"构造"区域中的草图 按钮，选取"*ZX*平面"作为草图平面，绘制如图4.369所示的草图。

○ 步骤9　创建如图4.370所示的基准平面（1）。选择下拉菜单"插入"→"基准"→"基准平面"命令，系统会弹出"基准平面"对话框；在"基准平面"对话框类型下拉列表中选择"曲线和点"类型，在"子类型"下拉列表中选择"点和曲线/轴"，然后依次选取如图4.371所示的点和曲线参考，其他参数采用默认，单击"确定"按钮，完成基准平面的创建。

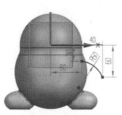

图4.368　草图（1）（三维）　　图4.369　草图（1）（平面）　　图4.370　基准平面（1）　　图4.371　平面参考

◎步骤10 创建如图4.372所示的基准平面（2）。选择下拉菜单"插入"→"基准"→
"基准平面"命令，系统会弹出"基准平面"对话框；在"基准平面"对话框类型下拉列表
中选择"曲线和点"类型，在"子类型"下拉列表中选择"点和曲线/轴"，然后依次选取如
图4.373所示的点和曲线参考，其他参数采用默认，单击"确定"按钮，完成基准平面的创建。

◎步骤11 创建如图4.374所示的草图（2）。单击 主页 功能选项卡"构造"区域中的 ☑ 按
钮，选取步骤9创建的"基准平面（1）"作为草图平面，绘制如图4.375所示的草图。

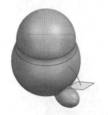
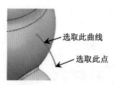

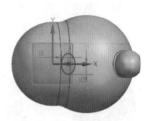

选取此曲线
选取此点

图4.372 基准平面（2） 图4.373 平面参考 图4.374 草图（2） 图4.375 草图（2）
（三维） （平面）

◎步骤12 创建如图4.376所示的草图（3）。单击 主页 功能选项卡"构造"区域中的 ☑ 按
钮，选取步骤10创建的"基准平面（2）"作为草图平面，绘制如图4.377所示的草图。

◎步骤13 创建如图4.378所示的扫掠（1）。单击 曲面 功能选项卡"基本"区域中的 ◌ 按
钮，系统会弹出"扫掠"对话框，在绘图区选取如图4.379所示的椭圆作为第1个截面，按鼠标
中键确认，选取如图4.379所示的圆作为第2个截面，激活"扫掠"对话框"引导线"区域的
"选择曲线"，选取如图4.379所示的圆弧作为扫掠引导线，单击"确定"按钮，完成扫掠（1）
的创建。

椭圆
扫掠引导线
圆

图4.376 草图（3） 图4.377 草图（3） 图4.378 扫掠（1） 图4.379 扫掠截面
（三维） （平面） 与引导线

◎步骤14 创建合并（1）。单击 主页 功能选项卡"基本"区域中的 ◌ 按钮，系统会弹出
"合并"对话框，在系统"选择目标体"的提示下，选取步骤13创建的扫掠体作为目标体，在
系统"选择工具体"的提示下，选取另外一个体作为工具体，在"合并"对话框的"设置"区
域中取消选中"保存目标"与"保存工具"复选框，单击"确定"按钮完成操作。

◎步骤15 创建如图4.380所示的球体。单击 主页 功能选项卡"基本"区域中的 ◌ 下的 ▾
（更多）按钮，在"设计特征"区域选择 ◯球 命令（或者选择下拉菜单"插入"→"设计特
征"→"球"命令），系统会弹出"球"对话框，在"类型"下拉列表中选择"中心点和直

径"类型，选取如图4.381所示的圆弧圆心作为球心，在"直径"文本框中输入球体直径10，在"布尔"下拉列表中选择"合并"，单击"确定"按钮完成操作。

◎步骤16　创建如图4.382所示的边倒圆（3）。单击 主页 功能选项卡"基本"区域中的 按钮，系统会弹出"边倒圆"对话框，在系统的提示下选取如图4.383所示的边线作为圆角对象，在"边倒圆"对话框的"半径1"文本框中输入圆角半径值5，单击"确定"按钮完成边倒圆（3）的创建。

◎步骤17　创建如图4.384所示的镜像特征（2）。单击 主页 功能选项卡"基本"区域中的 镜像特征 按钮，系统会弹出"镜像特征"对话框，选取"扫掠（1）""合并（1）""球体"与"边倒圆（3）"作为要镜像的特征，在"镜像平面"区域的"平面"下拉列表中选择"现有平面"，激活"选择平面"，选取"YZ平面"作为镜像平面，单击"确定"按钮，完成镜像特征的创建。

◎步骤18　创建合并（2）。单击 主页 功能选项卡"基本"区域中的 按钮，系统会弹出"合并"对话框，在系统"选择目标体"的提示下，选取步骤17创建的镜像体作为目标体，在系统"选择工具体"的提示下，选取另外一个体作为工具体，在"合并"对话框的"设置"区域中取消选中"保存目标"与"保存工具"复选框，单击"确定"按钮完成操作。

◎步骤19　创建如图4.385所示的草图（4）。单击 主页 功能选项卡"构造"区域中的 按钮，选取"ZX平面"作为草图平面，绘制如图4.386所示的草图。

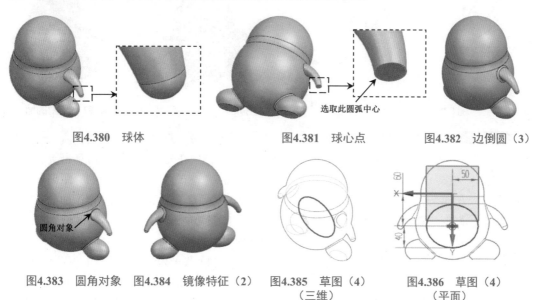

图4.380　球体　　　　　　　　图4.381　球心点　　　　　　图4.382　边倒圆（3）

图4.383　圆角对象　图4.384　镜像特征（2）　图4.385　草图（4）　　图4.386　草图（4）
　　　　　　　　　　　　　　　　　　　　　　　　　　　（三维）　　　　　　　（平面）

◎步骤20　创建如图4.387所示的分割面（1）。单击 主页 功能选项卡"基本"区域中的 下的 按钮，在"修剪"区域选择 分割面 命令，系统会弹出"分割面"对话框，选取如图4.388所示的面作为要分割的面，选取步骤19创建的圆作为分割对象，在"投影方向"的下拉列表中选择"垂直于曲线平面"，方向朝前，单击"确定"按钮完成分割面的创建。

○步骤21 创建如图4.389所示的草图（5）。单击 主页 功能选项卡"构造"区域中的 ✎ 按钮，选取"ZX平面"作为草图平面，绘制如图4.390所示的草图。

○步骤22 创建如图4.391所示的分割面（2）。单击 主页 功能选项卡"基本"区域中的 ⬛ 下的 · 按钮，在"修剪"区域选择 ⊘ 分割面 命令，系统会弹出"分割面"对话框，选取如图4.392所示的面作为要分割的面，选取步骤21创建的圆作为分割对象，在"投影方向"的下拉列表中选择"垂直于曲线平面"，方向朝前，单击"确定"按钮完成分割面的创建。

图4.387 分割面（1）

图4.388 分割的面

图4.389 草图（5）（三维）

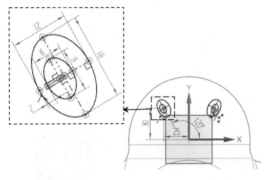
图4.390 草图（5）（平面）

图4.391 分割面（1）

图4.392 分割的面

○步骤23 创建如图4.393所示的基准平面（3）。选择命令。选择下拉菜单"插入"→"基准"→"基准平面"命令，系统会弹出"基准平面"对话框；在"基准平面"对话框类型下拉列表中选择"按某一距离"类型，选取"XY平面"作为参考，在"偏置"区域的"距离"文本框中输入8，方向沿z轴正方向，其他参数采用默认，单击"确定"按钮，完成基准平面的创建。

○步骤24 创建如图4.394所示的旋转（3）。单击 主页 功能选项卡"基本"区域中的 ⬛ 按钮，系统会弹出"旋转"对话框，在系统 选择要绘制的平面，或为截面选择曲线 的提示下，选取步骤23创建的"基准平面（3）"作为草图平面，进入草图环境，绘制如图4.395所示的草图，在"旋转"对话框激活"轴"区域的"指定向量"，选取如图4.395所示的水平线作为旋转轴，在"旋转"对话框的"限制"区域的"结束"下拉列表中选择"值"，然后在"角度"文本框中输入值360，在"布尔"下拉列表中选择"合并"，单击"确定"按钮，完成旋转（3）的创建。

○步骤25 设置如图4.396所示的外观属性。单击 视图 功能选项卡"对象"区域中的 ✎ （编辑对象显示）按钮，系统会弹出"类选择"对话框，在选择过滤器中选择"面"，选取如图4.387所示的面，单击"确定"按钮完成对象的选取，系统会弹出"编辑对象显示"对话框，单击"颜色"后的"对象颜色"，系统会弹出"对象颜色"对话框，选取如图4.397所示的红颜色，单击两次"确定"按钮完成操作。

○ 步骤26 设置如图4.398所示的其他外观属性。具体操作可参考步骤25。

图4.393　基准平面（3）

图4.394　旋转（3）

图4.395　截面轮廓

图4.396　设置外观属性

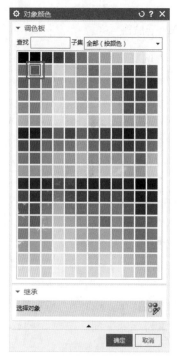
图4.397　"对象颜色"对话框

图4.398　其他外观属性

○ 步骤27 保存文件。选择"快速访问工具条"中的"保存"命令，完成保存操作。

4.22　零件设计综合应用案例4（转板）

▶ 58min

案例概述：

本案例将介绍转板的创建过程，主要将使用拉伸、基准面、孔、镜像及阵列等。该模型及部件导航器如图4.399所示。

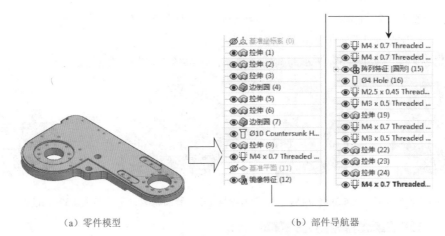

（a）零件模型   （b）部件导航器

图4.399 零件模型及部件导航器

🔘 **步骤1** 新建文件。选择"快速访问工具条"中的 🗋 命令，在"新建"对话框中选择"模型"模板，在名称文本框中输入"转板"，将工作目录设置为D:\UG2206\work\ch04.22\，然后单击"确定"按钮进入零件建模环境。

🔘 **步骤2** 创建如图4.400所示的拉伸（1）。单击 主页 功能选项卡"基本"区域中的 🗔 按钮，在系统的提示下选取"XY平面"作为草图平面，绘制图4.401所示的草图；在"拉伸"对话框"限制"区域的"终止"下拉列表中选择 ⊢ 值 选项，在"距离"文本框中输入深度值15；单击"确定"按钮，完成拉伸（1）的创建。

🔘 **步骤3** 创建如图4.402所示的拉伸（2）。单击 主页 功能选项卡"基本"区域中的 🗔 按钮，在系统的提示下选取如图4.402所示的模型表面作为草图平面，绘制如图4.403所示的草图；在"拉伸"对话框"限制"区域的"终止"下拉列表中选择 ⊢ 贯通 选项，在"布尔"下拉列表中选择"减去"；在"方向"区域单击 ⊠ 按钮调整切除的方向；单击"确定"按钮，完成拉伸（2）的创建。

🔘 **步骤4** 创建如图4.404所示的拉伸（3）。单击 主页 功能选项卡"基本"区域中的 🗔 按钮，在系统的提示下选取如图4.404所示的模型表面作为草图平面，绘制如图4.405所示的草图；在"拉伸"对话框"限制"区域的"终止"下拉列表中选择 ⊢ 值 选项，在"距离"文本框中输入深度值3（注意拉伸方向），在"布尔"下拉列表中选择"减去"；在"方向"区域单击 ⊠ 按钮调整切除的方向；单击"确定"按钮，完成拉伸（3）的创建。

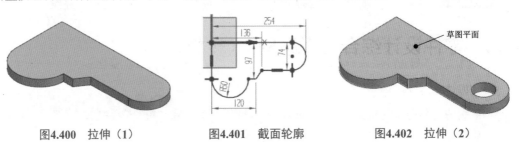

图4.400 拉伸（1）   图4.401 截面轮廓   图4.402 拉伸（2）

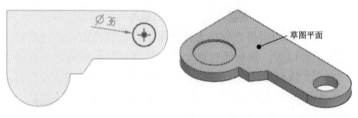

图4.403　截面轮廓　　　　图4.404　拉伸（3）

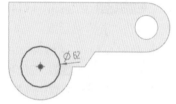

图4.405　截面轮廓

◎ 步骤5　创建如图4.406所示的边倒圆（1）。单击 主页 功能选项卡"基本"区域中的◎按钮，系统会弹出"边倒圆"对话框，在系统的提示下选取如图4.407所示的边线作为圆角对象，在"边倒圆"对话框的"半径1"文本框中输入圆角半径值20，单击"确定"按钮完成边倒圆（1）的创建。

◎ 步骤6　创建如图4.408所示的拉伸（4）。单击 主页 功能选项卡"基本"区域中的◎按钮，在系统的提示下选取

图4.406　边倒圆（1）

如图4.408所示的模型表面作为草图平面，绘制如图4.409所示的草图；在"拉伸"对话框"限制"区域的"终止"下拉列表中选择⊢值选项，在"距离"文本框中输入深度值2（注意拉伸方向），在"布尔"下拉列表中选择"减去"；在"方向"区域单击⊠按钮调整切除的方向；单击"确定"按钮，完成拉伸（4）的创建。

| 说明 | 图4.409所示的草图可通过偏置方式快速得到。 |

图4.407　圆角对象　　　　图4.408　拉伸（4）　　　　图4.409　截面轮廓

◎ 步骤7　创建如图4.410所示的拉伸（5）。单击 主页 功能选项卡"基本"区域中的◎按钮，在系统的提示下选取如图4.410所示的模型表面作为草图平面，绘制如图4.411所示的草图；在"拉伸"对话框"限制"区域的"终止"下拉列表中选择⊟贯通选项，在"布尔"下拉列表中选择"减去"；在"方向"区域单击⊠按钮调整切除的方向；单击"确定"按钮，完成拉伸（5）的创建。

◎ 步骤8　创建如图4.412所示的边倒圆（2）。单击 主页 功能选项卡"基本"区域中的◎按钮，系统会弹出"边倒圆"对话框，在系统的提示下选取如图4.413所示的3根竖直边线作为圆角对象，在"边倒圆"对话框的"半径1"文本框中输入圆角半径值10，单击"确定"按钮完成边倒圆（2）的创建。

○步骤9 创建如图4.414所示的孔（1）。单击 主页 功能选项卡"基本"区域中的 按钮，系统会弹出"孔"对话框，选取如图4.414所示的模型表面作为打孔平面，在打孔面上的任意位置单击（两个点），以初步确定打孔的初步位置，然后通过添加尺寸与几何约束精确定位孔，如图4.415所示，单击 主页 功能选项卡"草图"区域中的 （完成）按钮退出草图环境；在"孔"对话框的"类型"下拉列表中选择"埋头"类型，在"形状"区域的"孔大小"下拉列表中选择"定制"，在"孔径"文本框中输入10，在"埋头直径"文本框中输入14；在"限制"区域的"深度限制"下拉列表中选择"贯通体"；在"孔"对话框中单击"确定"按钮，完成孔的创建。

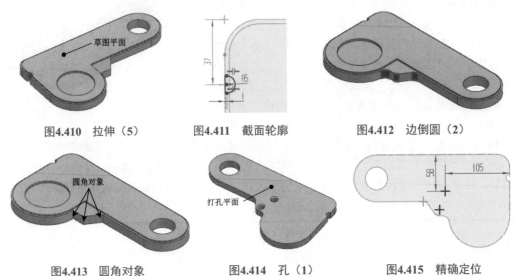

图4.410　拉伸（5）　　　　图4.411　截面轮廓　　　　图4.412　边倒圆（2）

图4.413　圆角对象　　　　图4.414　孔（1）　　　　图4.415　精确定位

○步骤10 创建如图4.416所示的拉伸（6）。单击 主页 功能选项卡"基本"区域中的 按钮，在系统的提示下选取如图4.416所示的模型表面作为草图平面，绘制如图4.417所示的草图；在"拉伸"对话框"限制"区域的"终止"下拉列表中选择 值 选项，在"距离"文本框中输入深度值1.4（注意拉伸方向），在"布尔"下拉列表中选择"减去"；在"方向"区域单击 按钮调整切除的方向；单击"确定"按钮，完成拉伸（6）的创建。

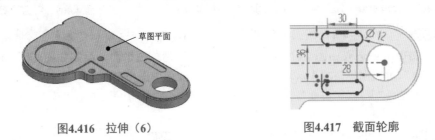

图4.416　拉伸（6）　　　　　　　　图4.417　截面轮廓

○步骤11 创建如图4.418所示的孔（2）。单击 主页 功能选项卡"基本"区域中的 按钮，系统会弹出"孔"对话框，选取如图4.418所示的模型表面作为打孔平面，在打孔面上的任意位置单击（两个点），以初步确定打孔的初步位置，然后通过添加辅助线、尺寸与几何约束精确定位孔，如图4.419所示，单击 主页 功能选项卡"草图"区域中的▨（完成）按钮退出草图环境；在"孔"对话框的"类型"下拉列表中选择"有螺纹"类型，在"形状"区域的"标准"下拉列表中选择 Metric Coarse ，在"大小"下拉列表中选择M4×0.7，在"螺纹深度"文本框中输入6；在"限制"区域的"深度限制"下拉列表中选择"贯通体"；在"孔"对话框中单击"确定"按钮，完成孔的创建。

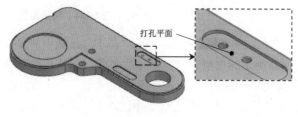

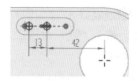

图4.418　孔（2）　　　　　　　　　　　　　　图4.419　精确定位

◎步骤12　创建如图4.420所示的基准平面（1）。选择下拉菜单"插入"→"基准"→"基准平面"命令，系统会弹出"基准平面"对话框；在"基准平面"对话框类型下拉列表中选择"曲线和点"类型，在"子类型"的下拉列表中选择"点和平面/面"类型，选取如图4.421所示的圆弧圆心及"ZX平面"作为参考，其他参数采用默认，单击"确定"按钮，完成基准平面的创建。

◎步骤13　创建如图4.422所示的镜像特征（1）。单击 主页 功能选项卡"基本"区域中的 ⚠镜像特征 按钮，系统会弹出"镜像特征"对话框，选取步骤11创建的孔（2）作为要镜像的特征，在"镜像平面"区域的"平面"下拉列表中选择"现有平面"，激活"选择平面"，选取步骤12创建的"基准平面（1）"作为镜像平面，单击"确定"按钮，完成镜像特征的创建。

图4.420　基准平面（1）　　　　图4.421　定位参考　　　　图4.422　镜像特征（1）

◎步骤14　创建如图4.423所示的孔（3）。单击 主页 功能选项卡"基本"区域中的▣按钮，系统会弹出"孔"对话框，选取如图4.423所示的模型表面作为打孔平面，在打孔面上的任意位置单击（两个点），以初步确定打孔的初步位置，然后通过添加辅助线、尺寸与几何约束精确定位孔，如图4.424所示，单击 主页 功能选项卡"草图"区域中的▨按钮退出草图环境；在"孔"对话框的"类型"下拉列表中选择"有螺纹"类型，在"形状"区域的"标准"下拉列表中选择 Metric Coarse ，在"大小"下拉列表中选择M4×0.7，在"螺纹深度"文本框中输入6；在"限制"区域的"深度限制"下拉列表中选择"贯通体"；在"孔"对话框中单击"确定"按钮，完成孔的创建。

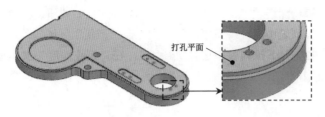

打孔平面

图4.423　孔（3）

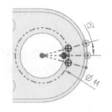

图4.424　精确定位

○ 步骤15　创建如图4.425所示的孔（4）。单击 主页 功能选项卡"基本"区域中的◉按钮，系统会弹出"孔"对话框，选取如图4.425所示的模型表面作为打孔平面，在打孔面上的任意位置单击（一个点），以初步确定打孔的初步位置，然后通过添加辅助线、尺寸与几何约束精确定位孔，如图4.426所示，单击 主页 功能选项卡"草图"区域中的▨按钮退出草图环境；在"孔"对话框的"类型"下拉列表中选择"有螺纹"类型，在"形状"区域的"标准"下拉列表中选择 ，在"大小"下拉列表中选择M4×0.7，在"螺纹深度"文本框中输入6；在"限制"区域的"深度限制"下拉列表中选择"值"，在"孔深"文本框中输入10；在"孔"对话框中单击"确定"按钮，完成孔的创建。

打孔平面

图4.425　孔（4）

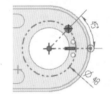

图4.426　精确定位

○ 步骤16　创建如图4.427所示的圆形阵列（1）。单击 主页 功能选项卡"基本"区域中的⊕阵列特征按钮，系统会弹出"阵列特征"对话框；在"阵列特征"对话框"阵列定义"区域的"布局"下拉列表中选择"圆形"；选取步骤14与步骤15创建的"孔（3）"与"孔（4）"特征作为阵列的源对象；在"阵列特征"对话框"旋转轴"区域激活"指定向量"，选取如图4.427所示的圆柱面，在"间距"下拉列表中选择"数量和跨度"，在"数量"文本框中输入4，在"跨角"文本框中输入360；单击"阵列特征"对话框中的"确定"按钮，完成阵列特征的创建。

○ 步骤17　创建如图4.428所示的孔（5）。单击 主页 功能选项卡"基本"区域中的◉按钮，系统会弹出"孔"对话框，选取如图4.428所示的模型表面作为打孔平面，在打孔面上的任意位置单击（4个点），以初步确定打孔的初步位置，然后通过添加尺寸与几何约束精确定位孔，如图4.429所示，单击 主页 功能选项卡"草图"区域中的▨（完成）按钮退出草图环境；在"孔"对话框的"类型"下拉列表中选择"简单"类型，在"形状"区域的"孔大小"下拉列表中选择"定制"，在"孔径"文本框中输入4；在"限制"区域的"深度限制"下拉列表中选择"贯通体"；在"孔"对话框中单击"确定"按钮，完成孔的创建。

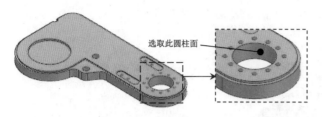

图4.427 圆形阵列（1）

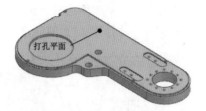

图4.428 孔（5）

○步骤18 创建如图4.430所示的孔（6）。单击[主页]功能选项卡"基本"区域中的⬡按钮，系统会弹出"孔"对话框，选取如图4.430所示的模型表面作为打孔平面，在打孔面上的任意位置单击（4个点），以初步确定打孔的初步位置，然后通过添加辅助线、尺寸与几何约束精确定位孔，如图4.431所示，单击[主页]功能选项卡"草图"区域中的⬚按钮退出草图环境；在"孔"对话框的"类型"下拉列表中选择"有螺纹"类型，在"形状"区域的"标准"下拉列表中选

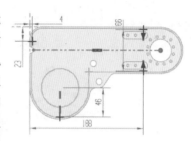

图4.429 精确定位

择 Metric Coarse ，在"大小"下拉列表中选择M2.5×0.45，在"螺纹深度"文本框中输入5；在"限制"区域的"深度限制"下拉列表中选择"值"，在"孔深"文本框中输入6.35；在"孔"对话框中单击"确定"按钮，完成孔的创建。

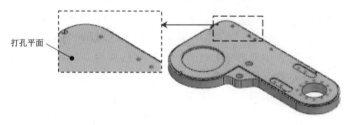

图4.430 孔（6）

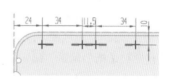

图4.431 精确定位

○步骤19 创建如图4.432所示的孔（7）。单击[主页]功能选项卡"基本"区域中的⬡按钮，系统会弹出"孔"对话框，选取如图4.432所示的模型表面作为打孔平面，在打孔面上的任意位置单击（4个点），以初步确定打孔的初步位置，然后通过添加辅助线、尺寸与几何约束精确定位孔，如图4.433所示，单击[主页]功能选项卡"草图"区域中的⬚按钮退出草图环境；在"孔"对话框的"类型"下拉列表中选择"有螺纹"类型，在"形状"区域的"标准"下拉列表中选择 Metric Coarse ，在"大小"下拉列表中选择M3×0.5，在"螺纹深度"文本框中输入6；"限制"区域的"深度限制"下拉列表中选择"值"，在"孔深"文本框中输入7.5；在"孔"对话框中单击"确定"按钮，完成孔的创建。

○步骤20 创建如图4.434所示的拉伸（7）。单击[主页]功能选项卡"基本"区域中的⬠按钮，在系统的提示下选取如图4.434所示的模型表面作为草图平面，绘制如图4.435所示的草图；在"拉伸"对话框"限制"区域的"终止"下拉列表中选择⬚贯通 选项（注意拉伸方向），在"布尔"下拉列表中选择"减去"；在"方向"区域单击⊠按钮调整切除的方向；单击"确定"按钮，完成拉伸（7）的创建。

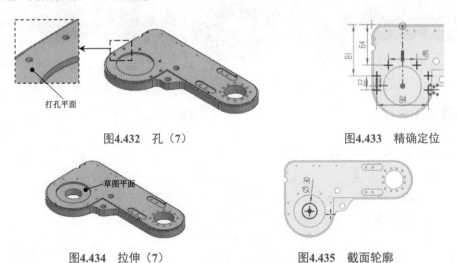

图4.432 孔（7）

图4.433 精确定位

图4.434 拉伸（7）

图4.435 截面轮廓

○步骤21 创建如图4.436所示的孔（8）。单击 主页 功能选项卡"基本"区域中的⬢按钮，系统会弹出"孔"对话框，选取如图4.436所示的模型表面作为打孔平面，在打孔面上的任意位置单击（两个点），以初步确定打孔的初步位置，然后通过添加辅助线、尺寸与几何约束精确定位孔，如图4.437所示，单击 主页 功能选项卡"草图"区域中的◪按钮退出草图环境；在"孔"对话框的"类型"下拉列表中选择"有螺纹"类型，在"形状"区域的"标准"下拉列表中选择 Metric Coarse ，在"大小"下拉列表中选择M4×0.7，在"螺纹深度"文本框中输入8；在"限制"区域的"深度限制"下拉列表中选择"值"，在"孔深"文本框中输入10；在"孔"对话框中单击"确定"按钮，完成孔的创建。

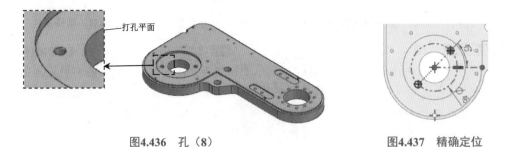

图4.436 孔（8）

图4.437 精确定位

○步骤22 创建如图4.438所示的孔（9）。单击 主页 功能选项卡"基本"区域中的⬢按钮，系统会弹出"孔"对话框，选取如图4.438所示的模型表面作为打孔平面，在打孔面上的任意位置单击（7个点），以初步确定打孔的初步位置，然后通过添加辅助线、尺寸与几何约束精确定位孔，如图4.439所示，单击 主页 功能选项卡"草图"区域中的◪按钮退出草图环境；在"孔"对话框的"类型"下拉列表中选择"有螺纹"类型，在"形状"区域的"标准"下拉列表中选择 Metric Coarse ，在"大小"下拉列表中选择M3×0.5，在"螺纹深度"文本框中输入8；在"限制"区域的"深度限制"下拉列表中选择"贯通体"；在"孔"对话框中单击"确定"按钮，完成孔的创建。

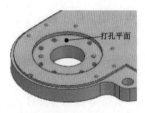

图4.438 孔（9）

○ 步骤23 创建如图4.440所示的拉伸（8）。单击 主页 功能选项卡"基本"区域中的 按钮，在系统的提示下选取如图4.440所示的模型表面作为草图平面，绘制如图4.441所示的草图；在"拉伸"对话框"限制"区域的"终止"下拉列表中选择 值选项，在"距离"文本框中输入深度值4.5（注意拉伸方向），在"布尔"下拉列表中选择"减去"；在"方向"区域单击 按钮调整切除的方向；单击"确定"按钮，完成拉伸（8）的创建。

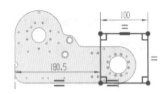

图4.439 精确定位 　　　图4.440 拉伸（8）　　　图4.441 截面轮廓

○ 步骤24 创建如图4.442所示的拉伸（9）。单击 主页 功能选项卡"基本"区域中的 按钮，在系统的提示下选取如图4.442所示的模型表面作为草图平面，绘制如图4.443所示的草图；在"拉伸"对话框"限制"区域的"终止"下拉列表中选择 值选项，在"距离"文本框中输入深度值4（注意拉伸方向），在"布尔"下拉列表中选择"减去"；在"方向"区域单击 按钮调整切除的方向；单击"确定"按钮，完成拉伸（9）的创建。

○ 步骤25 创建如图4.444所示的拉伸（10）。单击 主页 功能选项卡"基本"区域中的 按钮，在系统的提示下选取如图4.444所示的模型表面作为草图平面，绘制如图4.445所示的草图；在"拉伸"对话框"限制"区域的"终止"下拉列表中选择 值选项，在"距离"文本框中输入深度值4（注意拉伸方向），在"布尔"下拉列表中选择"减去"；在"方向"区域单击 按钮调整切除的方向；单击"确定"按钮，完成拉伸（10）的创建。

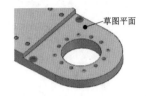

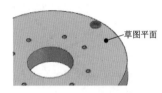

图4.442 拉伸（9）　图4.443 截面轮廓　　图4.444 拉伸（10）　　图4.445 截面轮廓

○ 步骤26 创建如图4.446所示的孔（10）。单击 主页 功能选项卡"基本"区域中的 按钮，系统会弹出"孔"对话框，选取如图4.446所示的模型表面作为打孔平面，在打孔面上的任意位置单击（6个点），以初步确定打孔的初步位置，然后通过添加辅助线、尺寸与几何约束精确定位孔，如图4.447所示，单击 主页 功能选项卡"草图"区域中的 按钮退出草图环境；在"孔"对话框的"类型"下拉列表中选择"有螺纹"类型，在"形状"区域的"标准"下拉列表中选择 Metric Coarse ，在"大小"下拉列表中选择M4×0.7，在"螺纹深度"文本框中输入4；在"限制"区域的"深度限制"下拉列表中选择"值"，在"孔深"文本框中输入8；在"孔"对话框中单击"确定"按钮，完成孔的创建。

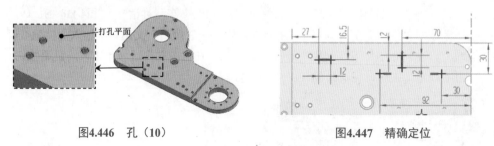

图4.446　孔（10）　　　　　　　　　　图4.447　精确定位

○ 步骤27　保存文件。选择"快速访问工具条"中的"保存"命令，完成保存操作。

第 5 章　UG NX钣金设计

5.1　钣金设计入门

5.1.1　钣金设计概述

钣金件是指利用金属的可塑性，针对金属薄板，通过折弯、冲裁及成型等工艺，制造出单个钣金零件，然后通过焊接、铆接等装配成的钣金产品。

钣金零件的特点：

（1）同一零件的厚度一致。

（2）在钣金壁与钣金壁的连接处是通过折弯连接的。

（3）质量轻、强度高、导电、成本低。

（4）大规模量产性能好、材料利用率高。

学习钣金零件特点的作用：判断一个零件是否是一个钣金零件，只有同时符合前两个特点的零件才是一个钣金零件，才可以通过钣金的方式来具体实现，否则就不可以。

正是由于有这些特点的存在，所以钣金件的应用非常普遍，例如机械、电子、电器、通信、汽车工业、医疗器械、仪器仪表、航空航天、机电设备的支撑（电气控制柜）及护盖（机床外围护盖）等。在一些特殊的金属制品中，钣金件可以占到80%左右，几种常见钣金设备如图5.1所示。

图5.1　常见钣金设备

5.1.2　钣金设计的一般过程

使用UG NX进行钣金件设计的一般过程如下：

（1）新建一个"钣金"文件，进入钣金建模环境。

（2）以钣金件所支持或者所保护的零部件大小和形状为基础，创建基础钣金特征。

> **说明**　在零件设计中，我们创建的第1个实体特征被称为基础特征，创建基础特征的方法很多，例如拉伸特征、旋转特征、扫掠特征及通过曲线组特征等；同样的道理，在创建钣金零件时，创建的第1个钣金实体特征被称为基础钣金特征，创建基础钣金实体特征的方法有很多，例如突出块、轮廓弯边及放样弯边等。

（3）创建附加钣金壁。在创建完基础钣金后，往往需要根据实际情况添加其他的钣金壁，UG NX软件提供了很多创建附加钣金壁的方法，例如突出块、弯边、高级弯边、放样弯边及桥接折弯等。

（4）创建钣金实体特征。在创建完主体钣金后，还可以随时创建一些实体特征，例如法向开孔、拉伸及倒角等。

（5）创建钣金的折弯。

（6）创建钣金的展开。

（7）创建钣金工程图。

5.2　钣金法兰（钣金壁）

5.2.1　突出块

使用"突出块"命令可以创建出一个平整的薄板，它是一个钣金零件的"基础"，其他的钣金特征（如冲孔、成型、折弯、切割等）都要在这个"基础"上构建，因此这个平整的薄板就是钣金件最重要的部分。

1. 创建基本突出块

基本突出块是创建一个平整的钣金的基础特征，在创建这类钣金时，需要绘制钣金壁的正面轮廓草图（必须为封闭的线条）。下面以如图5.2所示的模型为例，来说明创建基本突出块的一般操作过程。

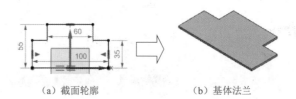

（a）截面轮廓　　　　　（b）基体法兰

图5.2　基本突出块

◎步骤1　新建文件。选择"快速访问工具条"中的🗋命令，在"新建"对话框中选择"NX 钣金"模板，在名称文本框中输入"基本突出块"，将工作目录设置为D:\UG2206\work\ch05.02\01\，然后单击"确定"按钮进入钣金设计环境。

◎步骤2　设置钣金默认参数。选择下拉菜单"首选项"→"钣金"命令，系统会弹出如图5.3所示的"钣金首选项"对话框，在"材料厚度"文本框中输入3。

图5.3所示"钣金首选项"对话框部分选项的说明如下。

（1）材料厚度文本框：用于设置钣金默认的厚度值。

（2）折弯半径文本框：用于设置钣金默认的折弯半径值。

（3）让位槽深度文本框：用于设置钣金默认让位槽（释放槽）的深度。

（4）让位槽宽度文本框：用于设置钣金默认让位槽（释放槽）的宽度。

（5）折弯定义方法 区域：用于设置钣金展开计算的方法与参数。

◎步骤3　选择命令。单击 主页 功能选项卡"基本"区域中的◇（突出块）按钮（或者选择下拉菜单"插入"→"突出块"命令），系统会弹出如图5.4所示的"突出块"对话框。

图5.3　"钣金首选项"对话框

图5.4　"突出块"对话框

◎步骤4　绘制截面轮廓。在系统 选择要绘制的平面,或为截面选择曲线 下，选取"XY平面"作为草图平面，进入草图环境，绘制如图5.5所示的截面草图，绘制完成后单击 主页 选项卡"草图"区域的❎按钮退出草图环境。

◎步骤5　定义钣金的厚度方向。采用系统默认的厚度方向。

◎步骤6　完成创建。单击"突出块"对话框中的"确定"按钮，完成突出块的创建。

图5.5　截面轮廓

2. 创建附加突出块

附加突出块是在已有的钣金壁的表面添加正面平整的钣金薄壁材料，其壁厚无须用户定义，系统会自动设定为与已存在钣金壁的厚度相同。下面以如图5.6所示的模型为例，来说明创建附加突出块的一般操作过程。

▶️ 4min

◎步骤1　打开文件D:\UG2206\work\ch05.02\01\附加突出块-ex。

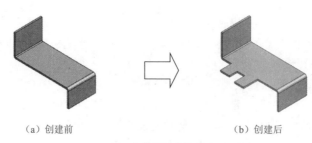

（a）创建前　　　　　　　　　　　　（b）创建后

图5.6　附加突出块

◎步骤2　选择命令。单击 主页 功能选项卡"基本"区域中的 ◇ 按钮，系统会弹出"突出块"对话框。

◎步骤3　定义类型。在"突出块"对话框的"类型"下拉列表中选择"次要"。

◎步骤4　选择草图平面。在系统的提示下选取如图5.7所示的模型表面作为草图平面，进入草图环境。

> **注意**　绘制草图的面或基准面的法线必须与钣金的厚度方向平行。

◎步骤5　绘制截面轮廓。在草图环境中绘制如图5.8所示的截面轮廓，绘制完成后单击 主页 选项卡"草图"区域的 ❖ 按钮退出草图环境。

图5.7　草图平面

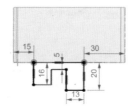

图5.8　截面轮廓

◎步骤6　定义突出块参数。所有参数均采用系统默认。

◎步骤7　完成创建。单击"突出块"对话框中的"确定"按钮，完成附加突出块的创建。

5.2.2　弯边

钣金弯边是在现有钣金壁的边线上创建出带有折弯和弯边区域的钣金壁，所创建的钣金壁与原有基础钣金的厚度一致。

在创建钣金弯边时，需要在现有钣金的基础上选取一条或者多条边线作为钣金弯边的附着边，然后定义弯边的形状、尺寸及角度即可。

> **说明**　钣金弯边的附着边只可以是直线。

下面以创建如图5.9所示的钣金弯边为例，介绍创建钣金弯边的一般操作过程。

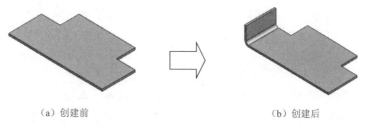

（a）创建前　　　　　　　　　　（b）创建后

图5.9　钣金弯边

○ 步骤1　打开文件D:\UG2206\work\ch05.02\02\钣金弯边-ex。

○ 步骤2　选择命令。单击 主页 功能选项卡"基本"区域中的 按钮，系统会弹出如图5.10所示的"弯边"对话框。

○ 步骤3　定义附着边。选取如图5.11所示的边线作为弯边的附着边。

图5.10　"弯边"对话框

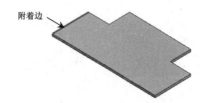

附着边

图5.11　选取附着边

| 注意 | 附着边可以是一条或者多条直线边，但不可以是直线以外的其他边线，否则会弹出如图5.12所示的"警报"对话框。 |

警报

边无效。

图5.12　"警报"对话框

○ 步骤4　定义钣金参数。在"宽度选项"下拉列表中选择"完整"，在"长度"文本框中输入20，在"角度"文本框中输入90，在"参考长度"下拉列表中选择"外侧"，在"内嵌"下拉列表中选择"材料内侧"，在"偏置"文本框中输入0，其他参数均采用默认。

○ 步骤5　完成创建。单击"弯边"对话框中的"确定"按钮，完成弯边的创建。

图5.10所示"弯边"对话框部分选项的说明如下。

（1） ：用于设置弯边的附着边。可以是单条边线，如图5.9（b）所示；可以是多条边线，如图5.13所示。

（2）**宽度选项** 下拉列表：用于设置附着边的宽度类型。

☐ **完整** 选项：在基础特征的整个线性边上都应用弯边，如图5.9（b）所示。

☐ **在中心** 选项：在线性边的中心位置放置弯边，然后对称地向两边拉伸一定的距离，如图5.14所示。

☐ **在端点** 选项：将弯边特征放置在选定的直边的端点位置，然后以此端点为起点拉伸弯边的宽度，如图5.15所示。

图5.13　多条边线　　　　　图5.14　在中心　　　　　图5.15　在端点

☐ **从两端** 选项：在线性边的中心位置放置弯边，然后利用距离1和距离2设置弯边的宽度，如图5.16所示。

☐ **从端点** 选项：在所选折弯边的端点定义距离来放置弯边，如图5.17所示。

（3）**长度** 文本框：用于设置弯边的长度。

（4）**长度** 文本框前的☒按钮：单击此按钮，可切换折弯长度的方向，如图5.18所示。

（a）反向前　　　（b）反向后

图5.16　从两端　　　　图5.17　从端点　　　　图5.18　折弯方向

（5）**角度** 文本框：用于设置钣金的折弯角度，如图5.19所示。

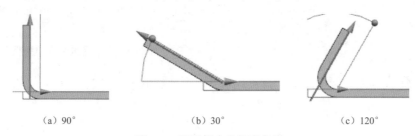

（a）90°　　　　　　　　（b）30°　　　　　　　　（c）120°

图5.19　设置钣金的折弯角度

（6）**参考长度** 下拉列表：用于设置弯边长度的参考。

☐ **内侧** 选项：用于表示钣金深度，即从折弯面的内侧端部开始计算，直到折弯平面区域的端部为止的距离，如图5.20所示。

 外侧 选项：用于表示钣金深度，即从折弯面的外侧端部开始计算，直到折弯平面区域的端部为止的距离，如图5.21所示。

 腹板 选项：用于表示钣金深度，即平直钣金段的长度，如图5.22所示。

 相切 选项：用于表示钣金深度，即从折弯面相切虚拟交点开始计算，到折弯面区域端面的距离，如图5.23所示。

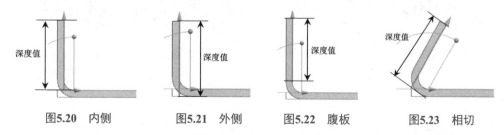

图5.20　内侧　　　　图5.21　外侧　　　　图5.22　腹板　　　　图5.23　相切

（7） 内嵌 下拉列表：用于设置弯边相对于附着边的位置。

 材料内侧 选项：用于使弯边的外侧面与线性边平齐，此时钣金的总体长度不变，如图5.24所示。

 材料外侧 选项：用于使弯边的内侧面与线性边平齐，此时钣金的总体长度将多出一个板厚，如图5.25所示。

 折弯外侧 选项：用于将折弯特征直接加在基础特征上，以此来添加材料而不改变基础特征尺寸，此时钣金的总体长度将多出一个板厚加一个折弯半径，如图5.26所示。

图5.24　材料内侧　　　　图5.25　材料外侧　　　　图5.26　折弯外侧

（8） 偏置 文本框：用于在原有参数钣金壁的基础上向内或者向外偏置一定距离而得到钣金壁，如图5.27所示。

（a）向内偏移　　　　（b）正常　　　　（c）向外偏移

图5.27　偏置

（9） 拐角止裂口 下拉列表：用于设置拐角止裂口的参考。

 仅折弯 选项：用于裁剪相邻折弯处的材料，如图5.28所示。

 折弯/面 选项：用于裁剪相邻折弯及面的材料，如图5.29所示。

 折弯/面链 选项：用于裁剪相邻折弯及相切的所有面的材料，如图5.30所示。

 无 选项：用于不裁剪任何材料，如图5.31所示。

图5.28　仅折弯　　　图5.29　折弯/面　　　图5.30　折弯/面链　　　图5.31　无

5.2.3　轮廓弯边

1. 创建基本轮廓弯边

基本轮廓弯边是创建一个轮廓弯边的钣金基础特征，在创建该钣金特征时，需要绘制钣金壁的侧面轮廓草图（必须为不封闭的线条）。下面以如图5.32所示的模型为例，来说明创建基本轮廓弯边的一般操作过程。

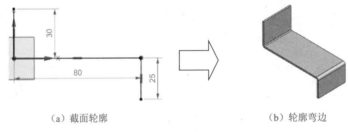

（a）截面轮廓　　　　　　　　　　　　　　　　（b）轮廓弯边

图5.32　基本轮廓弯边

> **说明**　　轮廓弯边和突出块都是常用的钣金基体的创建工具，突出块的草图必须是封闭的，而轮廓弯边的草图必须是开放的。

步骤1　新建文件。选择"快速访问工具条"中的 命令，在"新建"对话框中选择"NX 钣金"模板，在名称文本框中输入"基本轮廓弯边"，将工作目录设置为D:\UG2206\work\ch05.02\03\，然后单击"确定"按钮进入钣金建模环境。

步骤2　设置钣金默认参数。选择下拉菜单"首选项"→"钣金"命令，系统会弹出"钣金首选项"对话框，在"材料厚度"文本框中输入2，在"折弯半径"文本框中输入1，单击"确定"按钮完成设置。

步骤3　选择命令。单击 功能选项卡"基本"区域中的 （轮廓弯边）按钮（或者选择下拉菜单"插入"→"折弯"→"轮廓弯边"命令），系统会弹出如图5.33所示的"轮廓弯边"对话框。

步骤4　绘制截面轮廓。在系统 选择要绘制的平面，或为截面选择曲线 下，选取"ZX平面"作为草图平面，进入草图环境，绘制如图5.34所示的截面草图，绘制完成后单击 主页 选项卡"草图"区域的 ❈ 按钮退出草图环境。

图5.33　"轮廓弯边"对话框

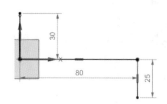

图5.34　截面轮廓

○ 步骤5　定义钣金的厚度方向。采用系统默认的厚度方向。

○ 步骤6　定义钣金的宽度参数。在"宽度"区域的"宽度选项"下拉列表中选择"对称"，在"宽度"文本框中输入40。

○ 步骤7　完成创建。单击"轮廓弯边"对话框中的"确定"按钮，完成轮廓弯边的创建。

2. 创建附加轮廓弯边

附加轮廓弯边是根据用户定义的侧面形状并沿着已存在的钣金体的边缘进行拉伸所形成的钣金特征，其壁厚与原有钣金壁厚相同。下面以如图5.35所示的模型为例，来说明创建附加轮廓弯边的一般操作过程。

4min

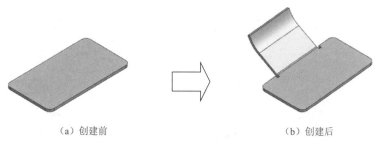

（a）创建前　　　　　　　　（b）创建后

图5.35　附加轮廓弯边

○ 步骤1　打开文件D:\UG2206\work\ch05.02\03\附加轮廓弯边-ex。

○ 步骤2　选择命令。单击 主页 功能选项卡"基本"区域中的 ▱（轮廓弯边）按钮，系统会弹出如图5.36所示的"轮廓弯边"对话框。

◎步骤3 定义类型。在"轮廓弯边"对话框的"类型"下拉列表中选择"次要"。

◎步骤4 定义轮廓弯边截面。单击 按钮，系统会弹出"创建草图"对话框，将选择过滤器设置为"单条曲线"，选取如图5.37所示的模型边线作为路径（靠近右侧选取），在"平面位置"区域"位置"下拉列表中选择"弧长"，然后在"弧长"后的文本框中输入20，单击"平面方向"区域的⊠按钮，调整方向如图5.38所示，单击"确定"按钮，绘制如图5.39所示的截面草图。

◎步骤5 定义宽度类型并输入宽度值。在"宽度选项"下拉列表中选择"有限"；在"宽度"文本框中输入距离值60。

◎步骤6 完成创建。单击"轮廓弯边"对话框中的"确定"按钮，完成轮廓弯边的创建。

图5.36所示"轮廓弯边"对话框部分选项的说明如下。

（1）宽度选项 下拉列表：用于设置轮廓弯边的宽度类型。

图5.36 "轮廓弯边"对话框

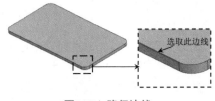

图5.37 路径边线

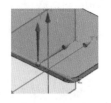

图5.38 方向

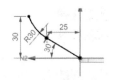

图5.39 截面草图

有限 选项：表示特征将从草绘平面开始，按照所输入的数值（深度值）向特征创建的方向一侧创建轮廓弯边，如图5.40所示。

对称 选项：表示特征将在草绘平面两侧进行拉伸以创建轮廓弯边，输入的深度值被草绘平面平均分割，草绘平面两边的深度值相等，如图5.41所示。

末端 选项：表示特征将从草绘平面开始拉伸至选定的边线的终点以创建轮廓弯边，如图5.42所示。

图5.40 有限

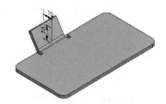

图5.41 对称

图5.42 末端

链 选项：表示特征将以所选择的一系列边线作为路径进行拉伸以创建轮廓弯边，如图5.43所示。

（2）折弯止裂口 下拉列表：用于设置折弯止裂口的参数。

正方形 选项：用于在附加钣金壁的连接处将主壁材料切割成矩形缺口，以此来构建止裂口，如图5.44所示。

图5.43　链　　　　　　　　　　　　　　图5.44　正方形

圆形 选项：用于在附加钣金壁的连接处将主壁材料切割成长圆弧形缺口，以此来构建止裂口，如图5.45所示。

无 选项：用于在附加钣金壁的连接处通过垂直切割主壁材料至折弯线处，如图5.46所示。

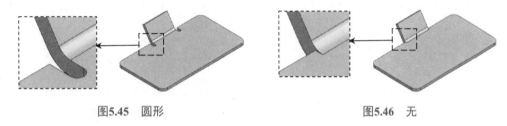

图5.45　圆形　　　　　　　　　　　　　图5.46　无

（3）深度 文本框：用于设置止裂口的深度。

（4）宽度 文本框：用于设置止裂口的宽度。

（5）延伸止裂口 复选框：用于定义是否将折弯缺口延伸到零件的边。

（6）斜接 区域：用于设置轮廓弯边的开始端和结束端的斜接选项。

斜接角 选项：在创建轮廓弯边的同时创建斜接。

开孔 下拉列表中的 垂直于厚度面 选项：使轮廓弯边的端部斜接垂直于厚度面，如图5.47所示。

开孔 下拉列表中的 垂直于源面 选项：使轮廓弯边的端部斜接垂直于源面，如图5.48所示。

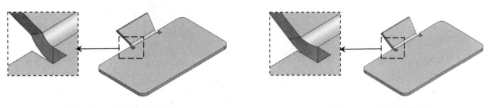

图5.47　垂直于厚度面　　　　　　　　　图5.48　垂直于源面

角度 选项：用于设置轮廓弯边开始端部和结束端部的斜接角度值，角度值可以为正值、负值或零，其中正值表示添加材料，即向弯边的外侧斜接，负值表示移除材料，即向弯边的内侧斜接，如图5.49所示。

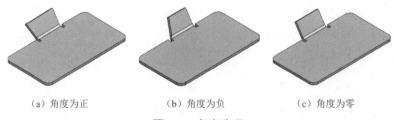

（a）角度为正　　　　　　　（b）角度为负　　　　　　　（c）角度为零

图5.49　角度选项

（7）拐角 区域：用于设置轮廓弯边的拐角选项（此选项只针对在多条边线上创建轮廓弯边有效）。

☑封闭拐角 复选框：用于定义封闭的内部拐角。

处理 下拉列表中的 ⑩打开 选项：用于对轮廓弯边的折弯面采用开放处理，如图5.50所示。

处理 下拉列表中的 ⑩封闭 选项：用于对轮廓弯边的折弯面不进行任何调整，直到边交叉时才闭合折弯面，如图5.51所示。

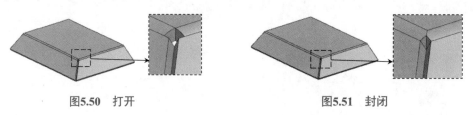

图5.50　打开　　　　　　　　　　　　　　　图5.51　封闭

处理 下拉列表中的 ⬮圆形开孔 选项：用于对轮廓弯边的折弯面采用圆形除料处理，如图5.52所示。

处理 下拉列表中的 ⬮U形开孔 选项：用于对轮廓弯边的折弯面采用U形除料处理，如图5.53所示。

图5.52　圆形除料　　　　　　　　　　　　　图5.53　U形除料

处理 下拉列表中的 ⬮V形开孔 选项：用于对轮廓弯边的折弯面采用V形除料处理，如图5.54所示。

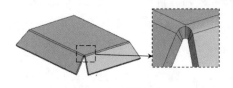

图5.54　V形除料

5.2.4　放样弯边

1. 创建基本放样弯边

基础放样弯边特征是以两组开放的截面线串来创建一个放样弯边的钣金基础特征。

11min

| 说明 | 放样弯边的截面轮廓必须同时满足两个特点，即截面必须开放和截面数量必须是两个。 |

下面以创建如图5.55所示的天圆地方钣金为例，介绍创建基础放样弯边的一般操作过程。

图5.55　基本放样弯边

○步骤1　新建文件。选择"快速访问工具条"中的 ⬛ 命令，在"新建"对话框中选择"NX 钣金"模板，在名称文本框中输入"基本放样弯边"，将工作目录设置为D:\UG2206\work\ch05.02\04\，然后单击"确定"按钮进入钣金建模环境。

○步骤2　设置钣金默认参数。选择下拉菜单"首选项"→"钣金"命令，系统会弹出"钣金首选项"对话框，在"材料厚度"文本框中输入2，单击"确定"按钮完成设置。

○步骤3　创建如图5.56所示的草图1。单击 主页 功能选项卡"构造"区域中的草图 ✐ 按钮，选取"XY平面"作为草图平面，绘制如图5.56所示的草图。

○步骤4　创建基准平面1。单击 主页 功能选项卡"构造"区域 ◇ 下的 ▾ 按钮，选择 ◇ 基准平面 命令，在类型下拉列表中选择"按某一距离"类型，选取"XY平面"作为参考平面，在"偏置"区域的"距离"文本框中输入偏置距离50，单击"确定"按钮，完成基准平面的定义，如图5.57所示。

○步骤5　创建如图5.58所示的草图2。单击 主页 功能选项卡"构造"区域中的草图 ✐ 按钮，选取步骤4创建的基准平面1作为草图平面，绘制如图5.58所示的草图。

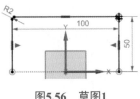

图5.56　草图1

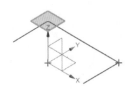

图5.57　基准平面1

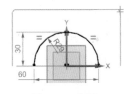

图5.58　草图2

○步骤6　选择命令。单击 主页 功能选项卡"基本"区域 ⬛ 下的 ▾ 按钮，选择 ✐ 放样弯边 命令（或者选择下拉菜单"插入"→"折弯"→"放样弯边"命令），系统会弹出如图5.59所示的"放样弯边"对话框。

○步骤7　定义起始截面。确认"起始截面"区域的"选择曲线"被激活，选取步骤3创建的草图1作为起始截面，按鼠标中键确认。

○步骤8　定义终止截面。激活"终止截面"区域的"选择曲线"，然后选取步骤5创建的草图2作为终止截面。

○步骤9　定义钣金厚度方向。在"放样弯边"对话框的"厚度"区域中单击 ⊠ 按钮，厚度方向朝外。

○步骤10　完成创建。单击"放样弯边"对话框中的"确定"按钮，完成放样弯边的创建，如图5.60所示。

○ 步骤11　创建如图5.61所示的镜像体。选择下拉菜单"插入"→"关联复制"→"镜像体"命令，系统会弹出"镜像体"对话框，选取步骤10创建的实体作为要镜像的体，激活"镜像平面"区域的"选择平面"，选取"ZX平面"作为镜像中心平面，单击"镜像体"对话框中的"确定"按钮，完成镜像体的创建。

图5.59　"放样弯边"对话框

图5.60　放样弯边

图5.61　镜像体

2. 创建附加放样弯边

▶ 5min

附加放样弯边是在已存在的钣金特征的表面定义两组开放的截面线串来创建一个钣金薄壁，其壁厚与基础钣金厚度相同。下面以如图5.62所示的模型为例，来说明创建附加放样弯边的一般操作过程。

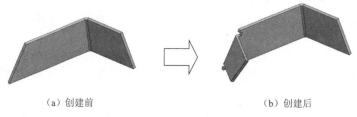

（a）创建前　　　　　　　　　　（b）创建后

图5.62　附加放样弯边

○ 步骤1　打开文件D:\UG2206\work\ch05.02\04\附加放样弯边-ex。

○ 步骤2　选择命令。单击 主页 功能选项卡"基本"区域 下的 按钮，选择 放样弯边 命令，系统会弹出"放样弯边"对话框。

○ 步骤3　定义类型。在"放样弯边"对话框"类型"区域的下拉列表中选择"次要"。

○ 步骤4　定义起始截面。单击"放样弯边"对话框"起始截面"区域中的 "绘制起始截面"按钮，系统会弹出"创建草图"对话框，选取如图5.63所示的边线路径（靠近下侧选取），在"平面位置"区域的"位置"下拉列表中选择"弧长百分比"，在"弧长百分比"后输入15（确认位置靠近下侧），其他参数采用默认，单击"确定"按钮，绘制如图5.64所示的草图，单击"完成"按钮完成起始截面的定义。

○ 步骤5 定义终止截面。单击"放样弯边"对话框"终止截面"区域中的 █ "绘制终止截面"按钮，系统会弹出"创建草图"对话框，选取如图5.63所示的边线路径（靠近上侧选取），在"平面位置"区域的"位置"下拉列表中选择"弧长百分比"，在"弧长百分比"后输入15（确认位置靠近上侧），其他参数采用默认，单击"确定"按钮，绘制如图5.65所示的草图，单击"完成"按钮完成终止截面的定义。

○ 步骤6 完成创建。单击"放样弯边"对话框中的"确定"按钮，完成放样弯边的创建，如图5.62（b）所示。

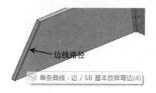

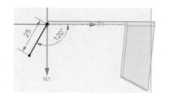

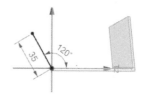

| 图5.63 边线路径 | 图5.64 起始截面 | 图5.65 终止截面 |

5.2.5 折边弯边

"折边弯边"命令可以在钣金模型的边线上添加不同的卷曲形状。在创建折边弯边时，需要先在现有的钣金壁上选取一条或者多条边线作为折边弯边的附着边，其次需要定义其侧面形状及尺寸等参数。

下面以创建如图5.66所示的钣金壁为例，介绍创建折边弯边的一般操作过程。

（a）创建前　　　　　　　　　　　　（b）创建后

图5.66 折边弯边

○ 步骤1 打开文件D:\UG2206\work\ch05.02\05\折边弯边-ex。

○ 步骤2 选择命令。选择下拉菜单"插入"→"折弯"→"折边"命令，系统会弹出如图5.67所示的"折边"对话框。

○ 步骤3 定义折边类型。在"折边"对话框的"类型"下拉列表中选择"开放"类型。

○ 步骤4 定义附着边。选取如图5.68所示的边线作为附着边。

○ 步骤5 定义内嵌选项。在"内嵌选项"区域的"内嵌"下拉列表中选择"材料内侧"。

○ 步骤6 定义折弯参数。在"折弯参数"区域的 2.弯边长度 文本框中输入15，单击 1.折弯半径 文本框中的 = ，选择"使用局部值"命令，然后在文本框中输入2.5。

○ 步骤7 完成创建。单击"折边"对话框中的"确定"按钮，完成折边弯边的创建，如图5.66（b）所示。

图5.67 "折边"对话框

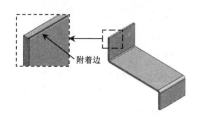

图5.68 选取附着边

图5.67所示"折边"对话框部分选项的说明如下。

（1） 封闭 类型：用于控制折边的内壁与附着边所在的面之间几乎重合（有0.004的间距），此间隙不可调整，效果如图5.69所示。

（2） 开放 类型：用于控制折边的内壁与附着边所在的面之间有一定的间隙，并且此间隙可调整，效果如图5.70所示。

（3） S形 类型：用于创建S形的钣金壁，当选择此类型时需要设置两个半径与两个长度参数，效果如图5.71所示。

（4） 卷曲 类型：用于创建卷曲形的钣金壁，当选择此类型时需要设置两个半径与两个长度参数，第一折弯半径必须大于第二折弯半径，效果如图5.72所示。

（5） 开环 类型：用于创建开环形的钣金壁，当选择此类型时需要设置半径与角度参数，效果如图5.73所示。

图5.69 封闭   图5.70 开放   图5.71 S形   图5.72 卷曲   图5.73 开环

（6）闭环 类型：用于创建闭环形的钣金壁，当选择此类型时需要设置半径与长度参数，效果如图5.74所示。

（7）中心环 类型：用于创建中心环形的钣金壁，当选择此类型时需要设置两个半径与角度参数，效果如图5.75所示。

（8）内嵌 下拉列表：用于设置折边相对于附着边的位置。

材料内侧 选项：用于使折边弯边的外侧面与线性边平齐，此时钣金的总体高度不变，如图5.76所示。

材料外侧 选项：用于使折边弯边的内侧面与线性边平齐，此时钣金的总体高度将多出一个板厚，如图5.77所示。

折弯外侧 类型：用于将折边弯边特征直接加在基础特征上，以此来添加材料而不改变基础特征尺寸，此时钣金的总体高度将多出一个板厚加一个折弯半径，如图5.78所示。

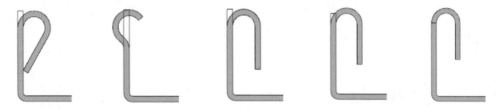

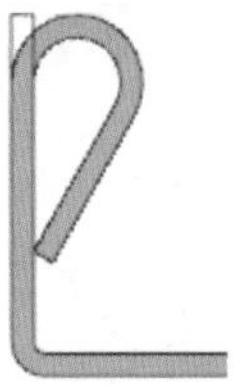
图5.74 闭环

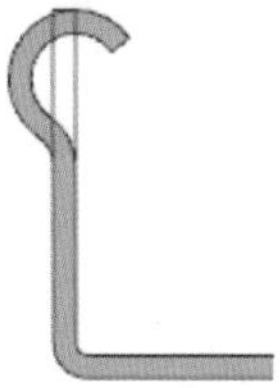
图5.75 中心环

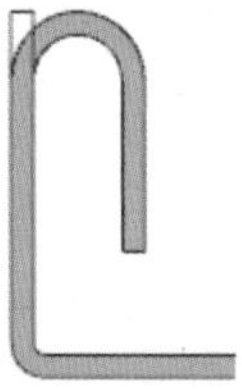
图5.76 材料内侧

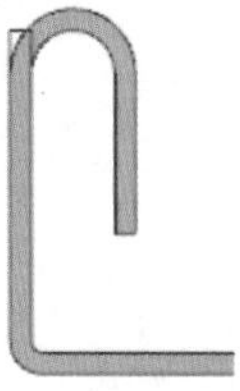
图5.77 材料外侧

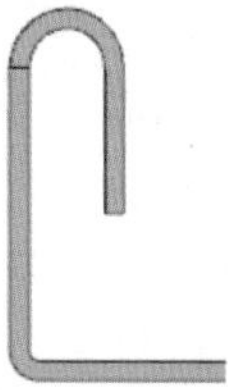
图5.78 折弯外侧

5.2.6 桥接折弯

4min

“桥接折弯”命令可以在两个独立的钣金体之间创建一个过渡的钣金几何体，并且将其合并。下面以创建如图5.79所示的钣金壁为例，介绍创建桥接折弯的一般操作过程。

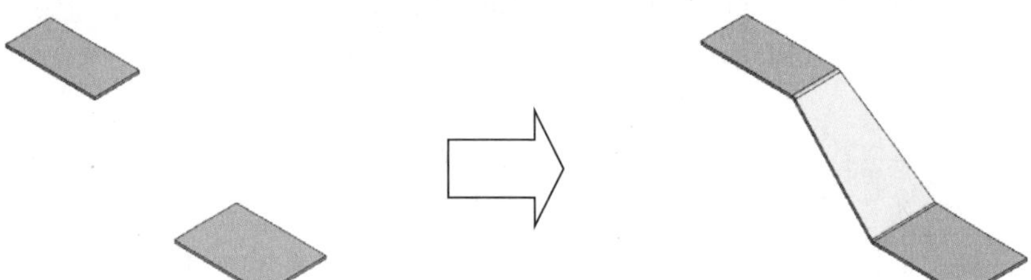
（a）创建前　（b）创建后

图5.79 桥接折弯

步骤1 打开文件D:\UG2206\work\ch05.02\06\桥接折弯-ex。

步骤2 选择命令。选择下拉菜单“插入”→“折弯”→“桥接折弯”命令，系统会弹出如图5.80所示的“桥接折弯”对话框。

步骤3 定义桥接类型。在“桥接折弯”对话框的“类型”下拉列表中选择“Z或U过渡”类型。

　◎步骤4　定义过渡边。选取如图5.81所示的边线1作为起始边，选取如图5.81所示的边线2作为终止边。

> **注意**　在选取过渡边时，如果选取上方钣金上侧的边线，则在选取下方钣金变现时也需要选取上侧的边线，否则会弹出如图5.82所示的错误警报。

　◎步骤5　定义宽度参数。在"宽度"区域的"宽度选项"下拉列表中选择"完整的起始边和终止边"。

　◎步骤6　完成创建。单击"桥接折弯"对话框中的"确定"按钮，完成桥接折弯的创建，如图5.79（b）所示。

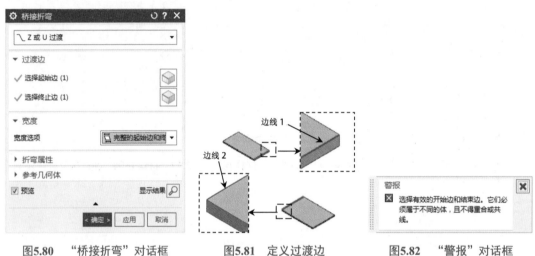

图5.80　"桥接折弯"对话框　　　图5.81　定义过渡边　　　图5.82　"警报"对话框

图5.80所示"桥接折弯"对话框部分选项的说明如下。

（1）╲Z或U过渡 类型：用于选用Z形，如图5.83所示，或者选用U形，如图5.84所示，创建过渡几何体。

（2）⊃折起过渡 类型：用于用折起过渡的形式创建过渡几何体，效果如图5.85所示。

（3）宽度选项 下拉列表：用于设置桥接折弯的宽度参数。

╤有限 类型：用于在指定点的有限范围内创建桥接折弯，效果如图5.86所示。

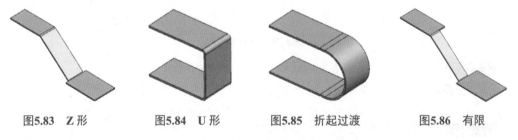

图5.83　Z形　　　图5.84　U形　　　图5.85　折起过渡　　　图5.86　有限

⫚对称 类型：用于在指定点的对称范围内创建桥接折弯，效果如图5.87所示。

完整的起始边 类型：用于创建与原始边宽度一致的桥接折弯，效果如图5.88所示。

完整的终止边 类型：用于创建与终止边宽度一致的桥接折弯，效果如图5.89所示。

完整的起始边和终止边 类型：用于创建与起始边和终止边均等长的桥接折弯，效果如图5.90所示。

图5.87　对称

图5.88　完整的起始边

图5.89　完整的终止边

图5.90　完整的起始边和终止边

5.2.7　高级弯边

4min

"高级弯边"命令可以使用折弯角或者参考面沿一条边或者多条边线添加弯边，该边线和参考面可以是弯曲的。下面以创建如图5.91所示的钣金壁为例，介绍创建高级弯边的一般操作过程。

（a）创建前　　　　　　　　　　（b）创建后

图5.91　高级弯边

○ 步骤1　打开文件D:\UG2206\work\ch05.02\07\高级弯边-ex。

○ 步骤2　选择命令。选择下拉菜单"插入"→"高级钣金"→"高级弯边"命令，系统会弹出如图5.92所示的"高级弯边"对话框。

○ 步骤3　定义高级弯边类型。在"高级弯边"对话框的"类型"下拉列表中选择"按值"类型。

○ 步骤4　定义附着边。在系统的提示下选取如图5.93所示的边线作为高级弯边的附着边。

○ 步骤5　定义弯边属性。在"弯边属性"区域的"长度"文本框中输入30，方向向上，在"角度"文本框中输入90，在"参考长度"下拉列表中选择"外侧"，在"内嵌"下拉列表中选择"材料内侧"。

○ 步骤6　完成创建。单击"高级弯边"对话框中的"确定"按钮，完成高级弯边的创建，如图5.91（b）所示。

图5.92所示"高级弯边"对话框部分选项的说明如下。

（1） 🗋按值 类型：用于通过折弯角和长度沿着附着边添加弯边，附着边可以是线性或者非线性的。

（2） 🞐引用 类型：用于使用参考面沿附着边添加弯边，参考面可以是平面的，也可以是曲面的，效果如图5.94所示。

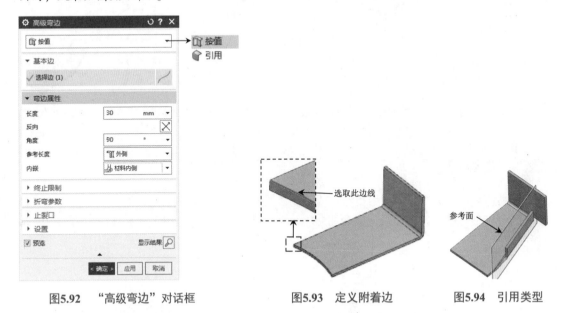

图5.92　"高级弯边"对话框　　　图5.93　定义附着边　　　图5.94　引用类型

（3） 基本边 下拉列表：用于选择高级弯边的附着边，可以是单条的，也可以多条的，如图5.95所示。

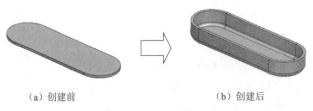

(a) 创建前　　　　　　　　　　(b) 创建后

图5.95　多条边线

（4） 终止限制 区域：用于在指定的两个平面范围内创建高级弯边，如图5.96所示。

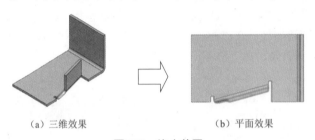

(a) 三维效果　　　　　　　　　　(b) 平面效果

图5.96　终止范围

5.2.8　将实体零件转换为钣金

4min

将实体零件转换为钣金件是另外一种设计钣金件的方法，用此方法设计钣金是先设计实体零件，然后通过"转换为钣金"命令将其转换成钣金零件。

下面以创建如图5.97所示的钣金为例，介绍将实体零件转换为钣金的一般操作过程。

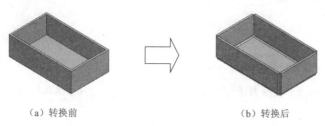

（a）转换前　　　　　　　　　　　　　　（b）转换后

图5.97　将实体零件转换为钣金

○步骤1　打开文件D:\UG2206\work\ch05.02\08\将实体零件转换为钣金-ex。

○步骤2　切换工作环境。单击 应用模块 功能选项卡"设计"区域中的 ◇ "钣金"按钮，系统将进入钣金设计环境。

○步骤3　选择裂口命令。选择下拉菜单"插入"→"转换"→"裂口"命令，系统会弹出如图5.98所示的"裂口"对话框。

○步骤4　定义裂口参数。选取如图5.99所示的4条边线作为裂口边线。

○步骤5　完成创建。单击"裂口"对话框中的"确定"按钮，完成裂口的创建，如图5.100所示。

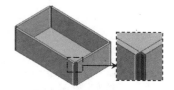

图5.98　"裂口"对话框　　　　**图5.99　裂口边线**　　　　**图5.100　裂口**

○步骤6　选择转换为钣金命令。单击 主页 功能选项卡"转换"区域中的 ◎ "转换为钣金"按钮（或者选择下拉菜单"插入"→"转换"→"转换为钣金"命令），系统会弹出如图5.101所示的"转换为钣金"对话框。

○步骤7　定义基本面。选取如图5.102所示的面作为基本面。

○步骤8　完成创建。单击"转换为钣金"对话框中的"确定"按钮，完成转换为钣金的创建，如图5.97（b）所示。

图5.101　"转换为钣金"对话框

图5.102　基本面

5.3　钣金的折弯与展开

对钣金进行折弯是钣金加工中很常见的一种工序，通过折弯命令就可以对钣金的形状进行改变，从而获得所需的钣金零件。

5.3.1　折弯

"折弯"是将钣金的平面区域以折弯线为基准弯曲某个角度。在进行折弯操作时，应注意折弯特征仅能在钣金的平面区域建立，不能跨越另一个折弯特征。

钣金折弯特征需要包含如下四大要素，如图5.103所示。

（1）折弯线：用于控制折弯位置和折弯形状的直线，折弯线只能是一条，并且折弯线需要是线性对象。

（2）固定侧：用于控制折弯时保持固定不动的侧。

（3）折弯半径：用于控制折弯部分的弯曲半径。

（4）折弯角度：用于控制折弯的弯曲程度。

下面以创建如图5.104所示的钣金为例，介绍折弯的一般操作过程。

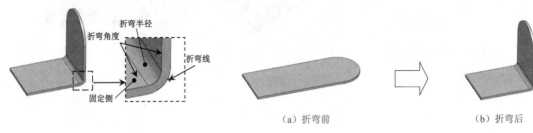

图5.103　折弯　　　　（a）折弯前　　　　　　（b）折弯后

图5.104　折弯的操作过程

◎ 步骤1　打开文件D:\UG2206\work\ch05.03\01\折弯-ex。

◎ 步骤2　选择命令。单击 主页 功能选项卡"折弯"区域的"折弯"按钮（或者选择下拉菜单"插入"→"折弯"→"折弯"命令),系统会弹出如图5.105所示的"折弯"对话框。

步骤3 创建如图5.106所示的折弯线。在系统的提示下选取如图5.107所示的模型表面作为草图平面,绘制如图5.106所示的草图,绘制完成后单击"完成"按钮退出草图环境。

图5.105 "折弯"对话框

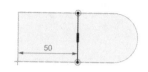

图5.106 折弯线

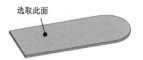

图5.107 草图平面

> **注意**　折弯的折弯线只能是一条,如果绘制了多条,软件则会自动选取其中一条直线,如果手动选取了多条直线,系统则会弹出如图5.108所示的"警报"对话框,折弯线不能是圆弧、样条等曲线对象,否则也会弹出如图5.108所示的"警报"对话框。

图5.108 "警报"对话框

步骤4 定义折弯属性参数。在"折弯属性"区域的"角度"文本框中输入90,采用系统默认的折弯方向,单击"反侧"后的☒按钮,调整固定侧,如图5.109所示,在"内嵌"下拉列表中选择"材料内侧",选中"延伸截面"复选框。

步骤5 完成创建。单击"折弯"对话框中的"确定"按钮,完成折弯的创建,如图5.104(b)所示。

图5.105所示"折弯"对话框部分选项的说明如下。

(1)折弯线 区域:用于选择折弯的折弯线。

(2)角度 文本框:用于设置折弯的角度,如图5.110所示。

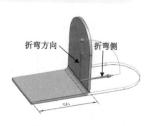

图5.109 折弯属性

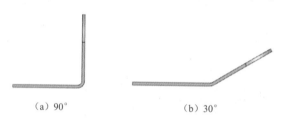

(a)90°　　　　　(b)30°　　　　　(c)120°

图5.110 设置折弯角度

（3） 反向 按钮：用于调整折弯的方向，如图5.111所示。

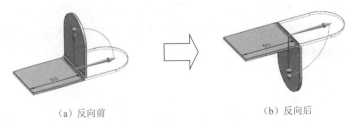

（a）反向前 （b）反向后

图5.111 反向

（4） 反侧 按钮：用于调整折弯的折弯侧，如图5.112所示。

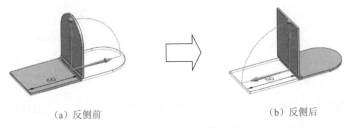

（a）反侧前 （b）反侧后

图5.112 反侧

（5） 内模 下拉列表：用于设置折弯相对于折弯线的位置。

⊢ 外模线轮廓 选项：在展开状态时，折弯线位于折弯半径的第一相切边缘，如图5.113所示。

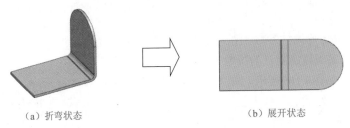

（a）折弯状态 （b）展开状态

图5.113 外模线轮廓

⊹ 折弯中心线轮廓 选项：在展开状态时，折弯线位于折弯半径的中心，如图5.114所示。

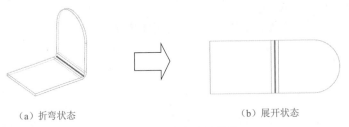

（a）折弯状态 （b）展开状态

图5.114 折弯中心线轮廓

⊢ 内模线轮廓 选项：在展开状态时，折弯线位于折弯半径的第二相切边缘，如图5.115所示。

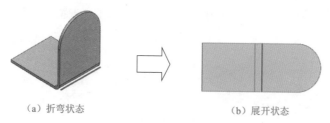

（a）折弯状态　　　　　　　　　　（b）展开状态

图5.115　内模线轮廓

材料内侧 选项：在折弯状态下，折弯线位于折弯区域的外侧平面，如图5.116所示。

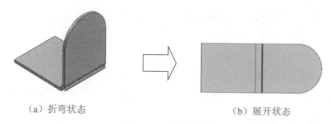

（a）折弯状态　　　　　　　　　　（b）展开状态

图5.116　材料内侧

材料外侧 选项：在折弯状态下，折弯线位于折弯区域的内侧平面，如图5.117所示。

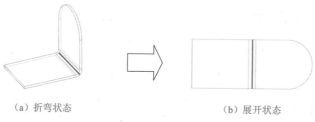

（a）折弯状态　　　　　　　　　　（b）展开状态

图5.117　材料外侧

（6）**延伸截面** 复选框：用于是否将直线轮廓延伸到零件边缘的相交处，如图5.118所示。

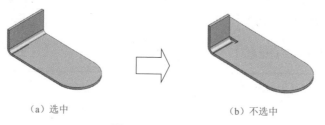

（a）选中　　　　　　　　　　　　（b）不选中

图5.118　延伸截面

5.3.2　二次折弯

二次折弯特征是在钣金件平面上创建两个成一定角度的折弯区域，并且在折弯特征上添加材料。二次折弯特征功能的折弯线位于放置平面上，并且必须是一条直线。

4min

下面以创建如图5.119所示的钣金为例，介绍二次折弯的一般操作过程。

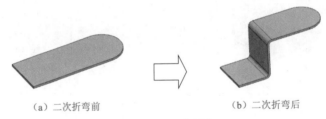

（a）二次折弯前　　　　　　　（b）二次折弯后

图5.119　二次折弯

○ 步骤1　打开文件D:\UG2206\work\ch05.03\02\二次折弯-ex。

○ 步骤2　选择命令。选择下拉菜单"插入"→"折弯"→"二次折弯"命令，系统会弹出如图5.120所示的"二次折弯"对话框。

○ 步骤3　创建如图5.121所示的折弯线。在系统的提示下选取如图5.122所示的模型表面作为草图平面，绘制如图5.121所示的草图，绘制完成后单击"完成"按钮退出草图环境。

图5.120　"二次折弯"对话框

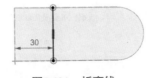

图5.121　折弯线

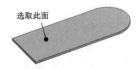

选取此面

图5.122　草图平面

注意　　二次折弯的折弯线只能是一条。

○ 步骤4　定义二次折弯属性参数。在"二次折弯属性"区域的"高度"文本框中输入40，采用系统默认的折弯方向，单击"反侧"后的☒按钮，调整固定侧，如图5.123所示，在"角度"文本框中输入90，在"参考高度"下拉列表中选择"外侧"，在"内嵌"下拉列表中选择"折弯外侧"，选中"延伸截面"复选框。

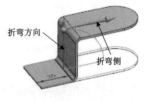

折弯方向

折弯侧

图5.123　二次折弯属性

○ 步骤5 完成创建。单击"二次折弯"对话框中的"确定"按钮，完成二次折弯的创建，如图5.119（b）所示。

图5.120所示"二次折弯"对话框部分选项的说明如下。

（1）高度 文本框：用于设置二次折弯的高度。

（2）角度 文本框：用于设置二次折弯的折弯角度，如图5.124所示。

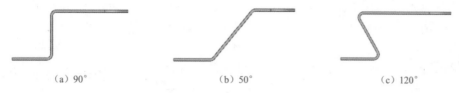

(a) 90°　　　　(b) 50°　　　　(c) 120°

图5.124　设置二次折弯角度

（3）参考高度 下拉列表：用于设置高度的参考面。

内侧 选项：二次折弯的顶面高度是从剖面线的草绘平面开始计算的，延伸至总高，再根据材料厚度来偏置距离，如图5.125所示。

外侧 选项：二次折弯的顶面高度是从剖面线的草绘平面开始计算的，延伸至总高，如图5.126所示。

图5.125　内侧　　　　　　　　图5.126　外侧

（4）内嵌 下拉列表：用于设置二次折弯相对于折弯线的位置。

5.3.3　钣金伸直

3min

钣金伸直就是将带有折弯的钣金零件展平为二维平面的薄板。在钣金设计中，如果需要在钣金件的折弯区域创建切除特征，则首先需要用展开命令将折弯特征展平，然后就可以在展平的折弯区域创建切除特征。

下面以创建如图5.127所示的钣金为例，介绍钣金伸直的一般操作过程。

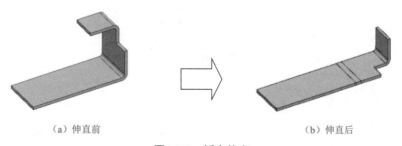

(a) 伸直前　　　　　　　　　　(b) 伸直后

图5.127　钣金伸直

○ 步骤1 打开文件D:\UG2206\work\ch05.03\03\钣金伸直-ex。

○ 步骤2 选择命令。单击 主页 功能选项卡"折弯"区域的"伸直"按钮（或者选择下拉菜单"插入"→"成型"→"伸直"命令），系统会弹出如图5.128所示的"伸直"对话框。

○ 步骤3 定义展开固定面。在系统的提示下选取如图5.129所示的面作为展开固定面。

○ 步骤4 定义要展开的折弯。选取如图5.130所示的折弯作为要展开的折弯。

○ 步骤5 完成创建。单击"伸直"对话框中的"确定"按钮，完成伸直的创建。

图5.128　"伸直"对话框

图5.129　固定面

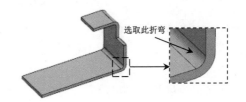

图5.130　展开折弯

图5.128所示"伸直"对话框选项的说明如下。

（1）固定面或边 区域：可以选择钣金零件的平面表面或者边线作为平板实体的固定面，在选定固定对象后系统将以该平面或者边线作为基准将钣金零件展开。

（2）折弯 区域：可以根据需要选择模型中需要展平的折弯特征，然后以已经选择的参考面作为基准将钣金零件展开，可以选取一个折弯，也可以选取多个或者全部折弯，如图5.131所示。

（3）附加曲线或点 区域：用于选取要伸直的曲线或者点。

（4）☐隐藏源先的曲线 复选框：用于设置是否需要隐藏原始的曲线。

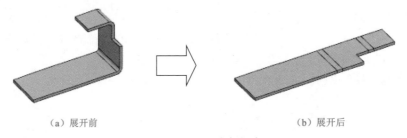

（a）展开前　　　　　　　　　　　　　　（b）展开后

图5.131　展开全部折弯

5.3.4　钣金重新折弯

钣金重新折弯与钣金伸直的操作非常类似，但其作用是相反的，钣金重新折弯主要是将伸直的钣金零件重新恢复到钣金伸直之前的效果。

下面以创建如图5.132所示的钣金为例，介绍钣金重新折弯的一般操作过程。

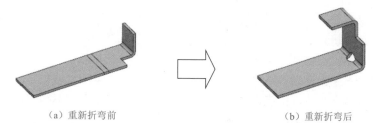

（a）重新折弯前　　　　　　　　　　　（b）重新折弯后

图5.132　钣金重新折弯

◎ 步骤1　打开文件D:\UG2206\work\ch05.03\04\钣金重新折弯-ex。

◎ 步骤2　创建如图5.133所示的拉伸（1）。

选择下拉菜单"插入"→"切割"→"拉伸"命令，在系统的提示下选取图5.134（a）所示的模型表面作为草图平面，绘制图5.134（b）所示的截面草图，在"拉伸"对话框"限制"区域的"终点"下拉列表中选择 ⊥贯通 选项，在"布尔"下拉列表中选择"减去"，确认拉伸方向向下，单击"确定"按钮，完成拉伸（1）的创建。

图5.133　拉伸（1）

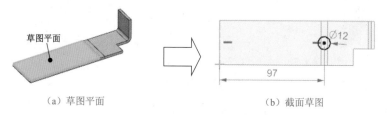

草图平面

Ø12

97

（a）草图平面　　　　　　　　　　　（b）截面草图

图5.134　拉伸切除

◎ 步骤3　选择命令。单击 主页 功能选项卡"折弯"区域的"重新折弯"按钮（或者选择下拉菜单"插入"→"成型"→"重新折弯"命令），系统会弹出如图5.135所示的"重新折弯"对话框。

◎ 步骤4　定义重新折弯固定面。采用系统默认选项。

◎ 步骤5　定义要重新折弯的折弯。选取如图5.136所示的折弯作为要重新折弯的折弯。

◎ 步骤6　完成创建。单击"重新折弯"对话框中的"确定"按钮，完成重新折弯的创建。

图5.135　"重新折弯"对话框

选取此折弯

图5.136　折弯

5.3.5　展平实体

展平实体是从成型的钣金件创建展平的钣金实体特征。

钣金件展开的作用如下：

（1）钣金展开后，可更容易地了解如何剪裁薄板及其各部分的尺寸。

（2）钣金展开对于钣金的下料和创建钣金的工程图十分有用。

（3）展平实体特征与折弯特征相关联；当采用展平实体命令展开钣金零件时，展平实体特征将在"部件导航器"中显示；如果钣金零件包含变形特征，则这些特征将保持原有的状态，如果钣金模型更改，平仄面展开图处理也自动更新并会包含新的特征。

展平实体与钣金伸直的区别：

（1）钣金伸直可以展开局部折弯也可以展开所有折弯，而展平实体只能展开所有折弯。

（2）钣金伸直主要是帮助用户在折弯处添加除料效果，而展平实体主要用来帮助用户得到钣金展开图，计算钣金下料长度。

下面以创建如图5.137所示的钣金为例，介绍展平实体的一般操作过程。

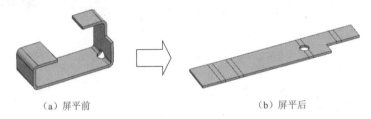

（a）屏平前　　　　　　　　（b）屏平后

图5.137　展平实体

○ 步骤1　打开文件D:\UG2206\work\ch05.03\05\展平实体-ex。

○ 步骤2　选择命令。选择下拉菜单"插入"→"展平图样"→"展平实体"命令，系统会弹出如图5.138所示的"展平实体"对话框。

○ 步骤3　定义固定面。在系统的提示下选择如图5.139所示的模型表面作为固定面。

○ 步骤4　定义展平方位。在"展平实体"对话框的"定向方法"下拉列表中选择"默认"。

○ 步骤5　完成创建。单击"展平实体"对话框中的"确定"按钮，完成展平实体的创建。

图5.138　"展平实体"对话框

图5.139　固定面

图5.138所示"展平实体"对话框选项的说明如下。

（1）固定面区域：用于选择钣金零件的表面作为平板实体的固定面，在选定固定面后系统将以该平面作为固定面，以便将钣金零件展开。

（2）定向方法下拉列表：用于设置展平实体的方位定义方法。

默认选项：使用系统默认的方位展平实体。

选择边选项：以用户选定的直线方向作为水平方向展平实体，如图5.140所示。

（a）边参考　　　　　　　　　　　　　　（b）展开后

图5.140　选择边

指定坐标系选项：以指定坐标系的x轴作为水平方向展平实体，如图5.141所示。

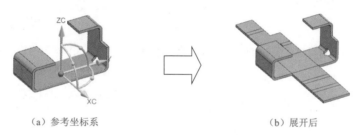

（a）参考坐标系　　　　　　　　　　　　（b）展开后

图5.141　指定坐标系

（3）外拐角属性区域：用于设置外拐角的属性，如图5.142所示。

（4）内拐角属性区域：用于设置内拐角的属性，如图5.143所示。

图5.142　外拐角属性　　　　　　　　　　图5.143　内拐角属性

5.3.6　展平图样

展平图样是从成型的钣金件创建展平图样特征。展平图样主要用来帮助用户得到钣金的展开工程图视图。

下面以创建如图5.144所示的钣金的展平图样为例，介绍创建展平图样的一般操作过程。

◯ 步骤1　打开文件D:\UG2206\work\ch05.03\06\展平图样-ex。

◯ 步骤2　选择命令。单击 主页 功能选项卡"展平图样"区域中的

▶ 4min

图5.144　展平图样

（展平图样）按钮（或者选择下拉菜单"插入"→"展平图样"→"展平图样"命令），系统会弹出如图5.145所示的"展平图样"对话框。

◎ 步骤3 定义向上面。在系统的提示下选择如图5.146所示的模型表面作为向上面。

◎ 步骤4 定义展平方位。在"展平图样"对话框的"定向方法"下拉列表中选择"选择边"，选取如图5.146所示的边线作为方位边线。

◎ 步骤5 完成创建。单击"展平图样"对话框中的"确定"按钮，完成展平图样的创建，在系统弹出的如图5.147所示的"钣金"对话框中单击"确定"按钮即可。

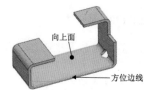

图5.145 "展平图样"对话框　　图5.146 向上面与方位边线　　图5.147 "钣金"对话框

◎ 步骤6 查看展平图样。选择下拉菜单"视图"→"布局"→"替换视图"命令，选择 FLAT-PATTERN#1，单击"确定"按钮，此时方位如图5.148所示。

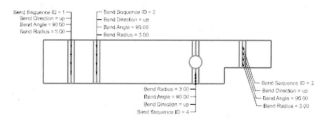

图5.148 展平图样

5.4 钣金成型

5.4.1 基本概述

把一个冲压模具（冲模）上的某个形状通过冲压的方式印贴到钣金件上，从而得到一个凸起或者凹陷的特征效果，这就是钣金成型。

在UG NX 2206中软件向用户提供了多种不同的钣金成型的方法，这其中主要包括凹坑、百叶窗、冲压开孔、筋、加固板及实体冲压等。

5.4.2 凹坑

凹坑就是用一组连续的曲线作为轮廓沿着钣金件表面的法线方向冲出凸起或凹陷的成型特征。

> **说明** 凹坑的截面线可以是封闭的，也可以是开放的。

1. 封闭截面的凹坑

▶ 6min

下面以创建如图5.149所示的效果为例，说明使用封闭截面创建凹坑的一般操作过程。

○ **步骤1** 打开文件D:\UG2206\work\ch05.04\02\凹坑01-ex。

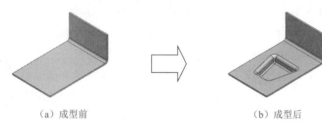

（a）成型前　　　　　　　　　　（b）成型后

图5.149 凹坑

○ **步骤2** 选择命令。单击 主页 功能选项卡"凸模"区域中的 ◇ 按钮（或者选择下拉菜单"插入"→"冲孔"→"凹坑"命令），系统会弹出如图5.150所示的"凹坑"对话框。

○ **步骤3** 绘制凹坑截面。选取如图5.151所示的模型表面作为草图平面，绘制如图5.152所示的截面轮廓。

○ **步骤4** 定义凹坑属性。在"凹坑属性"区域的"深度"文本框中输入15，单击 ⊠ 按钮使方向朝下，如图5.153所示，在"侧角"文本框中输入0，在"侧壁"下拉列表中选择"材料外侧"。

○ **步骤5** 定义凹坑倒角。在"设置"区域选中"倒圆凹坑边"复选框，在"冲压半径"文本框中输入3，在"冲模半径"文本框中输入3，选中"倒圆截面拐角"复选框，在"角半径"文本框中输入3。

○ **步骤6** 完成创建。单击"凹坑"对话框中的"确定"按钮，完成凹坑的创建。

图5.150 "凹坑"对话框

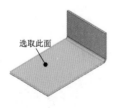

图5.151 草图平面

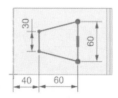

图5.152 截面轮廓

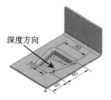

图5.153 深度方向

图5.150所示"凹坑"对话框部分选项的说明如下。

（1）深度 文本框：用于设置凹坑的深度。

（2）侧角 文本框：用于设置凹坑的侧面锥角，如图5.154所示。

（a）侧角0　　　　　　　　　　　　（b）侧角20

图5.154　侧角

（3）侧壁 下拉列表：用于控制凹坑相对于截面线的位置。

⬛ 材料外侧 选项：用于在截面线的外部生成凹坑，如图5.155所示。

⬛ 材料内侧 选项：用于在截面线的内部生成凹坑，如图5.156所示。

（4）设置 下拉列表：用于设置凹坑圆角参数。

☑ 倒圆凹坑边 选项：用于设置冲压半径（如图5.157所示）与冲模半径（如图5.158所示）。

☑ 倒圆截面拐角 区域：用于设置折弯部分内侧拐角圆柱面的半径值，如图5.159所示（共4处）。

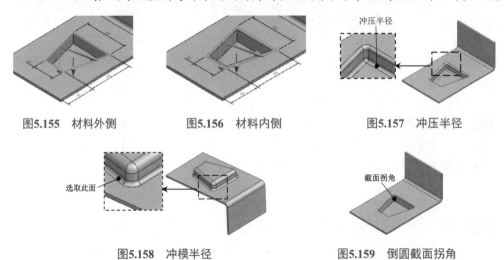

图5.155　材料外侧　　　　图5.156　材料内侧　　　　图5.157　冲压半径

图5.158　冲模半径　　　　　　　　　　　图5.159　倒圆截面拐角

2. 开放截面的凹坑

下面以创建如图5.160所示的效果为例，说明使用开放截面创建凹坑的一般操作过程。

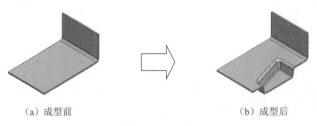

（a）成型前　　　　　　　　　　　　（b）成型后

图5.160　凹坑

◎步骤1　打开文件D:\UG2206\work\ch05.04\02\凹坑02-ex。

◎步骤2　选择命令。单击■■功能选项卡"凸模"区域中的◈（凹坑）按钮（或者选择下拉菜单"插入"→"冲孔"→"凹坑"命令），系统会弹出"凹坑"对话框。

◎步骤3　绘制凹坑截面。选取如图5.161所示的模型表面作为草图平面，绘制如图5.162所示的截面轮廓。

◎步骤4　定义凹坑属性。在"凹坑属性"区域的"深度"文本框中输入15，单击⊠按钮使方向朝下，如图5.163所示，双击"凹坑"创建方向箭头，如图5.163所示，在"侧角"文本框中输入10，在"侧壁"下拉列表中选择"材料内侧"。

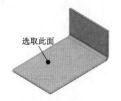

图5.161　草图平面

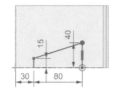

图5.162　截面轮廓

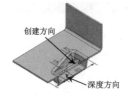

图5.163　凹坑方向属性

◎步骤5　定义凹坑倒角。在"设置"区域选中"倒圆凹坑边"复选框，在"冲压半径"文本框中输入2，在"冲模半径"文本框中输入2，选中"倒圆截面拐角"复选框，在"角半径"文本框中输入2。

◎步骤6　完成创建。单击"凹坑"对话框中的"确定"按钮，完成凹坑的创建。

5.4.3　百叶窗

在一些机器的外罩上经常会看见百叶窗，百叶窗的功能是在钣金件的平面上创建通风窗，主要起到散热的作用，另外，看上去也比较美观。UG NX 2206的百叶窗有成型端百叶窗和切口端百叶窗两种外观。

下面以创建如图5.164所示的效果为例，说明创建百叶窗的一般操作过程。

◎步骤1　打开文件D:\UG2206\work\ch05.04\03\百叶窗-ex。

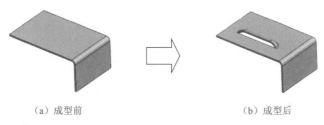

（a）成型前　　　　　　　　　　　　（b）成型后

图5.164　百叶窗

◎步骤2　选择命令。单击■■功能选项卡"凸模"区域中的◈（百叶窗）按钮（或者选择下拉菜单"插入"→"冲孔"→"百叶窗"命令），系统会弹出如图5.165所示的"百叶窗"对话框。

○ 步骤3 绘制百叶窗截面草图。选取如图5.166所示的模型表面作为草图平面，绘制如图5.167所示的截面草图。

○ 步骤4 定义百叶窗属性。在"百叶窗属性"区域的"深度"文本框中输入10，采用如图5.168所示的默认深度方向，在"宽度"文本框中输入15，单击⊠按钮调整宽度方向，如图5.168所示，在"百叶窗形状"下拉列表中选择"成型的"。

○ 步骤5 定义凹坑倒角。在"设置"区域选中"圆角百叶窗边"复选框，在"冲模半径"文本框中输入2。

○ 步骤6 完成创建。单击"百叶窗"对话框中的"确定"按钮，完成凹坑的创建。

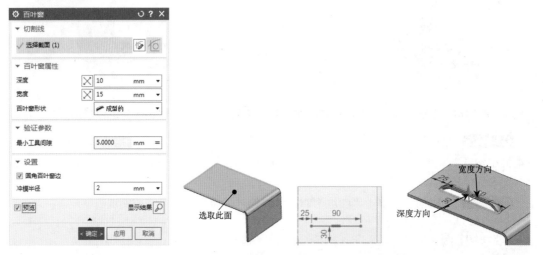

图5.165 "百叶窗"对话框　图5.166 草图平面　图5.167 截面草图 图5.168 深度方向和宽度方向

图5.165所示"百叶窗"对话框部分选项的说明如下。

（1）切割线 区域：用于定义或者选取百叶窗截面（截面线必须是单一直线，直线的长度决定了百叶窗的长度，直线位置决定了百叶窗的位置），如果截面的线数量多于一条，则会弹出如图5.169所示的"警报"对话框，如果截面的线不是直线对象，则会弹出如图5.170所示的"警报"对话框。

（2）深度 文本框：用于设置百叶窗的深度及方向，如图5.171所示（需要注意输入的深度值必须小于或等于宽度值减去材料厚度，否则将由于参数不合理而导致无法创建，"警报"对话框如图5.172所示）。

（3）宽度 文本框：用于设置百叶窗的宽度及方向，如图5.173所示。

图5.169 "警报"对话框（1） 图5.170 "警报"对话框（2）　　　图5.171 深度

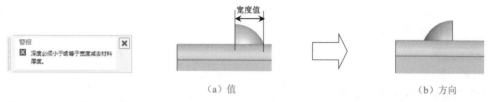

图5.172 "警报"对话框

图5.173 宽度

（4）百叶窗形状 文本框：用于设置百叶窗的形状，百叶窗有"切口"和"成型的"两种形状，效果如图5.174所示。

（5）冲模半径 文本框：用于设置冲模半径，只在 ☑圆角百叶窗边 被选中时可用，如图5.175所示。

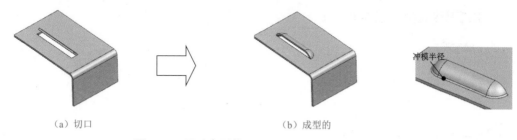

图5.174 百叶窗形状

图5.175 冲模半径

5.4.4 冲压开孔

冲压开孔就是用一组连续的曲线作为轮廓沿着钣金件表面的法向方向进行裁剪，同时在轮廓线上建立弯边。

> **说明** 冲压开孔的截面线可以是封闭的，也可以是开放的。

1. 封闭截面的冲压开孔

下面以创建如图5.176所示的效果为例，说明使用封闭截面创建冲压开孔的一般操作过程。

5min

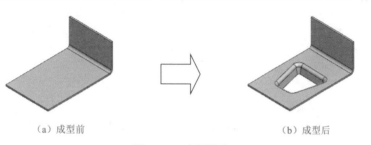

（a）成型前

（b）成型后

图5.176 冲压开孔

○ 步骤1 打开文件D:\UG2206\work\ch05.04\04\冲压除料01-ex。

○ 步骤2 选择命令。单击 主页 功能选项卡"凸模"区域 ⬇ 下的 更多 按钮，在系统弹出的快

捷菜单中选择 ◇ 冲压开孔 （或者选择下拉菜单"插入"→"冲孔"→"冲压开孔"命令），系统会弹出如图5.177所示的"冲压开孔"对话框。

◎步骤3　绘制冲压开孔截面。选取如图5.178所示的模型表面作为草图平面，绘制如图5.179所示的截面轮廓。

◎步骤4　定义冲压开孔属性。在"开孔属性"区域的"深度"文本框中输入15，单击☒按钮使方向朝下，在"侧角"文本框中输入10，在"侧壁"下拉列表中选择"材料外侧"。

◎步骤5　定义冲压开孔倒角。在"设置"区域选中"倒圆冲压开孔"复选框，在"冲模半径"文本框中输入3，选中"倒圆截面拐角"复选框，在"角半径"文本框中输入3。

◎步骤6　完成创建。单击"冲压开孔"对话框中的"确定"按钮，完成冲压开孔的创建。

图5.177　"冲压开孔"对话框

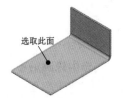

图5.178　草图平面

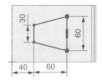

图5.179　截面轮廓

2. 开放截面的冲压开孔

下面以创建如图5.180所示的效果为例，说明使用开放截面创建冲压开孔的一般操作过程。

（a）成型前　　　　　　　　　　　　（b）成型后

图5.180　冲压开孔

◎步骤1　打开文件D:\UG2206\work\ch05.04\04\冲压除料02-ex。

◎步骤2　选择命令。选择下拉菜单"插入"→"冲孔"→"冲压开孔"命令，系统会弹出"冲压开孔"对话框。

◎ 步骤3　绘制冲压开孔截面。选取如图5.181所示的模型表面作为草图平面，绘制如图5.182所示的截面轮廓。

◎ 步骤4　定义冲压开孔属性。在"开孔属性"区域的"深度"文本框中输入15，单击⊠按钮使方向朝下，如图5.183所示，双击"冲压开孔"创建方向箭头，如图5.183所示，在"侧角"文本框中输入10，在"侧壁"下拉列表中选择"材料内侧"。

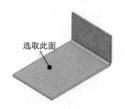

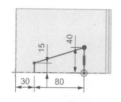

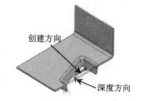

图5.181　草图平面　　　　图5.182　截面轮廓　　　　图5.183　冲压开孔方向属性

◎ 步骤5　定义冲压开孔倒角。在"设置"区域选中"倒圆冲压开孔"复选框，在"冲模半径"文本框中输入2，选中"倒圆截面拐角"复选框，在"角半径"文本框中输入2。

◎ 步骤6　完成创建。单击"冲压开孔"对话框中的"确定"按钮，完成冲压开孔的创建。

5.4.5　筋

"筋"命令可以完成沿钣金件表面上的曲线添加筋的功能。筋用于增加钣金零件强度，但在展开实体的过程中，筋是不可以被展开的。

下面以创建如图5.184所示的效果为例，说明创建筋的一般操作过程。

◎ 步骤1　打开文件D:\UG2206\work\ch05.04\05\筋-ex。

（a）成型前　　　　　　　　　　　　（b）成型后

图5.184　筋

◎ 步骤2　选择命令。单击 主页 功能选项卡"凸模"区域 🕙 下的 ⁝ 按钮，在系统弹出的快捷菜单中选择 ◇筋　 （或者选择下拉菜单"插入"→"冲孔"→筋"命令），系统会弹出如图5.185所示的"筋"对话框。

◎ 步骤3　绘制筋截面草图。选取如图5.186所示的模型表面作为草图平面，绘制如图5.187所示的截面草图。

◎ 步骤4　定义筋属性。在"筋属性"区域的"横截面"下拉列表中选择"圆形"，在"深度"文本框中输入5，单击⊠按钮调整厚度方向向下，在"半径"文本框中输入8，在"端部条件"下拉列表中选择"成型的"。

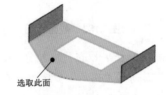

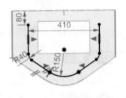

图5.185 "筋"对话框 　图5.186 草图平面 　图5.187 截面草图

○ 步骤5 定义筋倒角。在"设置"区域选中"圆角筋边"复选框，在"冲模半径"文本框中输入2。

○ 步骤6 完成创建。单击"筋"对话框中的"确定"按钮，完成筋的创建。

图5.185所示"筋"对话框部分选项的说明如下。

（1）截面 区域：用于定义或者选取筋截面（截面需要光顺过渡，否则将会弹出如图5.188所示的"警报"对话框）。

（2）横截面 下拉列表：用于设置筋特征的横截面形状，系统提供了"圆形""U形"和"V形"三种类型，如图5.189所示。

（a）圆形　（b）U形　（c）V形

图5.188 "警报"对话框 　图5.189 横截面

（3）U形：如果选中此横截面类型，则对话框中的"筋属性"区域的(D) 深度与(R) 半径文本框将被激活，同时"设置"区域的冲模半径文本框将被激活。

(D) 深度 文本框：用于设置圆形筋从底面到圆弧的顶部之间的高度（深度参数必须小于或等于半径值，否则会弹出如图5.190所示的"警报"对话框）。

(R) 半径 文本框：用于设置圆形筋的截面圆弧半径。

冲模半径 文本框：用于设置圆形筋的端盖边缘或侧面与底面倒角半径。

（4）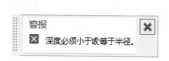U形：如果选中此横截面类型，则对话框中"筋属性"区域的(D)深度、(W)宽度与(A)角度文本框将被激活，同时"设置"区域的冲模半径与冲压半径文本框将被激活。

(D)深度文本框：用于设置U形筋从底面到顶面之间的高度。

(W)宽度文本框：用于设置U形筋的顶面的宽度。

(A)角度文本框：用于设置U形筋的底面法向和侧面或者端盖之间的夹角。

冲模半径文本框：用于设置U形筋的底面和侧面或者端盖之间的倒角半径。

冲压半径文本框：用于设置U形筋的顶面和侧面或者端盖之间的倒角半径。

（5）V形：如果选中此横截面类型，则对话框中"筋属性"区域的(D)深度、(R)半径与(A)角度文本框将被激活，同时"设置"区域的冲模半径文本框将被激活。

(D)深度文本框：用于设置V形筋从底面到顶面之间的高度。

(R)半径文本框：用于设置V形筋的两个侧面或者两个端盖之间的半径。

(A)角度文本框：用于设置V形筋的底面法向和侧面或者端盖之间的夹角。

冲模半径文本框：用于设置V形筋的底面和侧面或者端盖之间的倒角半径。

（6）端部条件下拉列表：用于设置筋特征的端部条件，系统提供了"成型的""冲裁的"和"冲压的"三种类型，如图5.191所示。

图5.190　"警报"对话框

（a）成型的　　（b）冲裁的　　（c）冲压的

图5.191　端部条件

5.4.6　加固板

加固板是在钣金零件的折弯处添加穿过折弯的筋特征。

下面以创建如图5.192所示的加固板为例，介绍创建加固板的一般操作过程。

6min

（a）创建前　　　　　　　　　　（b）创建后

图5.192　加固板

○步骤1　打开文件D:\UG2206\work\ch05.04\06\加固板-ex。

○步骤2　选择命令。单击 主页 功能选项卡"凸模"区域 下的 更多 按钮，在系统弹出的

快捷菜单中选择  命令（或者选择下拉菜单"插入"→"冲孔"→"加固板"命令），系统会弹出如图5.193所示的"加固板"对话框。

◎ 步骤3 定义加固板类型。在"加固板"对话框的"类型"下拉列表中选择"自动生成轮廓"类型。

◎ 步骤4 定义折弯面。在系统的提示下选取如图5.194所示的折弯面。

◎ 步骤5 定义位置面。在"位置"区域的下拉列表中选择⬢，选取"ZX平面"作为参考平面，在"距离"文本框中输入-15（沿y轴负方向偏移15单位）。

◎ 步骤6 定义加固板参数。在"形状"区域的"深度"文本框中输入12，在"成型"下拉列表中选择"正方形"，在"宽度"文本框中输入10，在"侧角"文本框中输入20，在"冲压半径"文本框中输入2，在"冲模半径"文本框中输入2。

图5.193 "加固板"对话框

◎ 步骤7 完成创建。单击"加固板"对话框中的"确定"按钮，完成加固板的创建，如图5.195所示。

◎ 步骤8 创建镜像特征。选择下拉菜单"插入"→"关联复制"→"镜像特征"命令，系统会弹出"镜像体特征"对话框，选取步骤7创建的加固板作为要镜像的特征，激活"镜像平面"区域的"选择平面"，选取"ZX平面"作为镜像中心平面，单击"镜像特征"对话框中的"确定"按钮，完成镜像特征的创建。

图5.193所示"加固板"对话框部分选项的说明如下。

（1）🈺 自动生成轮廓：用于通过用户给定的折弯、位置、形状等参数自动创建加固板。

（2）🈺 用户定义轮廓：用于根据用户定义的截面轮廓创建加固板，如图5.196所示。

（3）深度 文本框：用于设置加固板的深度参数，如图5.197所示。

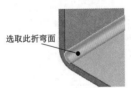

选取此折弯面

图5.194 折弯面

图5.195 加固板

图5.196 用户定义轮廓

深度值

图5.197 深度

（4）成型下拉列表：用于设置加固板的形状，软件提供了"正方形"和"圆形"两种形状类型，如图5.198所示。

（5）正方形：选中此成型类型，对话框中"尺寸"区域的(W) 宽度、(A) 侧角、(P) 冲压半径与(D) 冲模半径文本框被激活。

(W) 宽度文本框：用于设置正方形加固板的宽度，如图5.199所示的W。

(A) 侧角文本框：用于设置正方形加固板的侧角，如图5.199所示的A。

(P) 冲压半径 文本框：用于设置正方形加固板的冲压半径，如图5.199所示的P。

(D) 冲模半径 文本框：用于设置正方形加固板的冲模半径，如图5.199所示的D。

（6）圆形：如果选中此成型类型，则对话框中"尺寸"区域的 (W) 宽度 、 (A) 侧角 与 (D) 冲模半径 文本框将被激活。

(W) 宽度 文本框：用于设置圆形加固板的宽度，如图5.200所示的W。

(A) 侧角 文本框：用于设置圆形加固板的侧角，如图5.200所示的A。

(D) 冲模半径 文本框：用于设置圆形加固板的冲模半径，如图5.200所示的D。

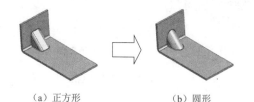 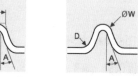

（a）正方形　　　　　（b）圆形

图5.198　成型　　　　　图5.199　正方形尺寸　图5.200　圆形尺寸

5.4.7　实体冲压

下面以创建如图5.201所示的效果为例介绍创建实体冲压的一般操作过程。

11min

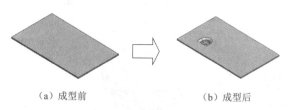

（a）成型前　　　　　　（b）成型后

图5.201　实体冲压

◎ 步骤1　打开文件D:\UG2206\work\ch05.04\07\实体冲压-ex。

◎ 步骤2　切换工作环境。单击 应用模块 功能选项卡"设计"区域中的 建模 按钮，系统进入建模设计环境。

说明　如果弹出如图5.202所示的"钣金"对话框，则单击"确定"按钮即可。

图5.202　"钣金"对话框

◎ 步骤3　创建如图5.203所示的拉伸（1）。

单击 主页 功能选项卡"基本"区域中的 （拉伸）按钮，在系统的提示下选取如图5.204

所示的模型表面作为草图平面，绘制如图5.205所示的草图；在"拉伸"对话框"限制"区域的"终点"下拉列表中选择 选项，在"距离"文本框中输入深度值10，单击 按钮使拉伸方向沿着z轴负方向，在"布尔"下拉列表中选择"无"；单击"确定"按钮，完成拉伸（1）的创建。

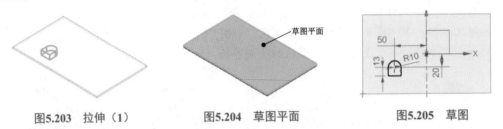

图5.203　拉伸（1）　　　　图5.204　草图平面　　　　图5.205　草图

🔘 步骤4 隐藏钣金主体。在"部件导航器"中右击 SB 突出块 ，在弹出的快捷菜单中选择 隐藏(H) 命令，效果如图5.206所示。

🔘 步骤5 创建如图5.207所示的拔模（1）。单击 主页 功能选项卡"基本"区域中的 拔模 按钮，系统会弹出"拔模"对话框，在"拔模"对话框的"类型"下拉列表中选择"面"类型，采用系统默认的拔模方向（z轴方向），在"拔模方法"下拉列表中选择"固定面"，激活"选择固定面"，选取如图5.208所示的面作为固定面，激活"要拔模的面"区域的"选择面"，选取如图5.208所示的面（选取面之前将选择过滤器设置为相切面）作为拔模面，在"角度1"文本框中输入拔模角度-10，在"拔模"对话框中单击"确定"按钮，完成拔模的创建。

图5.206　隐藏钣金主体　　　图5.207　拔模（1）　　　图5.208　固定面与拔模面

🔘 步骤6 绘制草图。单击 主页 功能选项卡"构造"区域中的 按钮，系统会弹出"创建草图"对话框，在系统的提示下，选取如图5.209所示的模型表面作为草图平面，绘制如图5.210所示的草图。

🔘 步骤7 创建如图5.211所示的分割面。

图5.209　草图平面　　　　图5.210　草图　　　　图5.211　分割面

单击 主页 功能选项卡"基本"区域中的 下的 （更多）按钮，在"修剪"区域选择命令，系统会弹出如图5.212所示的"分割面"对话框，选取如图5.213所示的面作为要分割的面，在"分割对象"区域的"工具选项"下拉列表中选择"对象"，激活"选择对象"，选取步骤6创建的草图作为分割对象，在"投影方向"的下拉列表中选择"垂直于曲线平面"，单击"确定"按钮，完成分割面的创建。

◎步骤8　切换工作环境。单击 应用模块 功能选项卡"设计"区域中的 "钣金"按钮，系统进入钣金设计环境。

◎步骤9　显示钣金主体。在"部件导航器"中右击 SB 突出块，在弹出的快捷菜单中选择 显示(S) 命令。

◎步骤10　选择命令。单击 主页 功能选项卡"凸模"区域 下的 按钮，在系统弹出的快捷菜单中选择 实体冲压 （或者选择下拉菜单"插入"→"冲孔"→"实体冲压"命令），系统会弹出如图5.214所示的"实体冲压"对话框。

 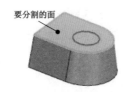 

图5.212　"分割面"对话框　　图5.213　要分割的面　　图5.214　"实体冲压"对话框

◎步骤11　定义类型。在"类型"下拉列表中选择"冲压"类型。

◎步骤12　定义目标面。选取如图5.215所示的面作为目标面。

◎步骤13　定义工具体。选取如图5.216所示的体作为工具体，激活"要穿透的面"，选取如图5.217所示的两个面作为穿透面。

◎步骤14　完成创建。单击"实体冲压"对话框中的"确定"按钮，完成实体冲压的创建，如图5.218所示。

 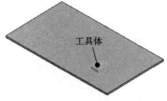 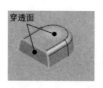

图5.215　目标面　　　　图5.216　工具体　　　图5.217　穿透面　图5.218　实体冲压

5.5 钣金边角处理

5.5.1 法向开孔

4min

在钣金设计中"法向开孔"特征是应用较为频繁的特征之一，它用于在已有的钣金模型中去除一定的材料，从而达到需要的效果。

下面以创建如图5.219所示的钣金为例，介绍钣金法向开孔的一般操作过程。

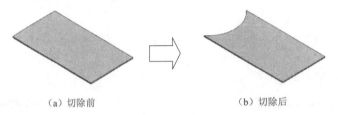

（a）切除前　　　　　　　　　　（b）切除后

图5.219　法向开孔

◎ 步骤1　打开文件D:\UG2206\work\ch05.05\01\法向切除-ex。

◎ 步骤2　选择命令。单击 主页 功能选项卡"基本"区域中的 ∅ "法向开孔"命令（或者选择下拉菜单"插入"→"切割"→"法向开孔"命令），系统会弹出如图5.220所示的"法向开孔"对话框。

◎ 步骤3　定义类型。在"类型"下拉列表中选择"草图"类型。

◎ 步骤4　定义截面。在系统的提示下选取如图5.221所示的模型表面作为草图平面。绘制如图5.222所示的截面草图。

◎ 步骤5　定义截面。在"开孔属性"区域的"切割方法"下拉列表中选择"厚度"，在"限制"下拉列表中选择"贯通"。

◎ 步骤6　完成创建。单击"法向开孔"对话框中的"确定"按钮，完成法向开孔的创建。

图5.220　"法向开孔"对话框　　　图5.221　草图平面　　　图5.222　截面草图

5min

5.5.2　封闭拐角

封闭拐角可以修改两个相邻弯边特征间的缝隙并创建一个止裂口，在创建封闭拐角时需要确定希望封闭的两个折弯中的一个折弯。

下面以创建如图5.223所示的封闭拐角为例，介绍创建钣金封闭拐角的一般操作过程。

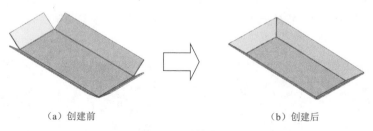

（a）创建前　　　　　　　　　　　　　　（b）创建后

图5.223　封闭拐角

○ 步骤1　打开文件D:\UG2206\work\ch05.05\02\封闭拐角-ex。

○ 步骤2　选择命令。单击 主页 功能选项卡"拐角"区域中的 ⊗ "封闭拐角"命令（或者选择下拉菜单"插入"→"拐角"→"封闭拐角"命令），系统会弹出如图5.224所示的"封闭拐角"对话框。

○ 步骤3　定义命令。在"类型"下拉列表中选择"封闭和止裂口"类型。

○ 步骤4　选择要封闭的折弯。选取如图5.225所示的两个相邻折弯。

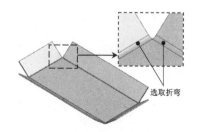

选取折弯

图5.224　"封闭拐角"对话框　　　　　**图5.225　选择要封闭的折弯**

○ 步骤5　参照步骤4选取其余3个相邻折弯。

○ 步骤6　定义拐角属性。在"处理"下拉列表中选择"打开"，在"重叠"下拉列表中选择"无"，在"缝隙"文本框中输入1。

○ 步骤7　完成创建。单击"封闭拐角"对话框中的"确定"按钮，完成封闭拐角的创建。

图5.224所示"封闭拐角"对话框部分选项的说明如下。

（1）处理 下拉列表：包括 打开 、 封闭 、 圆形开孔 、 U形开孔 、 V形开孔 及 矩形开孔 。

打开 类型：在创建封闭拐角时，选择此选项可以将两个弯边的折弯区域保持原有状态不变，但平面区域将延伸至相交，如图5.226所示。

ⅢⅡ封闭 类型：在创建封闭拐角时，选择此选项会将整个弯边特征的内壁面封闭，使边缘彼此之间能够相互衔接。在拐角区域添加一个45°的斜接小缝隙，如图5.227所示。

圆形开孔 类型：在创建封闭拐角时，选择此选项会在弯边区域产生一个圆孔。通过在直径文本框中输入数值来决定孔的大小，如图5.228所示。

U形开孔 类型：在创建封闭拐角时，单击此按钮会在弯边区域产生一个U形孔。通过在直径文本框中输入数值来决定孔的大小，通过在偏置文本框中输入数值来决定孔向中心移动的大小，如图5.229所示。

图5.226 打开

图5.227 封闭

图5.228 圆形开孔

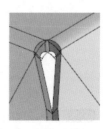
图5.229 U形开孔

V形开孔 类型：在创建封闭拐角时，单击此按钮会在弯边区域产生一个V形孔。通过在直径文本框中输入数值来决定孔的大小，通过在偏置文本框中输入数值来决定孔向中心移动的大小，角度1和角度2决定了V形孔向两侧张开的大小，如图5.230所示。

矩形开孔 类型：在创建封闭拐角时，选择此选项会在弯边区域产生一个矩形样式的孔。在偏置文本框中输入数值来决定孔向中心移动的大小，如图5.231所示。

（2）重叠 下拉列表：包括 无 、 第1侧 及 第2侧 。

无 类型：在创建封闭拐角特征时，单击此按钮可以使两个弯边特征之间的边与边封闭，如图5.232所示。

第1侧 文本框：在创建封闭拐角特征时，单击此按钮可以使两个弯边特征以第1侧为基础对齐并在其间产生一个重叠区域，如图5.233所示。

图5.230 V形开孔

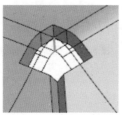
图5.231 矩形开孔

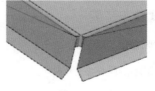
图5.232 无

图5.233 第1侧

第2侧 文本框：在创建封闭拐角特征时，单击此按钮可以使两个弯边特征以第2侧为基础对齐并在其间产生一个重叠区域，如图5.234所示。

（3）缝隙 文本框：同于设置封闭拐角中两弯边之间的间隙（注意：间隙值不可以大于钣金厚度，否则将弹出如图5.235所示的"警报"对话框），效果如图5.236所示。

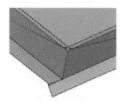

图5.234　第2侧　　　　　图5.235　"警报"对话框　　　　　图5.236　缝隙

5.5.3　三折弯角

"三折弯角"命令是通过延伸折弯和弯边使3个相邻的位置封闭拐角。

下面以创建如图5.237所示的三折弯角为例，介绍创建三折弯角的一般操作过程。

○步骤1　打开文件D:\UG2206\work\ch05.05\03\三折弯角-ex。

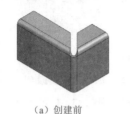

（a）创建前　　　　　　　　　（b）创建后

图5.237　三折弯角

○步骤2　选择命令。选择下拉菜单"插入"→"拐角"→"三折弯角"命令，系统会弹出如图5.238所示的"三折弯角"对话框。

○步骤3　选择要封闭的折弯。选取如图5.239所示的两个相邻折弯。

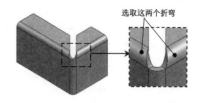

图5.238　"三折弯角"对话框　　　　图5.239　选择要封闭的折弯

○步骤4　定义拐角属性。在"处理"下拉列表中选择"封闭"，取消选中"斜接角"复选项。

○步骤5　完成创建。单击"封闭拐角"对话框中的"确定"按钮，完成封闭拐角的创建。

图5.238所示"三折弯角"对话框部分选项的说明如下。

处理 下拉列表：包括 打开 、 封闭 、 圆形开孔 、 U形开孔 及 V形开孔 。

打开 类型：在创建三折弯角时，选择此选项可以将两个弯边的折弯区域保持原有状态不变，但平面区域将延伸至相交，如图5.240所示。

▣封闭 类型：在创建三折弯角时，选择此选项会将整个弯边特征的内壁面封闭，使边缘彼此之间能够相互衔接。在拐角区域添加一个45°的斜接小缝隙，如图5.241所示。

▣圆形开孔 类型：在创建三折弯角时，选择此选项会在弯边区域产生一个圆孔。通过在直径文本框中输入数值来决定孔的大小，如图5.242所示。

▣U形开孔 类型：在创建三折弯角时，单击此按钮会在弯边区域产生一个U形孔。通过在直径文本框中输入数值来决定孔的大小，通过在偏置文本框中输入数值来决定孔向中心移动的大小，如图5.243所示。

▣V形开孔 类型：在创建三折弯角时，单击此按钮会在弯边区域产生一个V形孔。通过在直径文本框中输入数值来决定孔的大小，通过在偏置文本框中输入数值来决定孔向中心移动的大小，角度1和角度2决定了V形孔向两侧张开的大小，如图5.244所示。

  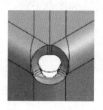  

图5.240　打开　　　图5.241　封闭　　　图5.242　圆形开孔　图5.243　U形开孔　图5.244　V形开孔

5.5.4　倒角

5min

"倒角"命令用于在钣金件的厚度方向的边线上添加或切除一块圆弧或者平直材料，相当于实体建模中的"倒斜角"和"圆角"命令，但倒角命令只能对钣金件厚度上的边进行操作，而倒斜角/圆角能对所有的边进行操作。

下面以创建如图5.245所示的倒角为例，介绍创建倒角的一般操作过程。

○步骤1　打开文件D:\UG2206\work\ch05.05\04\倒角-ex。

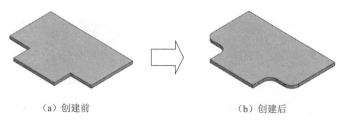

（a）创建前　　　　　　　　（b）创建后

图5.245　倒角

○步骤2　选择命令。单击 主页 功能选项卡"拐角"区域中的 ◇ "倒角"命令（或者选择下拉菜单"插入"→"拐角"→"倒角"命令），系统会弹出如图5.246所示的"倒角"对话框。

○步骤3　定义倒角边线。选取如图5.247所示的4条边线。

图5.246　"倒角"对话框

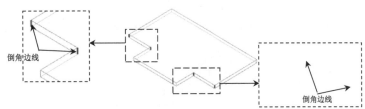

图5.247　定义倒角边线

○步骤4 定义倒角类型与参数。在"方法"下拉列表中选择"圆角",在"半径"文本框中输入圆角半径值8。

○步骤5 单击"倒角"对话框中的"确定"按钮,完成倒角的创建。

图5.246所示"倒角"对话框部分选项的说明如下。

(1)要倒角的边 区域:用于定义倒角的边或者面,效果如图5.248所示。

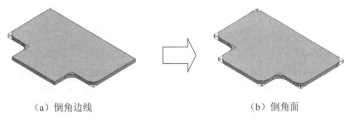

(a)倒角边线　　　　　　　　　　　　　(b)倒角面

图5.248　倒角

(2)倒斜角 类型:用于以倒角的方式创建倒角,当选择该方式时,需要在"距离"文本框定义倒角的参数值,效果如图5.249所示。

(a)创建前　　　　　　　　　　　　　(b)创建后

图5.249　倒斜角类型

(3)圆角 文本框:用于以圆角的方式创建倒角,当选择该方式时,需要在"半径"文本框定义圆角的参数值,效果如图5.250所示。

(a)创建前　　　　　　　　　　　　　(b)创建后

图5.250　圆角类型

5.5.5　折弯拔锥

5min

"折弯拔锥"命令用于在折弯面或者腹板面的一侧或者两侧创建折弯拔锥。

下面以创建如图5.251所示的折弯拔锥为例，介绍创建折弯拔锥的一般操作过程。

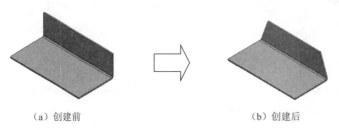

（a）创建前　　　　　　　　　　（b）创建后

图5.251　折弯拔锥

○ 步骤1　打开文件D:\UG2206\work\ch05.05\05\折弯拔锥-ex。

○ 步骤2　选择命令。选择下拉菜单"插入"→"切割"→"折弯拔锥"命令，系统会弹出如图5.252所示的"折弯拔锥"对话框。

○ 步骤3　定义固定面。在系统的提示下选取如图5.253所示的面作为固定面。

○ 步骤4　定义折弯。在"折弯"区域激活"选择面"，选取如图5.254所示的折弯。

○ 步骤5　定义折弯拔锥属性。在"拔锥属性"区域的"拔锥侧"下拉列表中选择"两侧"，在"第1侧拔锥定义"区域的"拔锥"下拉列表中选择"线性"，选中"从折弯拔锥"单选按钮，在"输入方法"下拉列表中选择"角度"，在"锥角"文本框中输入20，在"腹板"区域的"拔锥"下拉列表中选择"面"，在"锥角"文本框中输入20。在"第2侧拔锥定义"区域的"拔锥"下拉列表中选择"线性"，选中"从折弯拔锥"单选按钮，在"输入方法"下拉列表中选择"角度"，在"锥角"文本框中输入20，在"腹板"区域的"拔锥"下拉列表中选择"面链"，在"锥角"文本框中输入20。

○ 步骤6　单击"折弯拔锥"对话框中的"确定"按钮，完成折弯拔锥的创建。

图5.252所示"折弯拔锥"对话框部分选项的说明如下。

（1）拔锥侧 下拉列表：用于定义拔锥侧类型，包括 两侧 （如图5.255所示）、第1侧 （如图5.256所示）、第2侧 （如图5.257所示）及 对称 （如图5.258所示）。

（2）拔锥 下拉列表：用于定义折弯锥度类型，包括 线性 （如图5.259所示）、相切 （如

图5.252　"折弯拔锥"对话框

图5.260所示）与 ◻正方形 （如图5.261所示）。

（3）**输入方法** 下拉列表：用于控制线性锥度的控制方法，包括 ◻角度 （如图5.262所示）与 ◻距离 （如图5.263所示），此选项只在"锥度"选择"线性"时可用。

（4）**腹锥** 下拉列表：用于设置腹板的锥度类型，包括◻无 （如图5.264所示）、◻面 （如图5.265所示）与 ◻面链 （如图5.266所示）。

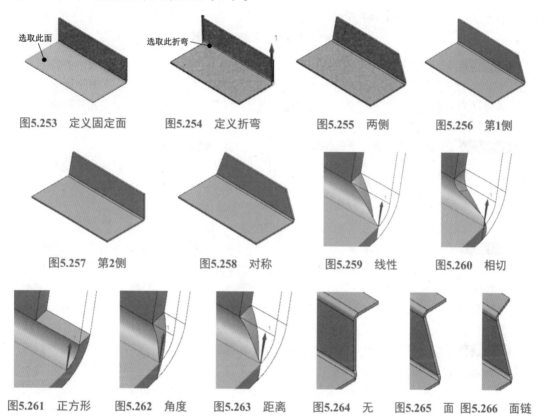

图5.253　定义固定面　　图5.254　定义折弯　　图5.255　两侧　　图5.256　第1侧

图5.257　第2侧　　图5.258　对称　　图5.259　线性　　图5.260　相切

图5.261　正方形　　图5.262　角度　　图5.263　距离　　图5.264　无　　图5.265　面　图5.266　面链

5.6　钣金设计综合应用案例1（啤酒开瓶器）

▶19min

案例概述：

本案例将介绍啤酒开瓶器的创建过程，此案例比较适合初学者。通过学习此案例，可以对UG NX中钣金的基本命令有一定的认识，例如突出块、折弯及法向开孔等。该模型及部件导航器如图5.267所示。

● 步骤1　新建文件。选择"快速访问工具条"中的 🗋 命令，在"新建"对话框中选择"NX钣金"模板，在名称文本框中输入"啤酒开瓶器"，将工作目录设置为D:\UG2206\work\ch05.06\，然后单击"确定"按钮进入钣金设计环境。

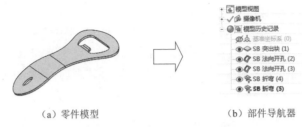

（a）零件模型　　　　　　　　（b）部件导航器

图5.267　零件模型及部件导航器

○ 步骤2　创建如图5.268所示的突出块。单击 主页 功能选项卡"基本"区域中的◇按钮，系统会弹出"突出块"对话框，在系统的提示下，选取"XY平面"作为草图平面，绘制如图5.269所示的截面草图，绘制完成后单击 主页 选项卡"草图"区域的▩按钮退出草图环境，采用系统默认的厚度方向，单击"突出块"对话框中的"确定"按钮，完成突出块的创建。

○ 步骤3　创建如图5.270所示的法向除料（1）。单击 主页 功能选项卡"基本"区域中的◿ "法向开孔"命令，系统会弹出"法向开孔"对话框，在"类型"下拉列表中选择"草图"类型，在系统的提示下选取如图5.270所示的模型表面作为草图平面，绘制图5.271所示的截面草图，在"开孔属性"区域的"切割方法"下拉列表中选择"厚度"，在"限制"下拉列表中选择"贯通"，单击"法向开孔"对话框中的"确定"按钮，完成法向开孔的创建。

○ 步骤4　创建如图5.272所示的法向除料（2）。单击 主页 功能选项卡"基本"区域中的◿ "法向开孔"命令，系统会弹出"法向开孔"对话框，在"类型"下拉列表中选择"草图"类型，在系统的提示下选取如图5.272所示的模型表面作为草图平面，绘制如图5.273所示的截面草图，在"开孔属性"区域的"切割方法"下拉列表中选择"厚度"，在"限制"下拉列表中选择"贯通"，单击"法向开孔"对话框中的"确定"按钮，完成法向开孔的创建。

○ 步骤5　创建如图5.274所示的折弯（1）。单击 主页 功能选项卡"折弯"区域的"折弯"按钮，系统会弹出"折弯"对话框，在系统的提示下选取如图5.274所示的模型表面作为草图平面，绘制如图5.275所示的草图，绘制完成后单击"完成"按钮退出草图环境，在"折弯属性"区域的"角度"文本框中输入20，将折弯方向与固定侧调整至如图5.276所示的方向，在"内嵌"下拉列表中选择"折弯中心线轮廓"，选中"延伸截面"复选框，在"折弯参数"区域中单击"折弯半径"文本框后的〓，选择使用局部值命令，然后输入半径值10，单击"折弯"对话框中的"确定"按钮，完成折弯的创建。

图5.268　突出块

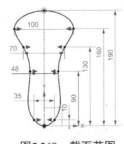

图5.269　截面草图

图5.270　法向除料（1）

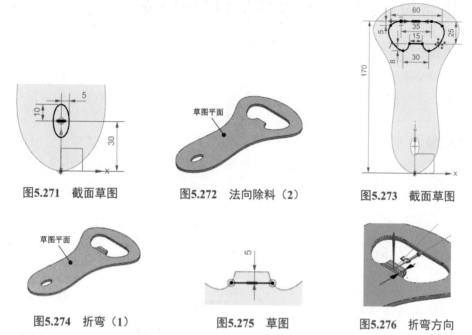

图5.271　截面草图　　　图5.272　法向除料（2）　　　图5.273　截面草图

图5.274　折弯（1）　　　图5.275　草图　　　图5.276　折弯方向

○ 步骤6 创建如图5.277所示的折弯（2）。单击 主页 功能选项卡"折弯"区域的"折弯"按钮，系统会弹出"折弯"对话框，在系统的提示下选取如图5.277所示的模型表面作为草图平面，绘制如图5.278所示的草图，绘制完成后单击"完成"按钮退出草图环境，在"折弯属性"区域的"角度"文本框中输入20，将折弯方向与固定侧调整至如图5.279所示的方向，在"内嵌"下拉列表中选择"折弯中心线轮廓"，选中"延伸截面"复选框，在"折弯参数"区域"折弯半径"文本框中输入半径值100，单击"折弯"对话框中的"确定"按钮，完成折弯的创建。

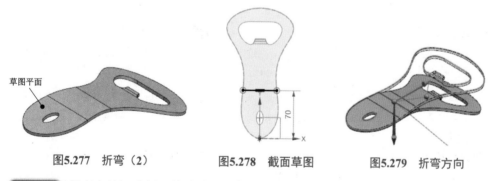

图5.277　折弯（2）　　　图5.278　截面草图　　　图5.279　折弯方向

○ 步骤7 保存文件。选择"快速访问工具条"中的"保存"命令，完成保存操作。

5.7　钣金设计综合应用案例2（机床外罩）

案例概述：

　　本案例将介绍机床外罩的创建过程，此钣金是由一些钣金基本特征组成的，其中要注意弯边、倒角、加固板、筋、镜像复制和阵列复制等特征的创建方法。该模型及部件导航器如图5.280所示。

　　○步骤1　新建文件。选择"快速访问工具条"中的 命令，在"新建"对话框中选择"NX钣金"模板，在名称文本框中输入"机床外罩"，将工作目录设置为D:\UG2206\work\ch05.07\，然后单击"确定"按钮进入钣金设计环境。

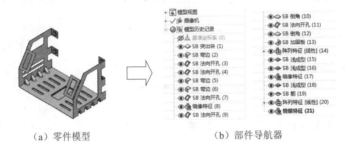

（a）零件模型　　　　　　（b）部件导航器

图5.280　机床外罩模型及部件导航器

　　○步骤2　设置钣金默认参数。选择下拉菜单"首选项"→"钣金"命令，系统会弹出"钣金首选项"对话框，在"材料厚度"文本框中输入1，在"折弯半径"文本框中输入1，在"让位槽深度"文本框中输入0.5，在"让位槽宽度"文本框中输入0.5。

　　○步骤3　创建如图5.281所示的突出块。单击 主页 功能选项卡"基本"区域中的 （突出块）按钮，系统会弹出"突出块"对话框，在系统的提示下，选取"XY平面"作为草图平面，绘制如图5.282所示的截面草图，绘制完成后单击 主页 选项卡"草图"区域的 按钮退出草图环境，采用系统默认的厚度方向，单击"突出块"对话框中的"确定"按钮，完成突出块的创建。

　　○步骤4　创建如图5.283所示的弯边（1）。单击 主页 功能选项卡"基本"区域中的 （弯边）按钮，系统会弹出"弯边"对话框，选取如图5.284所示的边线作为弯边的附着边，在"宽度选项"下拉列表中选择"完整"，在"长度"文本框中输入120，在"角度"文本框中输入90，在"参考长度"下拉列表中选择"外侧"，在"内嵌"下拉列表中选择"材料内侧"，在"偏置"文本框中输入0，其他参数均采用默认，单击"弯边"对话框中的"确定"按钮，完成弯边的创建。

　　○步骤5　创建如图5.285所示的法向开孔（1）。单击 主页 功能选项卡"基本"区域中的 "法向开孔"命令，系统会弹出"法向开孔"对话框，在"类型"下拉列表中选择"草图"类型，在系统的提示下选取如图5.285所示的模型表面作为草图平面，绘制如图5.286所示的截面草图，在"开孔属性"区域的"切割方法"下拉列表中选择"厚度"，在"限制"下拉列表中选择"贯通"，单击"法向开孔"对话框中的"确定"按钮，完成法向开孔的创建。

○ 步骤6 创建如图5.287所示的法向开孔（2）。单击 主页 功能选项卡"基本"区域中的 ⌒ "法向开孔"命令，系统会弹出"法向开孔"对话框，在"类型"下拉列表中选择"草图"类型，在系统的提示下选取如图5.287所示的模型表面作为草图平面，绘制如图5.288所示的截面草图，在"开孔属性"区域的"切割方法"下拉列表中选择"厚度"，在"限制"下拉列表中选择"贯通"，单击"法向开孔"对话框中的"确定"按钮，完成法向开孔的创建。

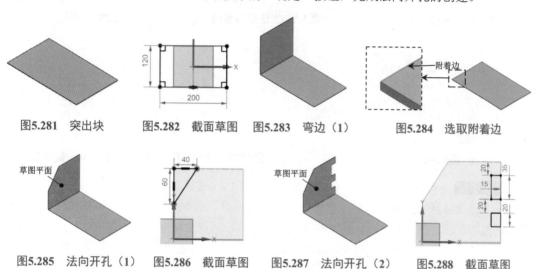

图5.281 突出块　　图5.282 截面草图　　图5.283 弯边（1）　　图5.284 选取附着边

图5.285 法向开孔（1）　　图5.286 截面草图　　图5.287 法向开孔（2）　　图5.288 截面草图

○ 步骤7 创建如图5.289所示的弯边（2）。单击 主页 功能选项卡"基本"区域中的 ⌒ （弯边）按钮，系统会弹出"弯边"对话框，选取如图5.290所示的两条边线作为弯边的附着边，在"宽度选项"下拉列表中选择"完整"，在"长度"文本框中输入24，在"角度"文本框中输入90，在"参考长度"下拉列表中选择"外侧"，在"内嵌"下拉列表中选择"材料内侧"，在"偏置"文本框中输入0，其他参数均采用默认，单击"弯边"对话框中的"确定"按钮，完成弯边的创建。

○ 步骤8 创建如图5.291所示的弯边（3）。单击 主页 功能选项卡"基本"区域中的 ⌒ （弯边）按钮，系统会弹出"弯边"对话框，选取如图5.292所示的边线作为弯边的附着边，在"宽度选项"下拉列表中选择"从两端"，在"距离1"文本框中输入20，在"距离2"文本框中输入0，在"长度"文本框中输入36，在"角度"文本框中输入90，在"参考长度"下拉列表中选择"外侧"，在"内嵌"下拉列表中选择"材料内侧"，在"偏置"文本框中输入0，其他参数均采用默认，单击"弯边"对话框中的"确定"按钮，完成弯边的创建。

○ 步骤9 创建如图5.293所示的法向开孔（3）。单击 主页 功能选项卡"基本"区域中的 ⌒ "法向开孔"命令，系统会弹出"法向开孔"对话框，在"类型"下拉列表中选择"草图"类型，在系统的提示下选取如图5.293所示的模型表面作为草图平面，绘制如图5.294所示的截面草图，在"开孔属性"区域的"切割方法"下拉列表中选择"厚度"，在"限制"下拉列表中选择"直至下一个"，单击"法向开孔"对话框中的"确定"按钮，完成法向开孔的创建。

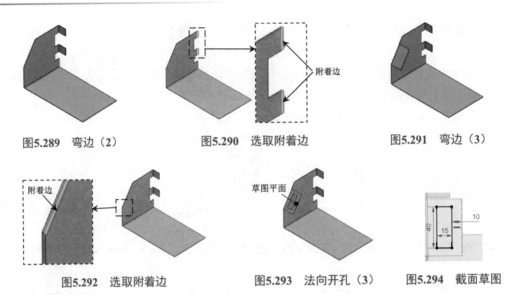

图5.289　弯边（2）　　　图5.290　选取附着边　　　图5.291　弯边（3）

图5.292　选取附着边　　　图5.293　法向开孔（3）　　　图5.294　截面草图

○步骤10　创建如图5.295所示的镜像特征（1）。选择下拉菜单"插入"→"关联复制"→"镜像特征"，系统会弹出"镜像特征"对话框，选取步骤4～步骤9创建的6个特征作为要镜像的特征，在"参考点"区域激活"指定点"，选取坐标原点作为参考点，在"镜像平面"区域的"平面"下拉列表中选择"现有平面"，激活"选择平面"，选取"YZ平面"作为镜像平面，单击"确定"按钮，完成镜像特征的创建。

○步骤11　创建如图5.296所示的法向开孔（4）。单击 主页 功能选项卡"基本"区域中的 ✐ "法向开孔"命令，系统会弹出"法向开孔"对话框，在"类型"下拉列表中选择"草图"类型，在系统的提示下选取如图5.296所示的模型表面作为草图平面，绘制如图5.297所示的截面草图，在"开孔属性"区域的"切割方法"下拉列表中选择"厚度"，在"限制"下拉列表中选择"直至下一个"，单击"法向开孔"对话框中的"确定"按钮，完成法向开孔的创建。

○步骤12　创建如图5.298所示的倒角（1）。

图5.295　镜像特征（1）　图5.296　法向开孔（4）　图5.297　截面草图　图5.298　倒角（1）

单击 主页 功能选项卡"拐角"区域中的 ◇ "倒角"命令，系统会弹出"倒角"对话框。选取如图5.299所示的5条边线，在"方法"下拉列表中选择"圆角"，在"半径"文本框中输入圆角半径值8，单击"倒角"对话框中的"确定"按钮，完成倒角的创建。

○步骤13　创建如图5.300所示的法向除料（5）。单击 主页 功能选项卡"基本"区域中的 ✐ "法向开孔"命令，系统会弹出"法向开孔"对话框，在"类型"下拉列表中选择"草图"类型，在系统的提示下选取如图5.300所示的模型表面作为草图平面，绘制如图5.301所示的截面草图，在"开孔属性"区域的"切割方法"下拉列表中选择"厚度"，在"限制"下拉列表中选择"直至下一个"，单击"法向开孔"对话框中的"确定"按钮，完成法向开孔的创建。

○步骤14　创建如图5.302所示的倒角（2）。

单击 主页 功能选项卡"拐角"区域中的 ◇ "倒角"命令，系统会弹出"倒角"对话框。选取如图5.303所示的4条边线，在"方法"下拉列表中选择"圆角"，在"半径"文本框中输入圆角半径值4，单击"倒角"对话框中的"确定"按钮，完成倒角的创建。

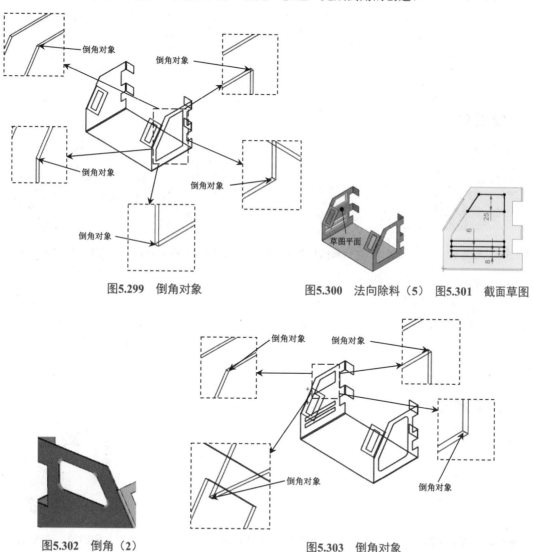

图5.299　倒角对象

图5.300　法向除料（5）　图5.301　截面草图

图5.302　倒角（2）

图5.303　倒角对象

○步骤15　创建如图5.304所示的加固板（1）。单击 主页 功能选项卡"凸模"区域 ◈ 下的 按钮，在系统弹出的快捷菜单中选择 加固板 命令，系统会弹出"加固板"对话框，在

"加固板"对话框的"类型"下拉列表中选择"自动生成轮廓"类型，在系统的提示下选取如图5.305所示的折弯面，在"位置"区域的下拉列表中选择◈（按某一距离），选取如图5.305所示的平面作为参考平面，在"距离"文本框中输入-24（沿y轴正方向偏移24单位），在"形状"区域的"深度"文本框中输入10，在"成型"下拉列表中选择"圆形"，在"宽度"文本框中输入8，在"侧角"文本框中输入0，在"冲模半径"文本框中输入2，单击"加固板"对话框中的"确定"按钮，完成加固板的创建。

◎步骤16 创建如图5.306所示的阵列（1）。选择下拉菜单"插入"→"关联复制"→"阵列特征"，系统会弹出"阵列特征"对话框，在"阵列特征"对话框"阵列定义"区域的"布局"下拉列表中选择"线性"，选取步骤15创建的加固板作为阵列的源对象，在"阵列特征"对话框"方向1"区域激活"指定向量"，选取"y轴"作为方向参考，在"间距"下拉列表中选择"数量和间隔"，在"数量"文本框中输入4，在"间隔"文本框中输入24，单击"阵列特征"对话框中的"确定"按钮，完成阵列特征的创建。

◎步骤17 创建如图5.307所示的凹坑（1）。

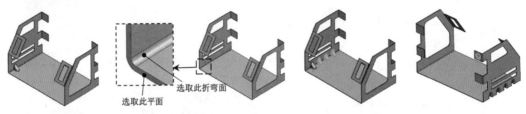

选取此折弯面
选取此平面

图5.304 加固板（1） 图5.305 折弯面与参考平面 图5.306 阵列（1） 图5.307 凹坑（1）

单击 主页 功能选项卡"凸模"区域◈中的（凹坑）按钮，系统会弹出"凹坑"对话框，选取如图5.308所示的模型表面作为草图平面，绘制如图5.309所示的截面轮廓，在"凹坑属性"区域的"深度"文本框中输入1.5，单击⊠按钮使方向变为沿y轴负方向，在"侧角"文本框中输入0，在"侧壁"下拉列表中选择"材料内侧"，在"设置"区域选中"倒圆凹坑边"复选框，在"冲压半径"文本框中输入1，在"冲模半径"文本框中输入1，取消选中"倒圆截面拐角"复选框，单击"凹坑"对话框中的"确定"按钮，完成凹坑的创建。

◎步骤18 创建如图5.310所示的凹坑（2）。

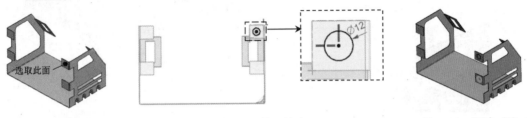

选取此面
Φ12

图5.308 草图平面 图5.309 截面轮廓 图5.310 凹坑（2）

单击 主页 功能选项卡"凸模"区域中的◈（凹坑）按钮，系统会弹出"凹坑"对话框，选取如图5.311所示的模型表面作为草图平面，绘制如图5.312所示的截面轮廓，在"凹坑属性"

区域的"深度"文本框中输入1.5，单击⊠按钮使方向变为沿y轴负方向，在"侧角"文本框中输入0，在"侧壁"下拉列表中选择"材料内侧"，在"设置"区域选中"倒圆凹坑边"复选框，在"冲压半径"文本框中输入1，在"冲模半径"文本框中输入1，取消选中"倒圆截面拐角"复选框，单击"凹坑"对话框中的"确定"按钮，完成凹坑的创建。

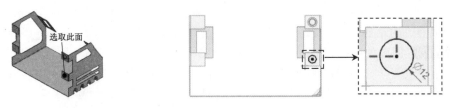

图5.311　草图平面　　　　　　　　　　图5.312　截面轮廓

🔘步骤19　创建如图5.313所示的镜像特征（2）。选择下拉菜单"插入"→"关联复制"→"镜像特征"，系统会弹出"镜像特征"对话框，选取创建的4个成型特征作为要镜像的特征，在"镜像平面"区域的"平面"下拉列表中选择"现有平面"，激活"选择平面"，选取"YZ平面"作为镜像平面，单击"确定"按钮，完成镜像特征的创建。

🔘步骤20　创建图5.314所示的凹坑（3）。

单击主页功能选项卡"凸模"区域中的◈（凹坑）按钮，系统会弹出"凹坑"对话框，选取如图5.315所示的模型表面作为草图平面，绘制如图5.316所示的截面轮廓，在"凹坑属性"区域的"深度"文本框中输入2，单击⊠按钮使方向变为沿z轴负方向，在"侧角"文本框中输入0，在"侧壁"下拉列表中选择"材料内侧"，在"设置"区域选中"倒圆凹坑边"复选框，在"冲压半径"文本框中输入1，在"冲模半径"文本框中输入1，选中"倒圆截面拐角"复选框，在"角半径"文本框中输入1.5，单击"凹坑"对话框中的"确定"按钮，完成凹坑的创建。

　　　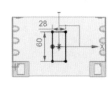

图5.313　镜像特征（2）　　图5.314　凹坑3　　　　图5.315　草图平面　　　图5.316　截面轮廓

🔘步骤21　创建如图5.317所示的筋（1）。单击主页功能选项卡"凸模"区域⬇下的███按钮，在系统弹出的快捷菜单中选择◈筋，系统会弹出"筋"对话框，选取如图5.317所示的模型表面作为草图平面，绘制如图5.318所示的截面草图，在"筋属性"区域的"横截面"下拉列表中选择"圆形"，在"深度"文本框中输入2，单击⊠按钮将厚度调整为z轴负方向，在"半径"文本框中输入2，在"端部条件"下拉列表中选择"成型的"，在"设置"区域选中"圆角筋边"复选框，在"冲模半径"文本框中输入1，单击"筋"对话框中的"确定"按钮，完成筋的创建。

⭕步骤22 创建如图5.319所示的阵列（2）。选择下拉菜单"插入"→"关联复制"→
"阵列特征"，系统会弹出"阵列特征"对话框，在"阵列特征"对话框"阵列定义"区域
的"布局"下拉列表中选择"线性"，选取步骤21创建的筋作为阵列的源对象，在"阵列特
征"对话框"方向1"区域激活"指定向量"，选取"-YC轴"作为方向参考，在"间距"下
拉列表中选择"数量和间隔"，在"数量"文本框中输入5，在"间隔"文本框中输入20，单
击"阵列特征"对话框中的"确定"按钮，完成阵列特征的创建。

⭕步骤23 创建如图5.320所示的镜像特征（3）。选择下拉菜单"插入"→"关联复
制"→"镜像特征"，系统会弹出"镜像特征"对话框，选取步骤21与步骤22创建的两个特征
作为要镜像的特征，在"镜像平面"区域的"平面"下拉列表中选择"现有平面"，激活"选
择平面"，选取"YZ平面"作为镜像平面，单击"确定"按钮，完成镜像特征的创建。

选取此面

图5.317　筋（2）

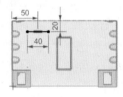

图5.318　截面草图

图5.319　阵列（2）

图5.320　镜像特征（3）

⭕步骤24 保存文件。选择"快速访问工具条"中的"保存"命令，完成保存操作。

第 6 章　UG NX装配设计

6.1　装配设计入门

在实际产品的设计过程中，零件设计只是一个最基础的环节，一个完整的产品都是由许多零件组装而成的，只有将各个零件按照设计和使用的要求组装到一起，才能形成一个完整的产品，才能直观地表达出设计意图。

装配的作用：

（1）模拟真实产品组装，优化装配工艺。

零件的装配处于产品制造的最后阶段，产品最终的质量一般通过装配来得到保证和检验，因此，零件的装配设计是决定产品质量的关键环节。研究并制定合理的装配工艺，采用有效的保证装配精度的装配方法，对进一步提高产品质量有十分重要的意义。UG NX的装配模块能够模拟产品的实际装配过程。

（2）得到产品的完整数字模型，易于观察。

（3）检查装配体中各零件之间的干涉情况。

（4）制作爆炸视图辅助实际产品的组装。

（5）制作装配体工程图。

装配设计一般有两种方式：自顶向下装配和自下向顶装配。自下向顶设计是一种从局部到整体的设计方法，采用此方法设计产品的思路是先设计零部件，然后将零部件插入装配体中进行组装，从而得到整个装配体。这种方法在零件之间不存在任何参数关联，仅仅存在简单的装配关系；自顶向下设计是一种从整体到局部的设计方法，采用此方法设计产品的思路是先创建一个反映装配体整体构架的一级控件，所谓控件就是控制元件，用于控制模型的外观及尺寸等，在设计中起承上启下的作用，最高级别的控件被称为一级控件；其次，根据一级控件来分配各个零件间的位置关系和结构，根据分配好的零件间的关系，完成各零件的设计。

相关术语及概念如下。

（1）零件：组成部件与产品的最基本单元。

（2）组件：可以是零件，也可以是多个零件组成的子装配体，它是组成产品的主要单元。

（3）装配约束：在装配过程中，装配约束用来控制组件与组件之间的相对位置，起到定位的作用。

（4）装配体：也称为产品，是装配的最终结果，它是由组件及组件之间的装配约束关系组成的。

6.2 装配设计的一般过程

使用UG NX进行装配设计的一般过程如下：

（1）新建一个"装配"文件，进入装配设计环境。

（2）装配第1个组件。

> **说明**　装配第1个组件时包含两步操作，第1步，引入组件；第2步，通过装配约束定义组件位置。

（3）装配其他组件。

（4）制作爆炸视图。

（5）保存装配体。

（6）创建装配体工程图。

下面以装配如图6.1所示的车轮产品为例，介绍装配体创建的一般过程。

6.2.1 新建装配文件

图6.1　车轮产品

○ **步骤1**　选择命令。选择"快速访问工具条"中的 🖺 命令（或者选择下拉菜单"文件"→"新建"命令），系统会弹出"新建"对话框。

○ **步骤2**　选择装配模板。在"新建"对话框中选择"装配"模板。

○ **步骤3**　设置名称与工作目录。在"新文件名"区域的"名称"文本框中输入小车轮，将工作目录设置为D:\UG2206\work\ch06.02。

○ **步骤4**　完成操作，单击"新建"对话框中的"确定"按钮，完成操作。

> **说明**　进入装配环境后会自动弹出"装配"对话框。

6.2.2 装配第1个零件

○ **步骤1**　选择要添加的组件。选择 装配 功能选项卡"基本"区域中的 🖳 "添加组件"命令，系统会弹出如图6.2所示的"添加组件"对话框，在"添加组件"对话框中单击 🗁 "打开"按钮，系统会弹出如图6.3所示的"部件名"对话框，选中"支架"部件，然后单击"确定"按钮。

○ 步骤2　定位组件。在"添加组件"对话框的"放置"区域中选中"约束"单选项，在约束类型区域中选中 ⬇ "固定"约束，在绘图区选取支架零件，单击"确定"按钮完成定位，如图6.4所示。

图6.2　"添加组件"对话框　　　　图6.3　"部件名"对话框　　　　图6.4　支架零件

6.2.3　装配第2个零件

1. 引入第2个零件

○ 步骤1　选择命令。选择 装配 功能选项卡"基本"区域中的 🖼 "添加组件"命令，系统会弹出"添加组件"对话框。

○ 步骤2　选择组件。在"添加组件"对话框中单击 🖻 "打开"按钮，系统会弹出"部件名"对话框，选中"车轮"部件，然后单击"确定"按钮。

○ 步骤3　调整组件位置。在"放置"区域选中"移动"单选项，确认"指定方位"被激活，此时在图形区可以看到如图6.5所示的坐标系，通过拖动方向箭头与旋转球将模型调整至如图6.6所示的大概方位。

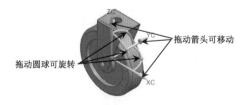

图6.5　移动坐标系　　　　　　　图6.6　引入车轮零件

○ 步骤4　完成引入。单击"确定"按钮完成操作。

2. 定位第2个零件

○ 步骤1 选择命令。选择 装配 功能选项卡"位置"区域中的 🞨 "装配约束"命令，系统会弹出如图6.7所示的"装配约束"对话框。

○ 步骤2 定义同轴心约束。在"约束"区域选中 📊 （接触对齐）类型，在"方位"下拉列表中选择 ↔ 自动判断中心/轴 ，在绘图区选取如图6.8所示的面1与面2作为约束面，完成同轴心约束的添加，效果如图6.9所示。

图6.7 "装配约束"对话框

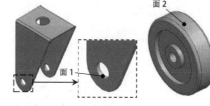

图6.8 约束面

图6.9 同轴心约束

○ 步骤3 定义中心约束。在"约束"区域选中 ↦ （中心）类型，在"子类型"下拉列表中选择 2对2 ，在绘图区选取如图6.10所示的面1、面2、面3与面4作为约束面，完成中心约束的添加。

○ 步骤4 完成定位，单击"装配约束"对话框中的"确定"按钮，完成车轮零件的定位，效果如图6.11所示。

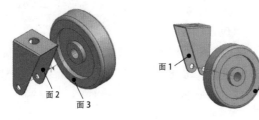

图6.10 约束面

图6.11 定位车轮零件

6.2.4 装配第3个零件

1. 引入第3个零件

○ 步骤1 选择命令。选择 装配 功能选项卡"基本"区域中的 🞨 "添加组件"命令，系统会弹出"添加组件"对话框。

○步骤2　选择组件。在"添加组件"对话框中单击 "打开"按钮，系统会弹出"部件名"对话框，选中"定位销"部件，然后单击"确定"按钮。

○步骤3　调整组件位置。在"放置"区域选中"移动"单选项，确认"指定方位"被激活，通过拖动方向箭头与旋转球将模型调整至如图6.12所示的大概方位，单击"确定"按钮完成操作。

2. 定位第3个零件

○步骤1　选择命令。选择 装配 功能选项卡"位置"区域中的 "装配约束"命令，系统会弹出"装配约束"对话框。

○步骤2　定义同轴心约束。在"约束"区域选中 (接触对齐)类型，在"方位"下拉列表中选择 自动判断中心/轴 ，在绘图区选取如图6.13所示的面1与面2作为约束面，完成同轴心约束的添加，效果如图6.14所示。

图6.12　引入定位销零件　　　　图6.13　约束面　　　　图6.14　同轴心约束

○步骤3　定义中心约束。在"约束"区域选中 (中心)类型，在"子类型"下拉列表中选择 2对2 ，在绘图区选取如图6.15所示的面1、面2、面3与面4作为约束面，完成中心约束的添加。

○步骤4　完成定位，单击"装配约束"对话框中的"确定"按钮，完成定位销零件的定位，效果如图6.16所示（隐藏车轮后的效果）。

图6.15　约束面　　　　　　　　图6.16　定位销零件

6.2.5　装配第 4 个零件

1. 引入第4个零件

○步骤1　选择命令。选择 装配 功能选项卡"基本"区域中的 "添加组件"命令，系统会弹出"添加组件"对话框。

○步骤2 选择组件。在"添加组件"对话框中单击🗁"打开"按钮，系统会弹出"部件名"对话框，选中"固定螺钉"部件，然后单击"确定"按钮。

○步骤3 调整组件位置。在"放置"区域选中"移动"单选项，确认"指定方位"被激活，通过拖动方向箭头与旋转球将模型调整至如图6.17所示的大概方位，单击"确定"按钮完成操作。

2. 定位第4个零件

○步骤1 选择命令。选择 装配 功能选项卡"位置"区域中的 🔧"装配约束"命令，系统会弹出"装配约束"对话框。

○步骤2 定义同轴心约束。在"约束"区域选中 🔧（接触对齐）类型，在"方位"下拉列表中选择 🔧 自动判断中心/轴 ，在绘图区选取如图6.18所示的面1与面2作为约束面，完成同轴心约束的添加，效果如图6.19所示。

图6.17 引入固定螺钉零件　　　图6.18 约束面　　　图6.19 同轴心约束

○步骤3 定义接触约束。在"约束"区域选中 🔧（接触对齐）类型，在"方位"下拉列表中选择 🔧 接触 ，在绘图区选取如图6.20所示的面1与面2作为约束面，完成接触约束的添加。

○步骤4 完成定位，单击"装配约束"对话框中的"确定"按钮，完成固定螺钉零件的定位，效果如图6.21所示。

图6.20 约束面　　　　　　　　　图6.21 定位固定螺钉零件

6.2.6 装配第5个零件

1. 引入第5个零件

○步骤1 选择命令。选择 装配 功能选项卡"基本"区域中的 🔧"添加组件"命令，系统会弹出"添加组件"对话框。

○步骤2 选择组件。在"添加组件"对话框中单击🗁"打开"按钮，系统会弹出"部件名"对话框，选中"连接轴"部件，然后单击"确定"按钮。

◎步骤3 调整组件位置。在"放置"区域选中"移动"单选项，确认"指定方位"被激活，通过拖动方向箭头与旋转球将模型调整至如图6.22所示的大概方位，单击"确定"按钮完成操作。

2. 定位第5个零件

◎步骤1 选择命令。选择 装配 功能选项卡"位置"区域中的 装 "装配约束"命令，系统会弹出"装配约束"对话框。

◎步骤2 定义同轴心约束。在"约束"区域选中 接触对齐 类型，在"方位"下拉列表中选择 自动判断中心/轴 ，在绘图区选取如图6.23所示的面1与面2作为约束面，完成同轴心约束的添加，效果如图6.24所示。

图6.22 引入连接轴零件

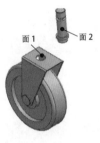
图6.23 约束面

图6.24 同轴心约束

◎步骤3 定义接触约束。在"约束"区域选中 接触对齐 类型，在"方位"下拉列表中选择 接触 ，在绘图区选取如图6.25所示的面1与面2作为约束面，完成接触约束的添加。

◎步骤4 完成定位，单击"装配约束"对话框中的"确定"按钮，完成连接轴零件的定位，效果如图6.26所示。

图6.25 约束面

图6.26 定位连接轴零件

◎步骤5 保存文件。选择"快速访问工具条"中的"保存"命令，完成保存操作。

6.3 装配约束

通过定义装配约束，可以指定零件相对于装配体（组件）中其他组件的放置方式和位置。装配约束的类型包括重合、平行、垂直和同轴心等。在UG NX中，一个零件通过装配约束添加到装配体后，它的位置会随与其有约束关系的组件的改变而相应地进行改变，而且约束设置值作为参数可随时修改，并可与其他参数建立关系方程，这样整个装配体实际上是一个参数化的装配体。

关于装配约束，需要注意以下几点：

（1）一般来讲，建立一个装配约束时，应选取零件参照和部件参照。零件参照和部件参照是零件和装配体中用于配合定位和定向的点、线、面。例如通过"重合"约束将一根轴放入装配体的一个孔中，轴的圆柱面或者中心轴就是零件参照，而孔的圆柱面或者中心轴就是部件参照。

（2）要对一个零件在装配体中完整地指定放置和定向（完整约束），往往需要定义多个装配约束。

（3）系统一次只可以添加一个约束。例如不能用一个"重合"约束将一个零件上两个不同的孔与装配体中的另一个零件上两个不同的孔对齐，必须定义两个不同的重合约束。

1. "接触对齐"约束

"接触对齐"约束可以添加两个组件点、线或者面中任意两个对象之间的约束，如点与点重合，如图6.27所示。

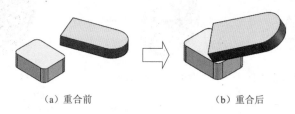

(a) 重合前　　　　　　　　　(b) 重合后

图6.27　点与点重合

点与线重合，如图6.28所示。

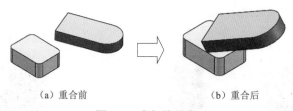

(a) 重合前　　　　　　　　　(b) 重合后

图6.28　点与线重合

点与面重合，如图6.29所示。

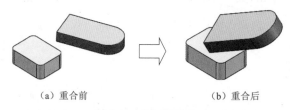

(a) 重合前　　　　　　　　　(b) 重合后

图6.29　点与面重合

线与线重合，如图6.30所示。

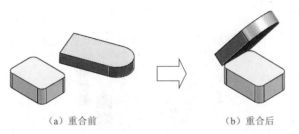

（a）重合前　　　　　　　　　（b）重合后

图6.30　线与线重合

线与面重合，如图6.31所示。

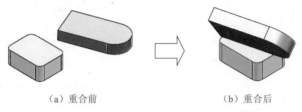

（a）重合前　　　　　　　　　（b）重合后

图6.31　线与面重合

面与面重合，如图6.32所示。

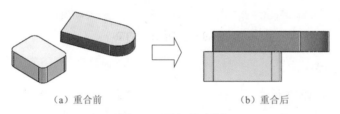

（a）重合前　　　　　　　　　（b）重合后

图6.32　面与面重合

接触对齐的方位主要包含 Prefer Touch 、 接触 、 对齐 和 自动判断中心/轴 。

 Prefer Touch ：当接触与对齐均可添加时，优先选择添加接触约束。

 接触 ：使两个面法向方向相反重合，如图6.32所示。

 对齐 ：使两个面法向方向相同重合，如图6.33所示。

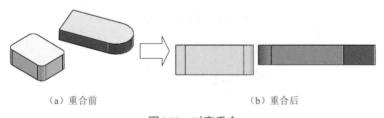

（a）重合前　　　　　　　　　　　（b）重合后

图6.33　对齐重合

 自动判断中心/轴 ：将所选的两个圆柱面处于同轴心位置，该约束经常用于轴类零件的装配，如图6.34所示。

2. "同心"约束

"同心"约束可以约束两条圆边或者椭圆边以使中心重合并使边的平面共面，如图6.35所示。

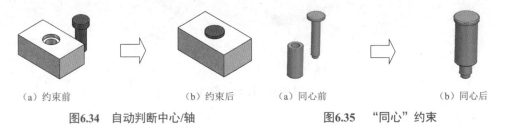

（a）约束前　　　　　　（b）约束后　　　　（a）同心前　　　　　　（b）同心后

图6.34　自动判断中心/轴　　　　　　　图6.35　"同心"约束

3. "距离"约束

"距离"约束可以使两个零部件上的点、线或面建立一定距离，以此来限制零部件的相对位置关系，如图6.36所示。

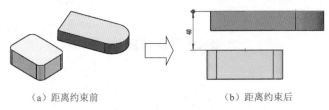

（a）距离约束前　　　　　　　　　　（b）距离约束后

图6.36　"距离"约束

4. "平行"约束

"平行"约束可以添加两个零部件线或者面两个对象之间的平行关系（线与线平行、线与面平行、面与面平行），并且可以改变平行的方向，如图6.37所示。

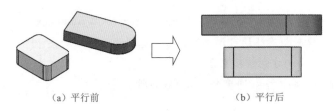

（a）平行前　　　　　　　　　　（b）平行后

图6.37　"平行"约束

5. "垂直"约束

"垂直"约束可以添加两个零部件线或者面对象之间的垂直关系（线与线垂直、线与面垂直、面与面垂直），并且可以改变垂直的方向，如图6.38所示。

6. "中心"约束

"中心"约束可以使一对对象之间的一个或两个对象居中，或使一对对象沿另一个对象居中，在子类型列表中包含 1对2 、 2对1 和 2对2 。

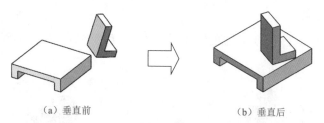

（a）垂直前　　　　　　　　　　　（b）垂直后

图6.38　"垂直"约束

1对2：用于使后选的两个对象关于第1个对象对称，如图6.39所示。

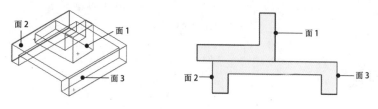

图6.39　1对2

2对1：用于使前两个对象关于第3个对象对称，如图6.40所示。

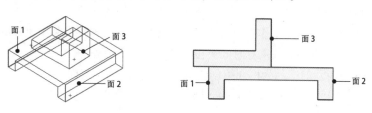

图6.40　2对1

2对2：用于使前两个对象的中心面与后两个对象的中心面重合，如图6.41所示。

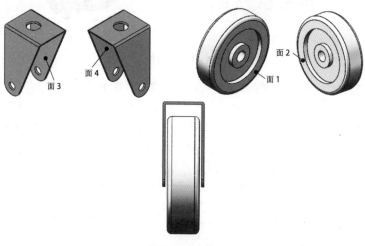

图6.41　2对2

7. "角度"约束

"角度"约束可以使两个元件上的线或面建立一个角度，从而限制部件的相对位置关系，如图6.42所示。

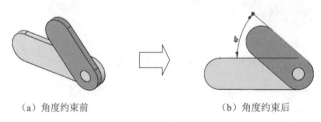

（a）角度约束前   （b）角度约束后

图6.42   "角度"约束

6.4   引用集

引用集可以控制每个组件加载到装配中的数据。对于一个模型来讲，它可能包含实体、基准、曲面等内容，一般情况下用户在将组件调用到装配中时不需要对全部数据进行调用，我们只需对装配用的内容进行调用就可以了，这就需要引用集进行管理。

合理使用引用集有以下几个作用：简化模型、可以实现将模型中某个组件的某一部分单独显示出来、使用内存更少、加载重算时间更短、图形显示更整齐等。

下面以如图6.43所示的产品为例介绍创建引用集的一般操作过程。

◯ 步骤1 打开零件文件D:\UG2206\work\ch06.04\引用集01。

（a）替换引用集前   （b）替换引用集后

图6.43   引用集

◯ 步骤2 选择命令。选择 装配 功能选项卡"关联"区域中的 ⊘ "引用集"命令（或者选择下拉菜单"格式"→"引用集"命令），系统会弹出如图6.44所示的"引用集"对话框。

◯ 步骤3 新建引用集。在"引用集"对话框中单击 ▣ （添加新的引用集）按钮，然后在"引用集名称"文本框中输入"两实体引用集"，按Enter键确认。

◯ 步骤4 定义引用集包含的内容。选取如图6.45所示的两个圆柱实体作为引用集的对象。

> **注意** 引用集在选取实体特征时是以实体为单位进行选取的，也就说明如图6.45所示的模型包含3个体，如何才可以得到多体的零件呢？这就需要在创建实体特征时将布尔运算设置为无，如图6.46所示。

图6.44　"引用集"对话框

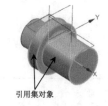

图6.45　引用集对象

图6.46　设置布尔运算

○ 步骤5　单击"关闭"按钮完成引用集的创建。

○ 步骤6　打开装配文件D:\UG2206\work\ch06.04\引用集-ex。

○ 步骤7　替换引用集。在装配导航器中右击"引用集01"选择替换引用集节点下的"两实体引用集"，如图6.47所示，完成后如图6.48所示。

图6.47　右击菜单

图6.48　替换引用集

6.5　组件的复制

6.5.1　镜像复制

在装配体中，经常会出现两个零部件关于某一平面对称的情况，此时，不需要再次为装配体添加相同的零部件，只需对原有零部件进行镜像复制。下面以如图6.49所示的产品为例介绍镜像复制的一般操作过程。

5min

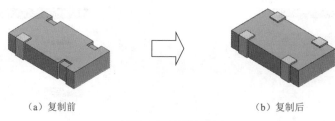

（a）复制前 　　　　　　　　　　　（b）复制后

图6.49　镜像复制

○ 步骤1　打开文件D:\UG2206\work\ch06.05\01\镜像复制-ex。

○ 步骤2　替换引用集。在装配导航器右击"镜像01"在弹出的快捷菜单中依次选择

▣ 替换引用集 → ▣ Entire Part 命令。

| 注意 | 替换引用集的目的是显示镜像01零件中的基准坐标系，如图6.50所示，后面镜像需要使用XZ与YZ平面作为镜像中心平面。 | 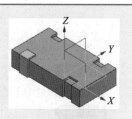 |

图6.50　替换引用集

○ 步骤3　选择命令。选择 装配 功能选项卡"组件"区域中的 镜像装配 命令（或者选择下拉菜单"装配"→"组件"→"镜像组件"命令），系统会弹出如图6.51所示的"镜像装配向导"对话框。

○ 步骤4　选择要镜像的组件。单击"镜像装配向导"对话框中的 下一步 按钮，在系统的提示下选取如图6.52所示的零件作为要镜像的组件。

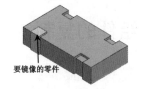

要镜像的零件

图6.51　"镜像装配向导"对话框　　　图6.52　选择要镜像的组件

○ 步骤5　选择要镜像的镜像平面。单击"镜像装配向导"对话框中的 下一步 按钮，在系统的提示下选取"YZ平面"作为镜像中心平面。

○步骤6　设置命名策略。单击"镜像装配向导"对话框中的下一步按钮，采用系统默认的命名策略。

○步骤7　镜像设置。单击"镜像装配向导"对话框中的下一步按钮，选中"组件"区域的"镜像02"，如图6.53所示，然后单击按钮。

○步骤8　完成镜像。单击"镜像装配向导"对话框中的下一步按钮，单击"完成"按钮，完成操作，如图6.54所示。

图6.53　镜像设置

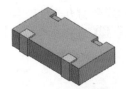

图6.54　镜像复制

> **说明**
>
> 单击下一步按钮后，有可能弹出如图6.55所示的"镜像组件"对话框，直接单击"确定"按钮即可。
>
>
>
> 图6.55　"镜像组件"对话框

○步骤9　选择命令。选择装配功能选项卡"组件"区域中的镜像装配命令，系统会弹出"镜像装配向导"对话框。

○步骤10　选择要镜像的组件。单击"镜像装配向导"对话框中的下一步按钮，在系统的提示下选取"镜像02"与"MIRROR_镜像02"零件作为要镜像的组件。

○步骤11　选择要镜像的镜像平面。单击"镜像装配向导"对话框中的下一步按钮，在系统的提示下选取"XZ平面"作为镜像中心平面。

○步骤12　设置命名策略。单击"镜像装配向导"对话框中的下一步按钮，采用系统默认的命名策略。

○步骤13　镜像设置。单击"镜像装配向导"对话框中的下一步按钮，选中"组件"区域的"镜像02"与"MIRROR_镜像02"，然后单击按钮。

○步骤14　完成镜像。单击"镜像装配向导"对话框中的下一步按钮，单击"完成"按钮，完成操作，如图6.56所示。

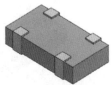

图6.56　镜像复制

6.5.2 阵列组件

1. 线性阵列

"线性阵列"可以将零部件沿着一个或者两个线性的方向进行规律性复制，从而得到多个副本。下面以如图6.57所示的装配为例，介绍线性阵列的一般操作过程。

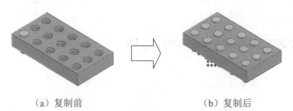

（a）复制前　　　　　　　　（b）复制后

图6.57　线性阵列

○ 步骤1　打开文件D:\UG2206\work\ch06.05\02\线性阵列-ex。

○ 步骤2　选择命令。选择 装配 功能选项卡"组件"区域中的 🖧阵列组件 命令（或者选择下拉菜单"装配"→"组件"→"阵列组件"命令），系统会弹出如图6.58所示的"阵列组件"对话框。

○ 步骤3　定义阵列类型。在"阵列定义"区域的"布局"下拉列表中选择"线性"。

○ 步骤4　定义要阵列的组件。在"阵列组件"对话框中确认"要形成阵列的组件"区域的"选择组件"被激活，选取如图6.59所示的组件1作为要阵列的组件。

○ 步骤5　定义阵列方向1。在"阵列组件"对话框的"方向1"区域激活"指定向量"，在图形区选取如图6.60所示的边（靠近右侧选取）作为阵列参考方向（与x轴正方向相同）。

○ 步骤6　设置方向1阵列参数。在"阵列组件"对话框的"间距"下拉列表中选择"数量和间隔"，在"数量"文本框中输入5（方向1共计5个实例），在"间隔"文本框输入60（相邻两个实例之间的间距为60）。

图6.58　"阵列组件"对话框

○ 步骤7　定义阵列方向2。在"阵列组件"对话框选中"使用方向2"复选框，确认"方向2"区域已激活"指定向量"，在图形区选取如图6.61所示的边（靠近上侧选取）作为阵列参考方向（与y轴正方向相同）。

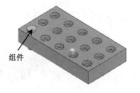

图6.59　要阵列的组件

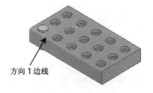

图6.60　阵列方向1

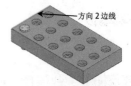

图6.61　阵列方向2

◎步骤8 设置方向2阵列参数。在"阵列组件"对话框的"间距"下拉列表中选择"数量和间隔"，在"数量"文本框中输入3，在"间隔"文本框输入50。

◎步骤9 单击"确定"按钮，完成线性阵列的操作。

2. 圆形阵列

"圆形阵列"可以将零部件绕着一个中心轴进行圆周规律复制，从而得到多个副本。下面以如图6.62所示的装配为例，介绍圆形阵列的一般操作过程。

（a）圆形阵列前　　　　　　　（b）圆形阵列后

图6.62　圆形阵列

◎步骤1 打开文件D:\UG2206\work\ch06.05\03\圆形阵列-ex。

◎步骤2 选择命令。选择 装配 功能选项卡"组件"区域中的 ⊞阵列组件 命令，系统会弹出如图6.63所示的"阵列组件"对话框。

◎步骤3 定义阵列类型。在"阵列定义"区域的"布局"下拉列表中选择"圆形"。

◎步骤4 定义要阵列的组件。在"阵列组件"对话框中确认"要形成阵列的组件"区域的"选择组件"已被激活，选取如图6.64所示的卡盘爪作为要阵列的组件。

◎步骤5 定义阵列旋转轴。在"阵列组件"对话框的"旋转轴"区域激活"指定向量"，在图形区选取如图6.65所示的圆柱面作为阵列参考方向。

◎步骤6 设置阵列参数。在"阵列组件"对话框的"间距"下拉列表中选择"数量和跨度"，在"数量"文本框中输入3（共计3个实例），在"跨角"文本框输入360（在360°范围内均匀分布）。

图6.63　"阵列组件"对话框

图6.64　要阵列的组件

图6.65　阵列旋转轴

◎步骤7 单击"确定"按钮，完成圆形阵列的操作。

3min

3. 参考阵列

"参考阵列"以装配体中某一组件的阵列特征作为参照进行组件的复制，从而得到多个副本。下面以如图6.66所示的装配为例，介绍参考阵列的一般操作过程。

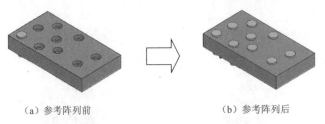

（a）参考阵列前　　　　　　　　　　（b）参考阵列后

图6.66　参考阵列

◎ 步骤1　打开文件D:\UG2206\work\ch06.05\04\参考阵列-ex。

◎ 步骤2　选择命令。选择 装配 功能选项卡"组件"区域中的 阵列组件 命令，系统会弹出如图6.67所示的"阵列组件"对话框。

◎ 步骤3　定义阵列类型。在"阵列定义"区域的"布局"下拉列表中选择"参考"。

◎ 步骤4　定义要阵列的组件。在"阵列组件"对话框中确认"要形成阵列的组件"区域的"选择组件"已被激活，选取如图6.68所示的组件1作为要阵列的组件。

◎ 步骤5　设置阵列参数。采用系统默认参数。

◎ 步骤6　单击"确定"按钮，完成参考阵列的操作。

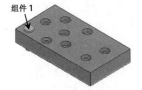

图6.67　"阵列组件"对话框　　　　　　图6.68　要阵列的组件

6.6　组件的编辑

在装配体中，可以对该装配体中的任何组件进行下面的一些操作：组件的打开与删除、组件尺寸的修改、组件装配约束的修改（如距离约束中距离值的修改）及组件装配约束的重定义等。完成这些操作一般要从装配导航器开始。

6.6.1　修改组件尺寸

下面以如图6.69所示的装配体模型为例，介绍修改装配体中组件尺寸的一般操作过程。

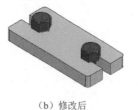

（a）修改前　　　　　　　　　　　　（b）修改后

图6.69　修改组件尺寸

1. 单独打开修改组件尺寸

◎步骤1　打开文件D:\UG2206\work\ch06.06\01\修改组件尺寸-ex。

◎步骤2　单独打开组件。在"装配导航器"中右击"修改02"零件，在系统弹出的快捷菜单中选择 在窗口中打开(D) 命令。

◎步骤3　定义修改特征。在"部件导航器"中右击"拉伸（2）"，在弹出的快捷菜单中选择 可回滚编辑... 命令，系统会弹出"拉伸"对话框。

◎步骤4　更改尺寸。在"拉伸"对话框"限制"区域的"距离"文本框中将深度值15修改为25，单击"确定"按钮，完成特征的修改。

◎步骤5　将窗口切换到总装配。选择下拉菜单"窗口"→"修改组件尺寸-ex"命令，即可切换到装配环境。

2. 在装配中直接编辑

◎步骤1　打开文件D:\UG2206\work\ch06.06\01\修改组件尺寸-ex。

◎步骤2　选择命令。在"装配导航器"中"修改02"组件节点上右击，在系统弹出的快捷菜单中选择 设为工作部件(W) 命令（或者双击"修改02"组件），此时进入建模的环境，如图6.70所示。

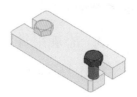

图6.70　建模环境

◎步骤3　定义修改特征。在"部件导航器"中右击"拉伸（2）"，在弹出的快捷菜单中选择 可回滚编辑... 命令，系统会弹出"拉伸"对话框。

◎步骤4　更改尺寸。在"拉伸"对话框"限制"区域的"距离"文本框中，将深度值15修改为25，单击"确定"按钮，完成特征的修改。

◎步骤5　激活总装配。在"装配导航器"中右击"修改组件尺寸-ex"节点，选择 设为工作部件(W) 命令。

6.6.2　添加装配特征

下面以如图6.71所示的装配体模型为例，介绍添加装配特征的一般操作过程。

◎步骤1　打开文件D:\UG2206\work\ch06.06\02添加装配特征-ex。

◎ 步骤2 激活编辑零件。在"装配导航器"中右击"装配特征02"，在系统弹出的快捷菜单中选择 设为工作部件(W) 命令。

◎ 步骤3 选择命令。单击 主页 功能选项卡"基本"区域中的 （孔）按钮，系统会弹出"孔"对话框。

◎ 步骤4 定义打孔平面。选取"装配特征02"组件的上表面（装配特征01与装配特征02的接触面）作为打孔平面。

◎ 步骤5 定义孔的位置。在打孔面上的任意位置单击，以初步确定打孔的初步位置，然后通过添加几何约束精确定位孔，如图6.72所示，单击 主页 功能选项卡"草图"区域中的 按钮退出草图环境。

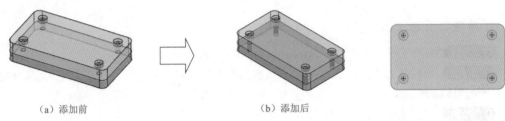

（a）添加前　　　　　　　　　（b）添加后

图6.71　添加装配特征　　　　　　　　　图6.72　定义孔位置

◎ 步骤6 定义孔的类型及参数。在"孔"对话框的"类型"下拉列表中选择"简单"类型，在"形状"区域的"孔大小"下拉列表中选择"定制"，在"孔径"文本框中输入8。在"限制"区域的"深度限制"下拉列表中选择"贯通体"。

◎ 步骤7 完成操作。在"孔"对话框中单击"确定"按钮，完成孔的创建。

◎ 步骤8 激活总装配。在"装配导航器"中右击"添加装配特征-ex"节点，选择 设为工作部件(W) 命令。

6.6.3　添加组件

下面以如图6.73所示的装配体模型为例，介绍添加组件的一般操作过程。

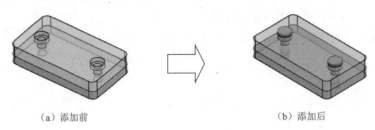

（a）添加前　　　　　　　　　（b）添加后

图6.73　添加组件

◎ 步骤1 打开文件D:\UG2206\work\ch06.06\03\添加组件-ex。

◎ 步骤2 选择命令。选择 装配 功能选项卡"基本"区域中的 命令，系统会弹出如图6.74所示的"新建组件"对话框。

◎ 步骤3 在"新建组件"对话框"组件名"文本框中输入"螺栓",单击"确定"按钮完成组件的添加,此时可以在装配导航器看到"组件"节点,如图6.75所示。

图6.74 "新建组件"对话框　　图6.75 装配导航器

◎ 步骤4 编辑螺栓组件。在"装配导航器"的model1组件节点上右击,在系统弹出的快捷菜单中选择 ⚙设为工作部件(W) 命令,此时会进入建模环境,如图6.76所示。

◎ 步骤5 创建旋转特征。单击 主页 功能选项卡"基本"区域中的 ⚙ 按钮,系统会弹出"旋转"对话框,在系统的提示下,选取"ZX平面"作为草图平面,进入草图环境,绘制如图6.77所示的草图,在"旋转"对话框激活"轴"区域的"指定向量",选取长度为50的竖直线作为旋转轴,在"旋转"对话框的"限制"区域的"开始"下拉列表中选择"值",在"角度"文本框中输入值0;在"结束"下拉列表中选择"值",然后在"角度"文本框中输入值360,单击"确定"按钮,完成旋转的创建,如图6.78所示。

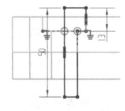

图6.76 建模环境　　　图6.77 截面草图　　　图6.78 旋转1

◎ 步骤6 激活总装配。在"装配导航器"中右击"添加组件-ex"节点,选择 ⚙设为工作部件(W) 命令。

◎ 步骤7 替换引用集。在"装配导航器"右击"model1"节点,依次选择"替换引用集"→MODEL命令,如图6.79所示。

说明　　替换引用集的目的是将螺旋零件显示在总装配中,在默认情况下,螺栓在装配中不显示,如图6.80所示,原因是系统默认选择了Entire Part的引用集,此引用集不包含实体。

○ 步骤8 镜像组件。选择 装配 功能选项卡"组件"区域中的 镜像装配 命令，系统会弹出"镜像装配向导"对话框；单击 下一步 按钮，在系统的提示下选取"螺栓"零件作为要镜像的组件；单击 下一步 按钮，在系统的提示下选取"装配特征01"组件中的"YZ平面"作为镜像中心平面；单击 下一步 按钮，采用系统默认的命名策略；单击 下一步 按钮，选中"组件"区域的"螺栓"，然后单击 按钮；单击 下一步 按钮，单击"完成"按钮，完成操作，如图6.81所示。

图6.79 替换引用集

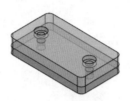

图6.80 螺栓不显示

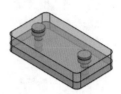

图6.81 镜像组件

6.6.4 替换组件

下面以如图6.82所示的装配体模型为例，介绍替换组件的一般操作过程。

（a）替换前   （b）替换后

图6.82 替换组件

○ 步骤1 打开文件D:\UG2206\work\ch06.06\04\替换组件-ex。

○ 步骤2 选择命令。单击 装配 功能选项卡"组件"区域中下的 按钮，在系统弹出的快捷菜单中选择 替换组件 命令（或者选择下拉菜单"装配"→"组件"→"替换组件"命令），系统会弹出如图6.83所示的"替换组件"对话框。

○ 步骤3 定义要替换的组件。在绘图区域选取"杯身01"作为要替换的组件。

○ 步骤4 定义替换件。在"替换组件"对话框中单击"替换件"区域中的 按钮，系统会弹出"部件名"对话框，选取"杯身02.prt"作为替换件，单击"部件名"对话框中的"确定"按钮，完成选取。

图6.83 "替换组件"对话框

○ 步骤5 完成操作。单击"替换组件"对话框中的"确定"按钮，完成替换组件的创建。

6.7　爆炸视图

装配体中的爆炸视图就是将装配体中的各零部件沿着直线或坐标轴移动，使各个零件从装配体中分解出来。爆炸视图对于表达装配体中所包含的零部件，以及各零部件之间的相对位置关系是非常有帮助的，实际中的装配工艺卡片就可以通过爆炸视图来制作。

6.7.1　创建爆炸视图

下面以如图6.84所示的爆炸视图为例，介绍制作爆炸视图的一般操作过程。

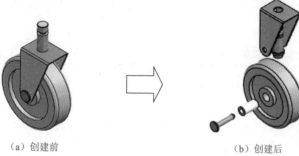

（a）创建前　　　　　　　　（b）创建后

图6.84　爆炸视图

◎步骤1　打开文件D:\UG2206\work\ch06.07\01\爆炸视图-ex。

◎步骤2　选择命令。单击 装配 功能选项卡"爆炸"区域中的 按钮（或者选择下拉菜单"装配"→"爆炸"命令），系统会弹出如图6.85所示的"爆炸"对话框。

◎步骤3　新建爆炸视图。单击"爆炸"对话框中的 命令，系统会弹出如图6.86所示的"编辑爆炸"对话框。

图6.85　"爆炸"对话框

图6.86　"编辑爆炸"对话框

图6.85所示"爆炸"对话框部分选项的说明如下。

（1） （新建爆炸）：用于创建新的爆炸视图。

（2）▣（复制爆炸）：用于将当前爆炸复制到新的爆炸。

（3）▩（编辑爆炸）：用于重新定位当前爆炸中选定的组件。

（4）▩（自动爆炸）类型：用于自动爆炸所选组件。

（5）▨（创建追踪线）：用于在工作视图爆炸中创建追踪线。

（6）▩（在工作视图中显示爆炸）：用于在工作视图中显示爆炸视图。

（7）▩（在工作视图中隐藏爆炸）：用于在工作视图中隐藏爆炸视图。

（8）▩（删除爆炸）下拉列表：用于删除所选的爆炸视图。

（9）▣（信息）：用于列出所选爆炸视图的信息。

◎ 步骤4　创建爆炸步骤1。

（1）定义要爆炸的零件。在图形区选取如图6.87所示的固定螺钉，按鼠标中键确认。

（2）确定爆炸方向。选取如图6.88所示的x轴作为移动方向。

（3）定义爆炸距离。在"编辑爆炸"对话框"距离"文本框中输入200。

> **注意**　如果想沿着x轴负方向移动，则只需在距离文本框中输入负值。

（4）完成爆炸。在"编辑爆炸"对话框中单击"确定"按钮完成爆炸，如图6.89所示。

◎ 步骤5　创建爆炸步骤2。

（1）编辑爆炸。在"爆炸"对话框中单击▩（编辑爆炸）按钮，系统会弹出"编辑爆炸"对话框。

（2）定义要爆炸的零件。在图形区选取如图6.90所示的支架与连接轴，按鼠标中键确认。

图6.87　爆炸零件　　图6.88　爆炸方向　　图6.89　爆炸1　　图6.90　爆炸零件

（3）确定爆炸方向。选取如图6.91所示的z轴作为移动方向。

（4）定义爆炸距离。在"编辑爆炸"对话框"距离"文本框中输入170。

（5）完成爆炸。在"编辑爆炸"对话框中单击"确定"按钮完成爆炸，如图6.92所示。

◎ 步骤6　创建爆炸步骤3。

（1）编辑爆炸。在"爆炸"对话框中单击▩（编辑爆炸）按钮，系统会弹出"编辑爆炸"对话框。

（2）定义要爆炸的零件。在图形区选取如图6.93所示的连接轴，按鼠标中键确认。

（3）确定爆炸方向。选取如图6.94所示的x轴作为移动方向。

（4）定义爆炸距离。在"编辑爆炸"对话框"距离"文本框中输入140。

（5）完成爆炸。在"编辑爆炸"对话框中单击"确定"按钮完成爆炸，如图6.95所示。

○ 步骤7 创建爆炸步骤4。

（1）编辑爆炸。在"爆炸"对话框中单击▧（编辑爆炸）按钮，系统会弹出"编辑爆炸"对话框。

（2）定义要爆炸的零件。在图形区选取如图6.96所示的定位销，按鼠标中键确认。

（3）确定爆炸方向。选取如图6.97所示的y轴作为移动方向。

（4）定义爆炸距离。在"编辑爆炸"对话框"距离"文本框中输入-100。

（5）完成爆炸。在"编辑爆炸"对话框中单击"确定"按钮完成爆炸，如图6.98所示。

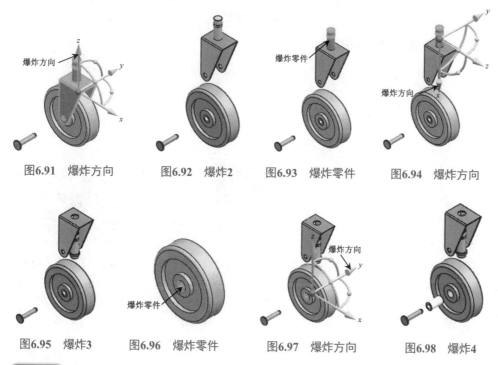

图6.91 爆炸方向　图6.92 爆炸2　图6.93 爆炸零件　图6.94 爆炸方向

图6.95 爆炸3　图6.96 爆炸零件　图6.97 爆炸方向　图6.98 爆炸4

○ 步骤8 完成爆炸。单击"爆炸"对话框中的"关闭"按钮，完成爆炸的创建。

6.7.2 追踪线

下面以如图6.99所示的追踪线为例，介绍制作追踪线的一般操作过程。

○ 步骤1 打开文件D:\UG2206\work\ch06.07\02\追踪线-ex。

○ 步骤2 选择命令。单击 装配 功能选项卡"爆炸"区域中的▧（爆炸）按钮，系统会弹出"爆炸"对话框，单击▱按钮，系统会弹出如图6.100所示的"追踪线"对话框。

▶ 4min

○ 步骤3 创建追踪线1。选取如图6.101所示的圆弧圆心作为起始参考点，方向向上（y轴正方向），选取如图6.102所示的圆弧圆心作为终止参考，方向向下（y轴负方向），此时追踪线路径如图6.103所示，单击"应用"按钮完成创建操作。

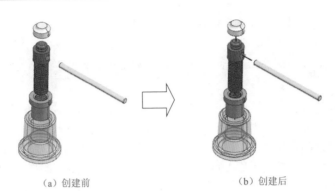

（a）创建前　　　　　　　　　　　　　　（b）创建后

图6.99　追踪线

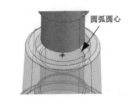

圆弧圆心

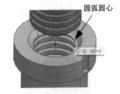

圆弧圆心

图6.100　"追踪线"对话框　　　图6.101　定义起始参考点　　　图6.102　定义终止参考点

> **注意**　　如果起点的方向不正确，则可以通过单击⊠按钮调整，如果结果与图6.103所示的图形不一致，则可通过单击"路径"区域中的⬚按钮进行调整。

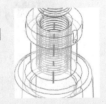

图6.103　追踪线1

○ **步骤4** 创建追踪线2。选取如图6.104所示的圆弧圆心作为起始参考点，方向向上（y轴正方向），选取如图6.105所示的圆弧圆心作为终止参考，单击⊠按钮使方向向下（y轴负方向），单击"路径"区域中的⬚按钮，调整追踪线路径如图6.106所示，单击"应用"按钮完成创建操作。

○ **步骤5** 创建追踪线3。选取如图6.107所示的圆弧圆心作为起始参考点，方向向上（y轴正方向），选取如图6.108所示的圆弧圆心作为终止参考，方向向下（y轴负方向），此时追踪线路径如图6.109所示，单击"应用"按钮完成创建操作。

图6.104　定义起始参考点

图6.105　定义终止参考点

图6.106　追踪线2

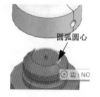

图6.107　定义起始参考点

图6.108　定义终止参考点

图6.109　追踪线3

○ 步骤6　创建追踪线4。选取如图6.110所示的点作为起始参考点，方向向右（x轴正方向），选取如图6.111所示的圆弧圆心作为终止参考，方向向左（x轴负方向），此时追踪线路径如图6.112所示，单击"确定"按钮完成创建操作。

图6.110　定义起始参考点

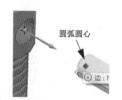

图6.111　定义终止参考点

图6.112　追踪线4

○ 步骤7　完成追踪线。单击"爆炸"对话框中的"关闭"按钮，完成追踪线的创建。

6.7.3　拆卸组装动画（序列）

下面以如图6.113所示的装配图为例，介绍制作拆卸组装动画的一般操作过程。

○ 步骤1　打开文件D:\UG2206\work\ch06.07\03\拆卸组装动画-ex。

○ 步骤2　抑制所有装配约束。在"装配导航器"中选中所有装配约束并右击，在系统弹出的快捷菜单中选择"抑制"命令。

○ 步骤3　进入装配序列环境。单击 装配 功能选项卡"序列"区域中的 按钮，系统会进入装配序列环境。

○ 步骤4　新建序列。单击 主页 功能选项卡"装配序列"中的 按钮，此时 主页 功能选项卡中的大部分功能已被激活，如图6.114所示。

6min

图6.113　拆卸组装动画

图6.114 "主页"功能选项卡

○ **步骤5** 创建第1个运动。

（1）选择命令。单击 主页 功能选项卡"序列步骤"区域中的"插入运动"按钮，系统会弹出如图6.115所示的"录制组件运动"命令条。

图6.115 "录制组件运动"命令条

（2）定义要爆炸的零件。在图形区选取如图6.116所示的顶垫，按鼠标中键确认。

（3）定义运动方向。选取如图6.117所示的y轴作为移动方向。

（4）定义运动距离。在"距离"文本框中输入300，按Enter键确认。

注意	如果想沿着y轴负方向移动，则只需在距离文本框中输入负值。

（5）完成运动1。在"录制组件运动"命令条中单击☑按钮完成创建，如图6.118所示。

图6.116 运动零件　　　图6.117 运动方向　　　图6.118 运动1

○ **步骤6** 创建第2个运动。

（1）定义要爆炸的零件。在图形区选取如图6.119所示的旋转杆与螺旋杆，按鼠标中键确认。

（2）定义运动方向。选取如图6.120所示的y轴作为移动方向。

（3）定义运动距离。在"距离"文本框中输入250。

（4）完成运动2。在"录制组件运动"命令条中单击☑按钮完成创建，如图6.121所示。

○ **步骤7** 创建第3个运动。

（1）定义要爆炸的零件。在图形区选取如图6.122所示的旋转杆，按鼠标中键确认。

（2）定义运动方向。选取如图6.123所示的x轴作为移动方向。

（3）定义运动距离。在"距离"文本框中输入240。

（4）完成运动3。在"录制组件运动"命令条中单击☑按钮完成创建，如图6.124所示。

图6.119　运动零件　　　　图6.120　运动方向　　　　图6.121　运动2

图6.122　运动零件　　　　图6.123　运动方向　　　　图6.124　运动3

○ 步骤8　创建第4个运动。

（1）定义要爆炸的零件。在图形区选取如图6.125所示的螺套，按鼠标中键确认。

（2）定义运动方向。选取如图6.126所示的y轴作为移动方向。

（3）定义运动距离。在"距离"文本框中输入90。

（4）完成运动4。在"录制组件运动"命令条中单击☑按钮完成创建，如图6.127所示。

（5）单击☒按钮完成所有运动。

○ 步骤9　播放拆卸动画。单击主页功能选项卡"回放"区域中的⏮按钮，系统会回到组装好的状态，如图6.128所示，然后单击▷按钮，系统将播放产品拆卸动画。

○ 步骤10　播放组装动画。单击主页功能选项卡"回放"区域中◁按钮，系统将播放产品组装动画。

○ 步骤11　导出拆卸动画。单击主页功能选项卡"回放"区域中的📷按钮，系统会弹出"录制电影"对话框，在"文件名"文本框中输入拆卸动画，然后单击"确定"按钮即可保存动画，保存完成后会弹出如图6.129所示的"导出至电影"对话框。

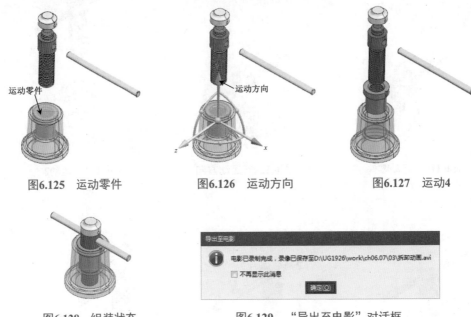

图6.125　运动零件　　　　图6.126　运动方向　　　　图6.127　运动4

图6.128　组装状态　　　　　图6.129　"导出至电影"对话框

◎ 步骤12 导出组装动画。单击 主页 功能选项卡"回放"区域中的 🖫 "导出至电影"按钮，系统会弹出"录制电影"对话框，在"文件名"文本框中输入"组装动画"，然后单击"确定"按钮即可保存动画。

6.8　装配设计综合应用案例：快速夹钳

20min

案例概述：

本案例将介绍快速夹钳的装配过程，主要将使用同心、重合、中心、距离等约束，本案例的创建相对比较简单，希望读者通过对该案例的学习掌握创建装配的一般方法，熟练掌握装配的一些常用技巧。该产品如图6.130所示。

◎ 步骤1 新建装配文件。选择"快速访问工具条"中的 📘 命令，在"新建"对话框中选择"装配"模板，在"新文件名"区域的"名称"文本框中输入"快速夹钳"，将工作目录设置为D:\UG2206\work\ch06.08，单击"新建"对话框中的"确定"按钮，完成操作。

◎ 步骤2 装配batis组件。

（1）选择要添加的零部件。在"添加组件"对话框中单击 🗁 "打开"按钮，在"部件名"对话框中选择D:\UG2206\work\ch06.08中的batis，然后单击"确定"按钮。

（2）定位组件。在"添加组件"对话框"位置"区域的 装配位置 下拉列表中选择 绝对坐标系 - 工作部件 ，在"放置"区域中选中"约束"单选项，在约束类型区域中选中 ⎍ "固定"约束，在绘图区选取batis零件，单击"确定"按钮完成定位，如图6.131所示。

◎ 步骤3　装配bras组件。

（1）引入第2个组件。选择 装配 功能选项卡"基本"区域中的 命令，在"添加组件"对话框中单击 "打开"按钮，系统会弹出"部件名"对话框，选中bras组件，然后单击"确定"按钮。

（2）调整第2个组件的位置。在"放置"区域选中"移动"单选项，确认"指定方位"被激活，此时在图形区可以看到调整的坐标系，通过拖动方向箭头与旋转球将模型调整至如图6.132所示的大概方位，单击"确定"按钮完成操作。

图6.130　快速夹钳

图6.131　batis 组件

图6.132　引入bras组件

（3）定义同轴心约束。选择 装配 功能选项卡"位置"区域中的 命令，在"约束"区域选中 类型，在"方位"下拉列表中选择 自动判断中心/轴 ，在绘图区选取如图6.133所示的面1与面2作为约束面，完成同轴心约束的添加，效果如图6.134所示。

图6.133　约束面

图6.134　同轴心约束

（4）定义中心约束。在"约束"区域选中 类型，在"子类型"下拉列表中选择 2对2 ，在绘图区选取如图6.135所示的面1、面2、面3与面4作为约束面，完成中心约束的添加，如图6.136所示，单击"确定"按钮完成中心约束的添加。

（5）选择 装配 功能选项卡"位置"区域中的 "移动组件"命令，将bras零件调整至如图6.137所示的角度。

◎ 步骤4　装配socket set screw dog point_iso组件。

（1）引入第3个组件。选择 装配 功能选项卡"基本"区域中的 "添加组件"命令，在"添加组件"对话框中单击 "打开"按钮，系统会弹出"部件名"对话框，选中socket set screw dog point_iso组件，然后单击"确定"按钮。

（2）调整第2个组件的位置。在"放置"区域选中"移动"单选项，确认"指定方位"被激活，此时在图形区可以看到调整的坐标系，通过拖动方向箭头与旋转球将模型调整至如图6.138所示的大概方位，单击"确定"按钮完成操作。

（3）定义同轴心约束。选择 装配 功能选项卡"位置"区域中的 命令，在"约束"区域选中 类型，在"方位"下拉列表中选择 自动判断中心/轴 ，在绘图区选取如图6.139所示的面1与面2作为约束面，单击 将同轴方向调整至如图6.140所示，完成同轴心约束的添加，效果如图6.140所示（如果位置不合适，则可通过移动组件功能调整组件的位置）。

（4）定义距离约束。在"约束"区域选中 类型，在绘图区选取如图6.141所示的面1与面2作为约束面，在 距离 文本框中输入5，效果如图6.142所示，单击"确定"按钮完成距离约束的添加。

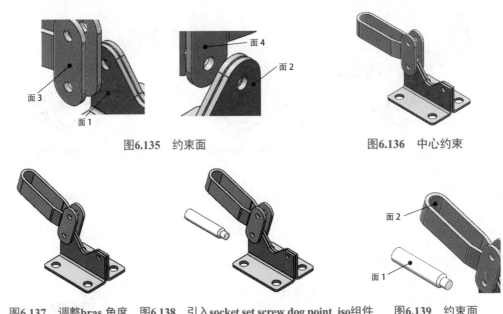

图6.135　约束面　　　　　　　　　　　　　　　　　　图6.136　中心约束

图6.137　调整bras角度　图6.138　引入socket set screw dog point_iso组件　图6.139　约束面

　　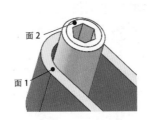　　

图6.140　同轴心约束　　　　　图6.141　约束面　　　　　图6.142　距离约束

○ 步骤5 装配hex thin nut chamfered gradeab_iso组件。

（1）引入第4个组件。选择 装配 功能选项卡"基本"区域中的 命令，在"添加组件"对话框中单击 "打开"按钮，系统会弹出"部件名"对话框，选中hex thin nut chamfered gradeab_iso组件，然后单击"确定"按钮。

（2）调整第2个组件的位置。在"放置"区域选中"移动"单选项，确认"指定方位"被激活，此时在图形区可以看到调整的坐标系，通过拖动方向箭头与旋转球将模型调整至如图6.143所示的大概方位，单击"确定"按钮完成操作。

（3）定义同轴心约束。选择 装配 功能选项卡"位置"区域中的 "装配约束"命令，在"约束"区域选中 类型，在"方位"下拉列表中选择 自动判断中心/轴 ，在绘图区选取如图6.144所示的面1与面2作为约束面，完成同轴心约束的添加，效果如图6.145所示（如果位置不合适，则可通过移动组件功能调整组件的位置）。

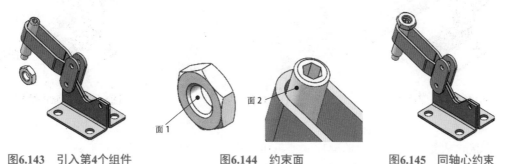

图6.143　引入第4个组件　　　　图6.144　约束面　　　　图6.145　同轴心约束

（4）定义重合约束。在"约束"区域选中 类型，在"方位"下拉列表中选择 接触 ，在绘图区选取如图6.146所示的面1与面2作为约束面，完成重合约束的添加，如图6.147所示，单击"确定"按钮完成重合约束的添加。

⚪步骤6　装配第5个组件hex thin nut chamfered gradeab_iso，具体操作可参考步骤5，完成后如图6.148所示。

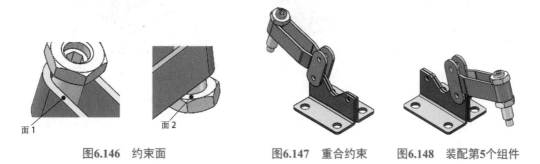

图6.146　约束面　　　　图6.147　重合约束　　　图6.148　装配第5个组件

⚪步骤7　装配levier组件。

（1）引入第6个组件。选择 装配 功能选项卡"基本"区域中的 命令，在"添加组件"对话框中单击 "打开"按钮，系统会弹出"部件名"对话框，选中levier组件，然后单击"确定"按钮。

（2）调整第2个组件的位置。在"放置"区域选中"移动"单选项，确认"指定方位"被激活，此时在图形区可以看到调整的坐标系，通过拖动方向箭头与旋转球将模型调整至如

图6.149所示的大概方位，单击"确定"按钮完成操作。

（3）定义同轴心约束。选择 装配 功能选项卡"位置"区域中的 命令，在"约束"区域选中 类型，在"方位"下拉列表中选择 自动判断中心/轴 ，在绘图区选取如图6.150所示的面1与面2作为约束面，完成同轴心约束的添加，效果如图6.151所示（如果位置不合适，则可通过移动组件功能调整组件的位置）。

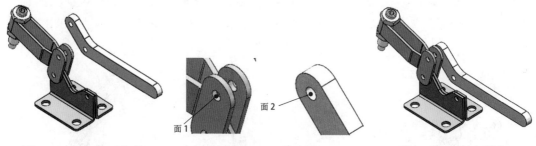

图6.149　引入第6个组件　　　　图6.150　约束面　　　　图6.151　同轴心约束

（4）定义中心约束。在"约束"区域选中 类型，在"子类型"下拉列表中选择 2对2 ，在绘图区选取如图6.152所示的面1、面2、面3与面4作为约束面，完成中心约束的添加，如图6.153所示，单击"确定"按钮完成中心约束的添加。

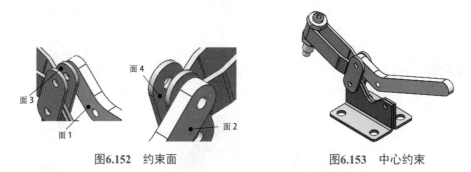

图6.152　约束面　　　　　　　　图6.153　中心约束

〇 步骤8　装配manchon组件。

（1）引入第7个组件。选择 装配 功能选项卡"基本"区域中的 命令，在"添加组件"对话框中单击 "打开"按钮，系统会弹出"部件名"对话框，选中manchon组件，然后单击"确定"按钮。

（2）调整第2个组件的位置。在"放置"区域选中"移动"单选项，确认"指定方位"被激活，此时在图形区可以看到调整的坐标系，通过拖动方向箭头与旋转球将模型调整至如图6.154所示的大概方位，单击"确定"按钮完成操作。

（3）定义同轴心约束。选择 装配 功能选项卡"位置"区域中的 命令，在"约束"区域选中 类型，在"方位"下拉列表中选择 自动判断中心/轴 ，在绘图区选取如图6.155所示的面1与面2作为约束面，完成同轴心约束的添加，效果如图6.156所示（如果位置不合适，则可通过移动组件功能调整组件的位置）。

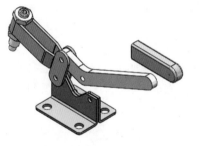

图6.154　引入第7个组件　　　　图6.155　约束面　　　　图6.156　同轴心约束

（4）定义中心约束。在"约束"区域选中 ⋈ 类型，在"子类型"下拉列表中选择 2对2 ，在绘图区选取如图6.157所示的面1、面2、面3与面4作为约束面，完成中心约束的添加，如图6.158所示，单击"确定"按钮完成中心约束的添加。

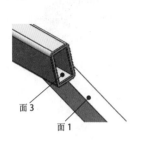
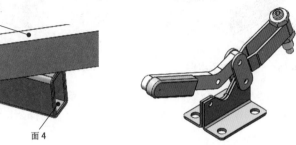

图6.157　约束面1　　　　　　　　　图6.158　中心约束1

（5）定义中心约束。在"约束"区域选中 ⋈ 类型，在"子类型"下拉列表中选择 2对2 ，在绘图区选取如图6.159所示的面1、面2、面3与面4作为约束面，完成中心约束的添加，如图6.160所示，单击"确定"按钮完成中心约束的添加。

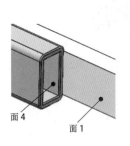

图6.159　约束面2　　　　　　　　　图6.160　中心约束2

◎ 步骤9　装配biellette组件。

（1）引入第8个组件。选择 装配 功能选项卡"基本"区域中的 ⬚ "添加组件"命令，在"添加组件"对话框中单击 ⬚ "打开"按钮，系统会弹出"部件名"对话框，选中biellette组件，然后单击"确定"按钮。

（2）调整第2个组件的位置。在"放置"区域选中"移动"单选项，确认"指定方位"被激活，此时在图形区可以看到调整的坐标系，通过拖动方向箭头与旋转球将模型调整至如图6.161所示的大概方位，单击"确定"按钮完成操作。

（3）定义同轴心约束。选择 装配 功能选项卡"位置"区域中的 命令，在"约束"区域选中 类型，在"方位"下拉列表中选择 自动判断中心/轴 ，在绘图区选取如图6.162所示的面1与面2作为约束面，完成同轴心约束的添加，效果如图6.163所示（如果位置不合适，则可通过移动组件功能调整组件的位置）。

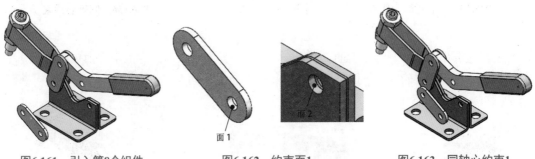

图6.161 引入第8个组件　　　图6.162 约束面1　　　图6.163 同轴心约束1

（4）定义同轴心约束。在"约束"区域选中 类型，在"方位"下拉列表中选择 自动判断中心/轴 ，在绘图区选取如图6.164所示的面1与面2作为约束面，完成同轴心约束的添加，效果如图6.165所示。

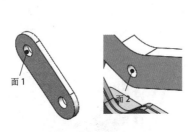

图6.164 约束面2　　　　　　图6.165 同轴心约束2

（5）定义重合约束。在"约束"区域选中 类型，在"方位"下拉列表中选择 接触 ，在绘图区选取如图6.166所示的面1与面2作为约束面，完成重合约束的添加，如图6.167所示，单击"确定"按钮完成重合约束的添加。

◎步骤10 参考步骤9装配另外一侧的biellette组件，完成后如图6.168所示。

◎步骤11 装配rivets零组件。

（1）引入第9个组件。选择 装配 功能选项卡"基本"区域中的 命令，在"添加组件"对话框中单击 "打开"按钮，系统会弹出"部件名"对话框，选中rivets组件，然后单击"确定"按钮。

（2）调整第2个组件的位置。在"放置"区域选中"移动"单选项，确认"指定方位"被激活，此时在图形区可以看到调整的坐标系，通过拖动方向箭头与旋转球将模型调整至如图6.169所示的大概方位，单击"确定"按钮完成操作。

（3）定义同轴心约束。选择 装配 功能选项卡"位置"区域中的 ᵹ 命令，在"约束"区域选中 ᵖᴴ 类型，在"方位"下拉列表中选择 ⟲ 自动判断中心/轴 ，在绘图区选取如图6.170所示的面1与面2作为约束面，完成同轴心约束的添加，效果如图6.171所示（如果位置不合适，则可通过移动组件功能调整组件的位置）。

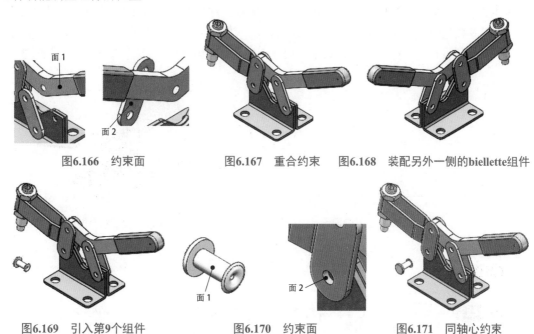

图6.166　约束面　　　　图6.167　重合约束　　图6.168　装配另外一侧的biellette组件

图6.169　引入第9个组件　　　　图6.170　约束面　　　　图6.171　同轴心约束

（4）定义重合约束。在"约束"区域选中 ᵖᴴ 类型，在"方位"下拉列表中选择 ᴴᴴ 接触 ，在绘图区选取如图6.172所示的面1与面2作为约束面，完成重合约束的添加，如图6.173所示，单击"确定"按钮完成重合约束的添加。

⊙步骤12　参考步骤11完成其他几个rivets组件的装配，完成后如图6.174所示。

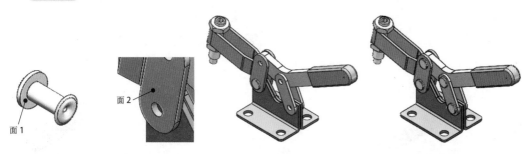

图6.172　约束面　　　　　图6.173　重合约束　　　图6.174　装配其他几个rivets组件

6.9 自顶向下设计

6.9.1 基本概述

装配设计分为自下向顶设计（Down_Top Design）和自顶向下设计（Top_Down Design）两种设计方法。

自下向顶设计是一种从局部到整体的设计方法。主要设计思路是先设计零部件，然后将零部件插入装配体中进行组装，从而得到整个装配体。这种方法在零件之间不存在任何参数关联，仅仅存在简单的装配关系，如图6.175所示。

自下向顶设计举例：如图6.176所示的快速夹钳产品模型使用了自下向顶的设计方法。

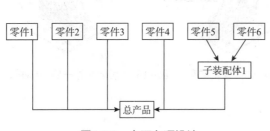

图6.175 自下向顶设计   图6.176 快速夹钳产品

🔘 步骤1 首先设计快速夹钳中的各个零件，如图6.177所示。

🔘 步骤2 对于结构比较复杂的产品，可以根据产品结构的特点先将部分零部件组装成子装配体，如图6.178所示。

🔘 步骤3 使子装配和其他零件组装成总装配，得到最终产品模型，如图6.179所示。

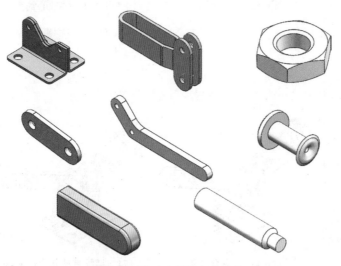

图6.177 快速夹钳的各个零件   图6.178 手柄子装配体

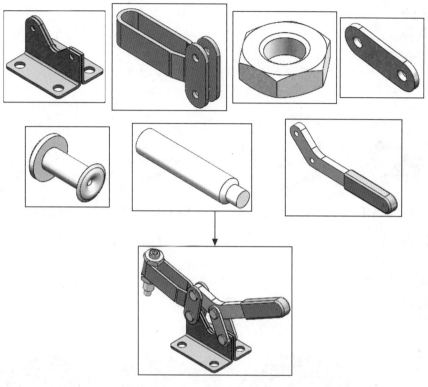

图6.179　自下向顶设计

自顶向下设计是一种从整体到局部的设计方法，主要思路是先创建一个反映装配体整体构架的一级控件，所谓控件就是控制元件，用于控制模型的外观及尺寸等，在设计中起承上启下的作用，最高级别的控件被称为一级控件；其次，根据一级控件来分配各个零件间的位置关系和结构；据分配好的零件间的关系完成各零件的设计，如图6.180所示。

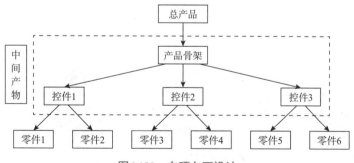

图6.180　自顶向下设计

自顶向下设计举例：如图6.181所示的是一款儿童塑料玩具产品模型，该产品的结构特点就是表面造型比较复杂且呈流线型，各零部件之间配合紧密，但是各部件上的很多细节是无法得知的，像这样的产品就可以使用自顶向下的方法来设计。

○ 步骤1 首先根据总体设计参数及设计要求创建一级控件，如图6.182所示。

○ 步骤2 根据产品结构，对一级控件进行分割划分，并进行一定程度的细化，得到二级控件，分别如图6.183与如图6.184所示。

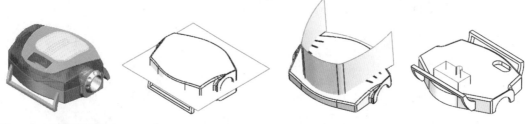

图6.181　儿童塑料玩具　　　图6.182　一级控件　　　图6.183　二级控件01　　　图6.184　二级控件02

○ 步骤3 根据产品结构，对二级控件01进行分割划分，并进行一定程度的细化，得到三级控件，如图6.185所示。

○ 步骤4 对二级控件01进行进一步分割和细化，得到上盖零件，如图6.186所示。

○ 步骤5 根据产品结构，对二级控件02进行分割划分，并进行一定程度的细化，得到下盖（如图6.187所示）与电池盖（如图6.188所示）。

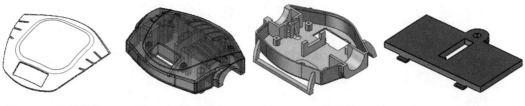

图6.185　三级控件　　　图6.186　上盖零件　　　图6.187　下盖零件　　　图6.188　电池盖零件

○ 步骤6 根据产品结构，对三级控件进行分割划分，并进行一定程度的细化，得到上盖面（如图6.189所示）与屏幕（如图6.190所示）。

○ 步骤7 根据产品结构及一级控件得到左侧旋钮（如图6.191所示）与右侧旋钮（如图6.192所示）。

图6.189　上盖面　　　图6.190　屏幕　　　图6.191　左侧旋钮　　　图6.192　右侧旋钮

▶ 32min

6.9.2　自顶向下设计案例：轴承

如图6.193所示的轴承主要由轴承外环、轴承固定架、轴承滚珠与轴承内环组成，轴承的零件都比较简单，但是在实际设计时需要考虑轴承滚珠与轴承内环、轴承外环、轴承固定架之间的尺寸及位置控制。

1. 创建轴承一级控件

○ 步骤1　新建模型文件，选择"快速访问工具条"中的 命令，在"新建"对话框中选择"模型"模板，在名称文本框中输入"轴承"，将工作目录设置为D:\UG2206\work\ch06.09\02\，然后单击"确定"按钮进入零件建模环境。

○ 步骤2　绘制控件草图。单击 主页 功能选项卡"构造"区域中的草图 按钮，选取"ZX平面"作为草图平面，绘制如图6.194所示的草图。

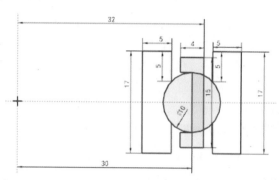

图6.193　轴承　　　　　　　　图6.194　控件草图

2. 创建轴承内环

○ 步骤1　加载wave模式。在"装配导航器"空白位置右击，在弹出的快捷菜单中选中 ✓ WAVE 模式 。

○ 步骤2　新建层。在"装配导航器"中右击 ☑️ 轴承 节点，在系统弹出的快捷菜单中依次选择 WAVE ▸→ 新建层 命令，系统会弹出如图6.195所示的"新建层"对话框。

○ 步骤3　指定部件名称。在"新建层"对话框中单击 指定部件名 命令，在系统弹出的"选择部件名"对话框中选择合适的保存位置，在 文件名(N): 文本框中输入"轴承内环"，单击 确定 按钮完成部件名称的指定。

○ 步骤4　定义关联复制的对象。在"新建层"对话框中单击 类选择 按钮，系统会弹出"WAVE部件间复制"对话框，在图形区选取草图对象与基准坐标系作为要关联复制的对象，单击 确定 按钮完成关联复制操作。

○ 步骤5　单击"新建层"对话框中的 确定 按钮完成新建与复制操作，装配导航器如图6.196所示。

○ 步骤6　单独打开轴承内环零件。在装配导航器中右击"轴承内环"后选择 🖵 在窗口中打开(D) 命令。

○ 步骤7　创建如图6.197所示的旋转特征。单击 主页 功能选项卡"基本"区域中的 （旋转）按钮，系统会弹出"旋转"对话框，在系统 选择要绘制的平面，或为截面选择曲线 的提示下，选取如

图6.195　"新建层"对话框

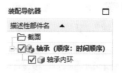

图6.196　装配导航器

图6.198所示的截面曲线作为旋转特征的旋转截面进行使用，激活"旋转"对话框 轴 区域中的 指定矢量 ，选取z轴作为旋转特征的旋转轴，在"旋转"对话框的"限制"区域的"起始"下拉列表中选择"值"，然后在"角度"文本框中输入值0；在"结束"下拉列表中选择"值"，然后在"角度"文本框中输入值360，单击"确定"按钮，完成旋转的创建。

◎ 步骤8　保存文件。选择"快速访问工具条"中的"保存"命令，完成保存操作。

◎ 步骤9　将窗口切换到"轴承"。

3. 创建轴承外环

◎ 步骤1　新建层。在"装配导航器"中右击 ☑◻轴承 节点，在系统弹出的快捷菜单中依次选择 WAVE ▸ → 新建层 命令，系统会弹出"新建层"对话框。

◎ 步骤2　指定部件名称。在"新建层"对话框中单击 指定部件名 命令，在系统弹出的"选择部件名"对话框中选择合适的保存位置，在 文件名(N): 文本框中输入"轴承外环"，单击 确定 按钮完成部件名称的指定。

◎ 步骤3　定义关联复制的对象。在"新建层"对话框中单击 类选择 按钮，系统会弹出"WAVE部件间复制"对话框，在图形区选取草图对象与基准坐标系作为要关联复制的对象，单击 确定 按钮完成关联复制操作。

◎ 步骤4　单击"新建层"对话框中的 确定 按钮完成新建与复制操作。

◎ 步骤5　单独打开轴承外环零件。在装配导航器中右击"轴承外环"后选择 ⬚ 在窗口中打开(D) 命令。

◎ 步骤6　创建如图6.199所示的旋转特征。单击 主页 功能选项卡"基本"区域中的 ◈ （旋转）按钮，系统会弹出"旋转"对话框，在系统 选择要绘制的平面,或为截面选择曲线 的提示下，选取如图6.200所示的截面曲线作为旋转特征的旋转截面进行使用，激活"旋转"对话框 轴 区域中的 指定矢量 ，选取z轴作为旋转特征的旋转轴，在"旋转"对话框的"限制"区域的"起始"下拉列表中选择"值"，然后在"角度"文本框中输入值0；在"结束"下拉列表中选择"值"，然后在"角度"文本框中输入值360，单击"确定"按钮，完成旋转的创建。

◎ 步骤7　保存文件。选择"快速访问工具条"中的"保存"命令，完成保存操作。

◎ 步骤8　将窗口切换到"轴承"。

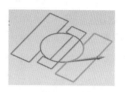

图6.197　旋转特征　　　图6.198　旋转截面　　　图6.199　旋转特征　　　图6.200　旋转截面

4. 创建轴承固定架

○步骤1　新建层。在"装配导航器"中右击 ☑🔲轴承 节点，在系统弹出的快捷菜单中依次选择 WAVE ▸→ 新建层 命令，系统会弹出"新建层"对话框。

○步骤2　指定部件名称。在"新建层"对话框中单击 指定部件名 命令，在系统弹出的"选择部件名"对话框中选择合适的保存位置，在 文件名(N): 文本框中输入"轴承固定架"，单击 确定 按钮完成部件名称的指定。

○步骤3　定义关联复制的对象。在"新建层"对话框中单击 类选择 按钮，系统会弹出"WAVE部件间复制"对话框，在图形区选取草图对象与基准坐标系作为要关联复制的对象，单击 确定 按钮完成关联复制操作。

○步骤4　单击"新建层"对话框中的 确定 按钮完成新建与复制操作。

○步骤5　单独打开轴承固定架零件。在装配导航器中右击"轴承固定架"后选择 🔲 在窗口中打开(D) 命令。

○步骤6　创建如图6.201所示的旋转特征1。单击 主页 功能选项卡"基本"区域中的🖉按钮，系统会弹出"旋转"对话框，在系统 选择要绘制的平的面，或为截面选择曲线 的提示下，选取如图6.202所示的截面曲线作为旋转特征的旋转截面进行使用，激活"旋转"对话框 轴 区域中的 指定矢量 ，选取z轴作为旋转特征的旋转轴，在"旋转"对话框的"限制"区域的"起始"下拉列表中选择"值"，然后在"角度"文本框中输入值0；在"结束"下拉列表中选择"值"，然后在"角度"文本框中输入值360，单击"确定"按钮，完成旋转特征1的创建。

○步骤7　创建如图6.203所示的旋转特征2。单击 主页 功能选项卡"基本"区域中的🖉按钮，系统会弹出"旋转"对话框，在系统 选择要绘制的平的面，或为截面选择曲线 的提示下，选取如图6.204所示的截面曲线作为旋转特征的旋转截面进行使用，激活"旋转"对话框 轴 区域中的 指定矢量 ，选取如图6.204所示的直线作为旋转特征的旋转轴，在"旋转"对话框的"限制"区域的"起始"下拉列表中选择"值"，然后在"角度"文本框中输入值0；在"结束"下拉列表中选择"值"，然后在"角度"文本框中输入值360，在 布尔 下拉列表中选择🔲减去 ，单击"确定"按钮，完成旋转特征2的创建。

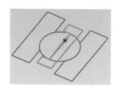

图6.201　旋转特征1　　　图6.202　旋转截面　　　图6.203　旋转特征2　　　图6.204　旋转截面

◎步骤8 创建如图6.205所示的圆形阵列特征。单击 主页 功能选项卡"基本"区域中的 阵列特征 按钮，系统会弹出"阵列特征"对话框；在"阵列特征"对话框"阵列定义"区域的"布局"下拉列表中选择"圆形"；选取步骤7创建的"旋转"特征作为阵列的源对象；在"阵列特征"对话框"旋转轴"区域激活"指定向量"，选取z轴作为阵列中心轴，在"间距"下拉列表中选择"数量和跨度"，在"数量"文本框中输入12，在"跨角"文本框中输入360；单击"阵列特征"对话框中的"确定"按钮，完成阵列特征的创建。

◎步骤9 保存文件。选择"快速访问工具条"中的"保存"命令，完成保存操作。

◎步骤10 将窗口切换到"轴承"。

5. 创建轴承滚珠

◎步骤1 新建层。在"装配导航器"中右击 ☑️ 轴承 节点，在系统弹出的快捷菜单中依次选择 WAVE ▸ → 新建层 命令，系统会弹出"新建层"对话框。

◎步骤2 指定部件名称。在"新建层"对话框中单击 指定部件名 命令，在系统弹出的"选择部件名"对话框中选择合适的保存位置，在 文件名(N): 文本框中输入"轴承滚珠"，单击 确定 按钮完成部件名称的指定。

◎步骤3 定义关联复制的对象。在"新建层"对话框中单击 类选择 按钮，系统会弹出"WAVE部件间复制"对话框，在图形区选取草图对象作为要关联复制的对象，单击 确定 按钮完成关联复制操作。

◎步骤4 单击"新建层"对话框中的 确定 按钮完成新建与复制操作。

◎步骤5 单独打开轴承滚珠零件。在装配导航器中右击"轴承滚珠"后选择 🖿 在窗口中打开(D) 命令。

◎步骤6 创建如图6.206所示的旋转特征。单击 主页 功能选项卡"基本"区域中的 🥏 按钮，系统会弹出"旋转"对话框，在系统 选择要绘制的平面，或为截面选择曲线 的提示下，选取如图6.207所示的截面曲线作为旋转特征的旋转截面进行使用，激活"旋转"对话框 轴 区域中的 指定矢量，选取如图6.207所示的直线作为旋转特征的旋转轴，在"旋转"对话框的"限制"区域的"起始"下拉列表中选择"值"，然后在"角度"文本框中输入值0；在"结束"下拉列表中选择"值"，然后在"角度"文本框中输入值360，单击"确定"按钮，完成旋转特征的创建。

图6.205 圆形阵列特征

图6.206 旋转特征

图6.207 旋转截面

◎步骤7 保存文件。选择"快速访问工具条"中的"保存"命令，完成保存操作。

◎步骤8 将窗口切换到"轴承"。

◎步骤9 阵列轴承滚珠零件。选择 装配 功能选项卡"组件"区域中的 阵列组件 命令，在"阵列定义"区域的"布局"下拉列表中选择"参考"，在"阵列组件"对话框中确认"要形成阵列的组件"区域的"选择组件"被激活，选取轴承滚珠作为要阵列的组件，激活 参考 区域的 选择阵列(0)，选取轴承固定架上的阵列孔作为参考，然后选取轴承滚珠位置的实例手柄点，单击 确定 按钮完成阵列的创建，完成后如图6.208所示。

图6.208　阵列轴承滚珠

6. 验证关联性

○ 步骤1　在 部件导航器 中将草图修改至如图6.209所示。

○ 步骤2　更新完成后如图6.210所示（测量验证结果）。

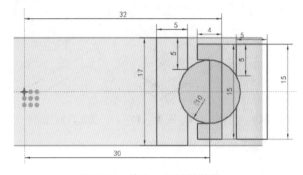

图6.209　修改一级控件草图

图6.210　轴承装配自动更新

6.9.3　自顶向下设计案例：一转多 USB 接口

▶ 58min

如图6.211所示的是一转多USB接口，主要由上盖与下盖两个零件组成，由于整体形状的控制相对严格，并且另外两个零件需要创建多个定位配合特征，因此采用自顶向下的设计方式会更合适。

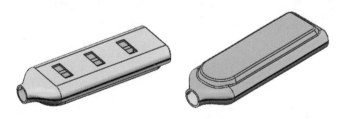

图6.211　一转多USB接口

1. 创建一转多USB接口一级控件

○ 步骤1　新建模型文件，选择"快速访问工具条"中的 命令，在"新建"对话框中选择"模型"模板，在名称文本框中输入"一转多USB接口"，将工作目录设置为D:\UG2206\work\ch06.09\03\，然后单击"确定"按钮进入零件建模环境。

○ 步骤2　创建如图6.212所示的拉伸（1）。单击 主页 功能选项卡"基本"区域中的 按钮，在系统的提示下选取"XY平面"作为草图平面，绘制如图6.213所示的草图；在"拉伸"

对话框"限制"区域的"终止"下拉列表中选择┿ 对称值 选项，在"距离"文本框中输入深度值10；单击"确定"按钮，完成拉伸（1）的创建。

○ 步骤3 创建如图6.214所示的圆角（1）。选择下拉菜单"插入"→"细节特征"→"面倒圆"命令，在"面倒圆"对话框的类型下拉列表中选择"三面"；在系统的提示下选取上表面作为面组1，选取下表面为面组2，选取左侧面为中间面，单击"确定"按钮，完成圆角的定义。

注意 在选取倒圆对象时需要提前将选择过滤器设置为"单个面"类型。

○ 步骤4 创建如图6.215所示的圆角（2）。具体操作可参考步骤3。

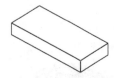
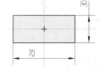
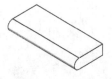
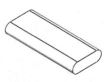

图6.212　拉伸（1）　　图6.213　截面草图　　图6.214　圆角（1）　　图6.215　圆角（2）

○ 步骤5 创建基准平面（1）。单击 主页 功能选项卡"构造"区域 ◇ 后的·按钮，选择 ◇ 基准平面 命令，在类型下拉列表中选择"按某一距离"类型，选取如图6.216所示的模型表面作为参考平面，在"偏置"区域的"距离"文本框中输入偏置距离15，单击"确定"按钮，完成基准平面的定义，如图6.216所示。

○ 步骤6 绘制截面（1）。单击 主页 功能选项卡"构造"区域中的 ✐ 按钮，系统会弹出"创建草图"对话框，在系统的提示下，选取"基准平面（1）"作为草图平面，绘制如图6.217所示的草图（此草图是由4段圆弧组成）。

○ 步骤7 创建如图6.218所示的拉伸曲面。单击 主页 功能选项卡"基本"区域中的 ⌂ 按钮，在系统的提示下选取如图6.217所示的草图作为拉伸截面；在"拉伸"对话框"限制"区域的"终止"下拉列表中选择┝ 值 选项，在"距离"文本框中输入深度值10；在"拉伸"对话框"设置"区域的"体类型"下拉列表中选择 片体 选项，单击"确定"按钮，完成拉伸曲面的创建。

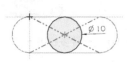

图6.216　基准平面（1）　　　图6.217　截面（1）　　　图6.218　拉伸曲面

○ 步骤8 创建如图6.219所示的通过曲线组特征（1）。选择 曲线 功能选项卡"基本"区域中的 ◇ （通过曲线组）命令，在绘图区选取步骤6创建的草图作为第1个截面（选择过滤器类型为单条曲线，按下 ╌ 选项）；选取如图6.216所示的面（选择过滤器类型为面的边）作为第2个截面，在"通过曲线组"对话框"连续性"区域将 第一个截面 的下拉列表类型设置为 G1 (相切)，选取步骤7创建的拉伸曲面作为参考，在 最后一个截面 的下拉列表类型设置为 G1 (相切)，选取主体实体的4个侧面作为参考；在"对齐"区域选中☑保留形状复选项，在"流向"下拉列表中选择等参数，其他参数采用默认，单击"确定"按钮，完成通过曲线组特征的创建。

○ 步骤9 创建合并（1）。单击主页功能选项卡"基本"区域中的（合并）按钮，系统会弹出"合并"对话框，在系统"选择目标体"的提示下，选取步骤2创建的拉伸实体作为目标体，在系统"选择工具体"的提示下，选取步骤8创建的体作为工具体，在"合并"对话框的"设置"区域中取消选中"保存目标"与"保存工具"复选框，单击"确定"按钮完成操作。

○ 步骤10 创建基准平面（2）。单击主页功能选项卡"构造"区域后的·按钮，选择◇基准平面命令，在类型下拉列表中选择"按某一距离"类型，选取如图6.220所示的模型表面作为参考平面，在"偏置"区域的"距离"文本框中输入偏置距离3，单击"确定"按钮，完成基准平面的定义，如图6.220所示。

○ 步骤11 创建如图6.221所示的拉伸（3）。单击主页功能选项卡"基本"区域中的按钮，在系统的提示下选取"基准平面（2）"作为草图平面，绘制如图6.222所示的草图；在"拉伸"对话框"限制"区域的"终止"下拉列表中均选择直至下一个选项，方向朝向实体，在"布尔"下拉列表中选择"合并"；在"拔模"区域的拔模下拉列表中选择从起始限制，在角度文本框中输入角度-25，单击"确定"按钮，完成拉伸（3）的创建。

○ 步骤12 创建如图6.223所示的边倒圆特征（1）。单击主页功能选项卡"基本"区域中的（边倒圆）按钮，系统会弹出"边倒圆"对话框，在系统的提示下选取如图6.224所示的边线作为圆角对象，在"边倒圆"对话框的"半径1"文本框中输入圆角半径值3，单击"确定"按钮完成边倒圆特征的创建。

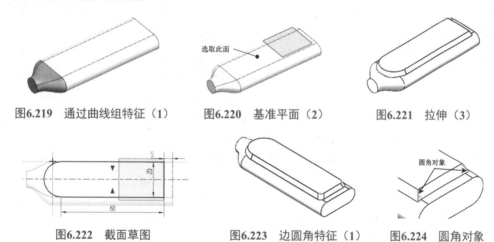

图6.219　通过曲线组特征（1）　　图6.220　基准平面（2）　　图6.221　拉伸（3）

图6.222　截面草图　　　　图6.223　边圆角特征（1）　　图6.224　圆角对象

○ 步骤13 创建如图6.225所示的边倒圆特征（2）。单击主页功能选项卡"基本"区域中的按钮，系统会弹出"边倒圆"对话框，在系统的提示下选取如图6.226所示的边线作为圆角对象，在"边倒圆"对话框的"半径1"文本框中输入圆角半径值1，单击"确定"按钮完成边倒圆特征的创建。

○ 步骤14 创建如图6.227所示的拉伸（4）。单击主页功能选项卡"基本"区域中的按钮，在系统的提示下选取如图6.227所示的模型表面作为草图平面，绘制如图6.228所示的草图；在"拉伸"对话框"限制"区域的"终止"下拉列表中均选择 贯通 选项，方向向下，在"布尔"下拉列表中选择"减去"；单击"确定"按钮，完成拉伸（4）的创建。

○步骤15 创建如图6.229所示的边倒圆特征（3）。单击 主页 功能选项卡"基本"区域中的 按钮，系统会弹出"边倒圆"对话框，在系统的提示下选取如图6.230所示的边线作为圆角对象，在"边倒圆"对话框的"半径1"文本框中输入圆角半径值0.5，单击"确定"按钮完成边倒圆特征的创建。

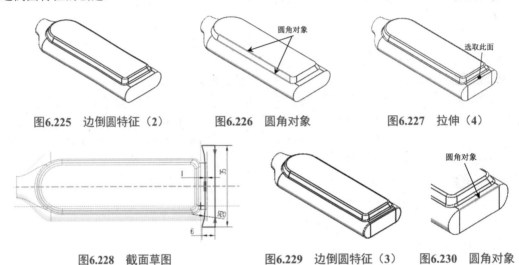

图6.225　边倒圆特征（2）　　图6.226　圆角对象　　图6.227　拉伸（4）

图6.228　截面草图　　　　图6.229　边倒圆特征（3）　　图6.230　圆角对象

○步骤16 创建如图6.231所示的抽壳特征。单击 主页 功能选项卡"基本"区域中的 按钮，在"抽壳"对话框"类型"下拉列表中选择"开放"类型，选取如图6.232所示的移除面，在"抽壳"对话框的"厚度"文本框中输入抽壳的厚度值1，单击"确定"按钮，完成抽壳特征的创建。

○步骤17 创建如图6.233所示的拉伸（5）。单击 主页 功能选项卡"基本"区域中的 按钮，在系统的提示下选取如图6.233所示的模型表面作为草图平面，绘制如图6.234所示的草图；在"拉伸"对话框"限制"区域的"终止"下拉列表中均选择 直至下一个 选项，方向向内，在"布尔"下拉列表中选择"减去"；单击"确定"按钮，完成拉伸（5）的创建。

○步骤18 创建如图6.235所示的拉伸（6）。单击 主页 功能选项卡"基本"区域中的 按钮，在系统的提示下选取如图6.235所示的模型表面作为草图平面，绘制如图6.236所示的草图；在"拉伸"对话框"限制"区域的"终止"下拉列表中均选择 直至下一个 选项，方向向内，在"布尔"下拉列表中选择"减去"；单击"确定"按钮，完成拉伸（6）的创建。

○步骤19 创建如图6.237所示的线性阵列（1）。单击 主页 功能选项卡"基本"区域中的 阵列特征 按钮，在"阵列定义"区域的"布局"下拉列表中选择"线性"，选取步骤18创建的拉伸特征作为阵列的源对象，在"方向1"区域激活"指定向量"，选取如图6.238所示的边线（靠近右侧选取），方向向右，在"间距"下拉列表中选择"数量和间隔"，在"数量"文本框中输入3，在"间隔"文本框中输入20，单击"确定"按钮，完成线性阵列的创建。

○步骤20　绘制定位草图。单击 主页 功能选项卡"构造"区域中的 ⊘ 按钮，系统会弹出"创建草图"对话框，在系统的提示下，选取"XY平面"作为草图平面，绘制如图6.239所示的草图（8个草图点）。

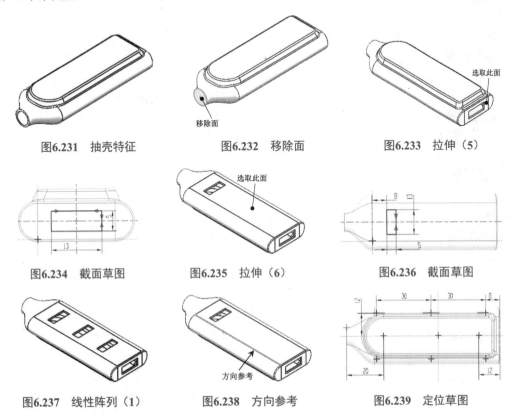

图6.231　抽壳特征　　　　图6.232　移除面　　　　图6.233　拉伸（5）

移除面

选取此面

图6.234　截面草图　　　　图6.235　拉伸（6）　　　　图6.236　截面草图

选取此面

图6.237　线性阵列（1）　　图6.238　方向参考　　　　图6.239　定位草图

方向参考

○步骤21　创建如图6.240所示的拉伸曲面。单击 主页 功能选项卡"基本"区域中的 按钮，在系统的提示下选取"ZX平面"作为草图平面，绘制如图6.241所示的截面草图；在"拉伸"对话框"限制"区域的"终止"下拉列表中选择 ⊹对称值 选项，在"距离"文本框中输入深度值50；在"拉伸"对话框"设置"区域的"体类型"下拉列表中选择 片体 选项，单击"确定"按钮，完成拉伸曲面的创建。

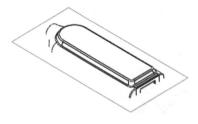

图6.240　拉伸曲面

图6.241　截面草图

2. 创建一转多USB接口上盖

◎ 步骤1 新建层。在"装配导航器"中右击 ☑ ⊿ 一转多USB接口 节点，在系统弹出的快捷菜单中依次选择 WAVE ▸→ 新建层 命令，系统会弹出"新建层"对话框。

◎ 步骤2 指定部件名称。在"新建层"对话框中单击 指定部件名 命令，在系统弹出的"选择部件名"对话框中选择合适的保存位置，在 文件名(N): 文本框中输入"一转多USB接口上盖"，单击 确定 按钮完成部件名称的指定。

◎ 步骤3 定义关联复制的对象。在"新建层"对话框中单击 类选择 按钮，系统会弹出"WAVE部件间复制"对话框，在图形区选取实体、上一节步骤21创建的拉伸曲面、上一节步骤20创建的定位草图及基准坐标系作为要关联复制的对象，单击 确定 按钮完成关联复制操作。

◎ 步骤4 单击"新建层"对话框中的 确定 按钮完成新建与复制操作。

◎ 步骤5 单独打开一转多USB接口上盖零件。在装配导航器中右击"一转多USB接口上盖"后选择 ⬚ 在窗口中打开(P) 命令。

◎ 步骤6 创建如图6.242所示的修剪体。选择 主页 功能选项卡"基本"区域中的 ⬡ 命令，在系统的提示下选取实体作为要修剪的目标体，在"修剪体"对话框中激活 工具 区域中的 选择面或平面(0)，选取如图6.243所示的面作为工具面，切除方向向下，单击 确定 按钮完成修剪操作。

◎ 步骤7 创建如图6.244所示的拉伸（1）。单击 主页 功能选项卡"基本"区域中的 ⬚ 按钮，在系统的提示下选取"XY平面"作为草图平面，绘制如图6.245所示的草图；在"拉伸"对话框"限制"区域的"起始"下拉列表中选择 ⬚ 直至下一个，在"终止"下拉列表中选择 ⊢ 值 选项，在"距离"文本框中输入深度值2；在"布尔"下拉列表中选择"合并"；单击"确定"按钮，完成拉伸（1）的创建。

◎ 步骤8 创建如图6.246所示的筋（1）。单击 主页 功能选项卡"基本"区域中的 ⬚ 下的 ⬝ （更多）按钮，在"细节特征"区域选择 ⬚ 筋板 命令，在系统的提示下选取如图6.246所示的模型表面作为草图平面，绘制如图6.247所示的截面草图，在"筋板"对话框"壁"区域选中 ⬉ 垂直于剖切平面 单选项，确认筋板方向是朝向实体的，在 尺寸 下拉列表中选择"对称"，在 厚度 文本框中输入筋板厚度0.5，其他参数采用默认，单击"确定"按钮，完成筋板的创建。

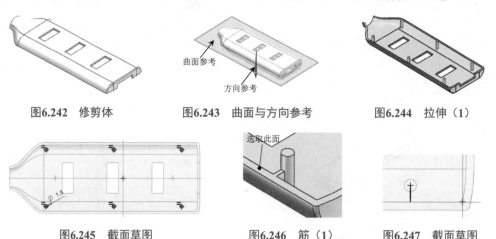

图6.242　修剪体　　　　图6.243　曲面与方向参考　　　　图6.244　拉伸（1）

图6.245　截面草图　　　　图6.246　筋（1）　　　　图6.247　截面草图

◎步骤9 创建如图6.248所示的线性阵列（1）。单击 主页 功能选项卡"基本"区域中的
阵列特征按钮，在"阵列定义"区域的"布局"下拉列表中选择"线性"，选取步骤8创建的筋特
征作为阵列的源对象，在"方向1"区域激活"指定向量"，选取如图6.249所示的边线（靠近
左侧选取），方向向左，在"间距"下拉列表中选择"数量和间隔"，在"数量"文本框中输
入3，在"间隔"文本框中输入30，单击"确定"按钮，完成线性阵列的创建。

◎步骤10 创建如图6.250所示的镜像特征（1）。单击 主页 功能选项卡"基本"区域中的
镜像特征按钮，系统会弹出"镜像特征"对话框，选取"筋板"与"线性阵列"作为要镜像的特
征，在"镜像平面"区域的"平面"下拉列表中选择"现有平面"，激活"选择平面"，选
取"ZX平面"作为镜像平面，单击"确定"按钮，完成镜像特征的创建。

方向参考

图6.248 线性阵列（1）　　图6.249 方向参考　　图6.250 镜像特征（1）

◎步骤11 创建如图6.251所示的拉伸（2）。单击 主页 功能选项卡"基本"区域中的 （拉
伸）按钮，在系统的提示下选取"XY平面"作为草图平面，绘制如图6.252所示的草图；在
"拉伸"对话框"限制"区域的"起始"下拉列表中选择 直至下一个，在"终止"下拉列表中
选择 值 选项，在"距离"文本框中输入深度值4；在"布尔"下拉列表中选择"合并"；单
击"确定"按钮，完成拉伸（2）的创建。

◎步骤12 创建如图6.253所示的拉伸（3）。单击 主页 功能选项卡"基本"区域中的 （拉
伸）按钮，在系统的提示下选取如图6.253所示的面1作为草图平面，绘制如图6.254所示的草
图；在"拉伸"对话框"限制"区域的"起始"下拉列表中选择 值 选项，在"距离"文本框
中输入深度值1，在"终止"下拉列表中选择 直至下一个 选项；在"偏置"区域的下拉列表中选
择"对称"，在"结束"文本框中输入0.5；在"布尔"下拉列表中选择"合并"；单击"确
定"按钮，完成拉伸（3）的创建。

◎步骤13 创建如图6.255所示的拉伸（4）。单击 主页 功能选项卡"基本"区域中的 （拉
伸）按钮，在系统的提示下选取如图6.253所示的面1作为草图平面，绘制如图6.256所示的草
图；在"拉伸"对话框"限制"区域的"起始"与"终止"下拉列表中均选择 值 选项，在
"距离"文本框中分别输入深度值0与5，方向向下；在"布尔"下拉列表中选择"减去"；单
击"确定"按钮，完成拉伸（4）的创建。

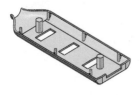
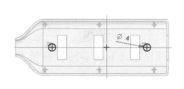

面1

图6.251 拉伸（2）　　图6.252 截面草图　　图6.253 拉伸（3）

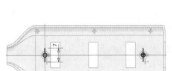

图6.254 截面草图

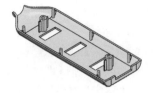

图6.255 拉伸（4）

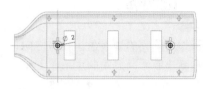

图6.256 截面草图

◎ 步骤14 创建如图6.257所示的拉伸（5）。单击 主页 功能选项卡"基本"区域中的 按钮，在系统的提示下选取如图6.257所示的面1作为草图平面，绘制如图6.258所示的草图；在"拉伸"对话框"限制"区域的"起始"与"终止"下拉列表中选择 值 选项，在"距离"文本框中输入深度值0.5；在"偏置"区域的下拉列表中选择"两侧"，在"结束"文本框中输入-0.3（方向向内）；在"布尔"下拉列表中选择"合并"；单击"确定"按钮，完成拉伸（5）的创建。

◎ 步骤15 参考步骤14的操作完成拉伸（6）的创建，完成后如图6.259所示。

◎ 步骤16 保存文件。选择"快速访问工具条"中的"保存"命令，完成保存操作。

◎ 步骤17 将窗口切换到"一转多USB接口"。

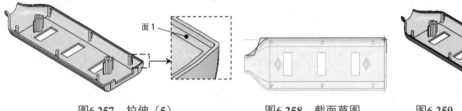

图6.257 拉伸（5）   图6.258 截面草图   图6.259 拉伸（6）

3. 创建一转多USB接口下盖

◎ 步骤1 新建层。在"装配导航器"中右击 ☑ 一转多USB接口 节点，在系统弹出的快捷菜单中依次选择 WAVE ▶→ 新建层 命令，系统会弹出"新建层"对话框。

◎ 步骤2 指定部件名称。在"新建层"对话框中单击 指定部件名 命令，在系统弹出的"选择部件名"对话框中选择合适的保存位置，在 文件名(N): 文本框中输入"一转多USB接口下盖"，单击 确定 按钮完成部件名称的指定。

◎ 步骤3 定义关联复制的对象。在"新建层"对话框中单击 类选择 按钮，系统会弹出"WAVE部件间复制"对话框，在图形区选取实体、一级控件创建章节中步骤21创建的拉伸曲面、一级控件创建章节中步骤20创建的定位草图及基准坐标系作为要关联复制的对象，单击 确定 按钮完成关联复制操作。

◎ 步骤4 单击"新建层"对话框中的 确定 按钮完成新建与复制操作。

◎ 步骤5 单独打开一转多USB接口下盖零件。在装配导航器中右击"一转多USB接口下盖"后选择 在窗口中打开(D) 命令。

◎ 步骤6 创建如图6.260所示的修剪体。选择 主页 功能选项卡"基本"区域中的 命令，在系统的提示下选取实体作为要修剪的目标体，在"修剪体"对话框中激活 工具 区域中的 选择面或平面 (0) ，选取如图6.261所示的面作为工具面，切除方向向下，单击 确定 按钮完成修剪操作。

◯ 步骤7 创建如图6.262所示的拉伸（1）。单击 主页 功能选项卡"基本"区域中的 按钮，在系统的提示下选取"XY平面"作为草图平面，绘制如图6.263所示的草图；在"拉伸"对话框"终止"下拉列表中选择 直至下一个 选项；在"布尔"下拉列表中选择"合并"；单击"确定"按钮，完成拉伸（1）的创建。

◯ 步骤8 创建如图6.264所示的拉伸（2）。单击 主页 功能选项卡"基本"区域中的 按钮，在系统的提示下选取"XY平面"作为草图平面，绘制如图6.265所示的草图；在"拉伸"对话框"终止"下拉列表中选择 值 选项，在"距离"文本框中输入深度值2；在"布尔"下拉列表中选择"减去"；单击"确定"按钮，完成拉伸（2）的创建。

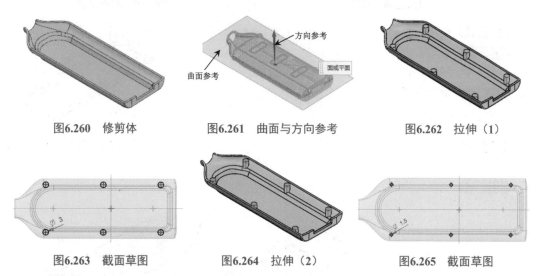

图6.260 修剪体　　　　图6.261 曲面与方向参考　　　　图6.262 拉伸（1）

图6.263 截面草图　　　　图6.264 拉伸（2）　　　　图6.265 截面草图

◯ 步骤9 创建如图6.266所示的边倒圆特征（1）。单击 主页 功能选项卡"基本"区域中的 按钮，系统会弹出"边倒圆"对话框，在系统的提示下选取如图6.267所示的两条边线作为圆角对象，在"边倒圆"对话框的"半径1"文本框中输入圆角半径值0.2，单击"确定"按钮完成边倒圆特征（1）的创建。

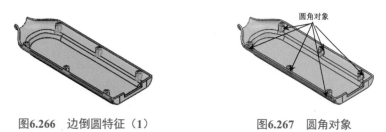

图6.266 边倒圆特征（1）　　　　图6.267 圆角对象

◯ 步骤10 创建如图6.268所示的拉伸（3）。单击 主页 功能选项卡"基本"区域中的 按钮，在系统的提示下选取如图6.268所示的面1作为草图平面，绘制如图6.269所示的草图；在

"拉伸"对话框"限制"区域的"终止"下拉列表中选择⊦值选项，在"距离"文本框中输入深度值0.5，方向朝向实体；在"偏置"区域的下拉列表中选择"两侧"，在"结束"文本框中输入-0.3（方向向内）；在"布尔"下拉列表中选择"减去"；单击"确定"按钮，完成拉伸（3）的创建。

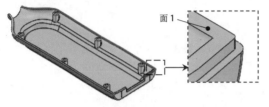
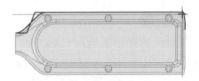

图6.268　拉伸（3）　　　　　　　　　　　图6.269　截面草图

◎步骤11　参考步骤10创建如图6.270所示的拉伸（5）。

◎步骤12　保存文件。选择"快速访问工具条"中的"保存"命令，完成保存操作。

◎步骤13　将窗口切换到"一转多USB接口"。

4. 验证关联性

◎步骤1　打开"一级控件"模型，将凸台-拉伸（1）的草图修改至如图6.271所示。

◎步骤2　更新完成后如图6.272所示。

图6.270　拉伸（5）

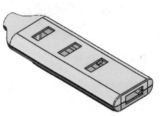

图6.271　修改一级控件特征草图　　　　图6.272　一转多USB接口装配自动更新

第 7 章

UG NX模型的测量与分析

7.1 模型的测量

7.1.1 基本概述

产品的设计离不开模型的测量与分析，本节主要介绍空间点、线、面距离的测量，以及角度的测量、曲线长度的测量、面积的测量等，这些测量工具在产品零件设计及装配设计中经常用到。

7.1.2 测量距离

UG NX中可以测量的距离包括点到点的距离、点到线的距离、点到面的距离、线到线的距离、面到面的距离等。下面以如图7.1所示的模型为例，介绍测量距离的一般操作过程。

○ 步骤1 打开文件D:\UG2206\work\ch07.01\模型测量01。

○ 步骤2 选择命令。选择 分析 功能选项卡"测量"区域中的 "测量"命令，系统会弹出如图7.2所示的"测量"对话框。

图7.1 测量距离

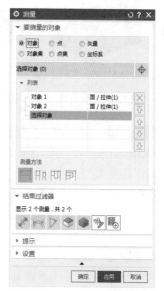

图7.2 "测量"对话框

○ 步骤3 测量面到面的距离。在"要测量的对象"区域中选中"对象"单选项，依次选取如图7.3所示的面1与面2，在图形区距离类型列表中选择"最小垂直"选项，此时在图形区会显示测量结果。

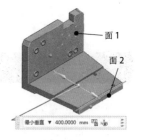

图7.3 测量面到面的距离

| 说明 | 在开始新的测量前需要在如图7.4所示的列表区域区域右击对象，选择"移除"命令，以便将之前的对象全部移除，然后选取新的对象。 |

图7.4 清空之前的对象

| 说明 | 在距离类型列表中包含 最小距离（用于测量两对象之间的最小距离，如图7.5所示）、最大距离（用于测量两对象之间的最大距离，如图7.6所示）、最小垂直（用于测量两对象之间的最小垂直距离，如图7.7所示）及 最大垂直（用于测量两对象之间的最大垂直距离，如图7.8所示）四种类型。 |

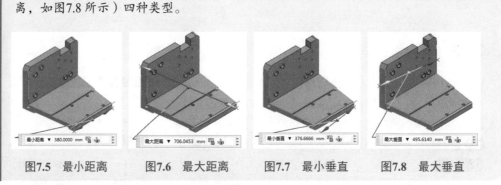

图7.5 最小距离   图7.6 最大距离   图7.7 最小垂直   图7.8 最大垂直

○ 步骤4 测量点到面的距离，在"要测量的对象"区域中选中"点"单选项，选取如图7.9所示的点1，在"要测量的对象"区域中选中"对象"单选项，选取如图7.9所示的面1，在图形区距离类型列表中选择"最小垂直"选项，此时结果如图7.9所示。

○ 步骤5 测量点到线的距离，在"要测量的对象"区域中选中"点"单选项，选取如图7.10所示的点1，在"要测量的对象"区域中选中"对象"单选项，选取如图7.10所示的线1，在图形区距离类型列表中选择"最小距离"选项，此时结果如图7.10所示。

○ 步骤6 测量点到点的距离，在"要测量的对象"区域中选中"点"单选项，选取如图7.11所示的点1与点2，在图形区距离类型列表中选择"最小距离"选项，此时结果如图7.11所示。

○ 步骤7 测量线到线的距离，在"要测量的对象"区域中选中"对象"单选项，选取如图7.12

所示的线1与线2，在图形区距离类型列表中选择"最小距离"选项，此时结果如图7.12所示。

○步骤8　测量线到面的距离，在"要测量的对象"区域中选中"对象"单选项，选取如图7.13所示的线1与面1，在图形区距离类型列表中选择"最小垂直"选项，此时结果如图7.13所示。

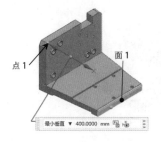

图7.9　测量点到面的距离

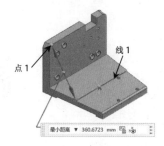

图7.10　测量点到线的距离

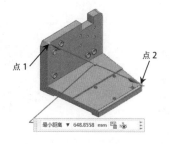

图7.11　测量点到点的距离

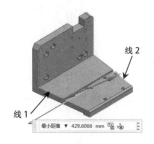

图7.12　测量线到线的距离

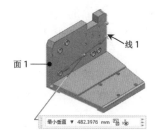

图7.13　测量线到面的距离

7.1.3　测量角度

UG NX中可以测量的角度包括线与线的角度、线与面的角度、面与面的角度等。下面以如图7.14所示的模型为例，介绍测量角度的一般操作过程。

○步骤1　打开文件D:\UG2206\work\ch07.01\模型测量02。

○步骤2　选择命令。选择 分析 功能选项卡"测量"区域中的 ✍ "测量"命令，系统会弹出"测量"对话框。

○步骤3　测量面与面的角度。在"要测量的对象"区域中选中"对象"单选项，选取如图7.15所示的面1与面2，在图形区角度类型列表中选择"内角"选项，此时结果如图7.15所示。

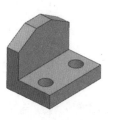

图7.14　测量角度

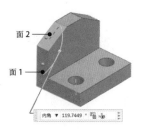

图7.15　测量面与面的角度

说明 在距离类型列表中包含 内角 （用于测量两对象之间的内夹角，如图7.15所示）、 外角 （用于测量两对象之间的外夹角，如图7.16所示）及 补角 （用于测量两对象之间的补角，如图7.17所示）三种类型。

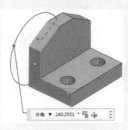

图7.16 外角

图7.17 补角

◎ 步骤4 测量线与面的角度。在"要测量的对象"区域中选中"对象"单选项，选取如图7.18所示的线1与面1，在图形区角度类型列表中选择"补角"选项，此时结果如图7.18所示。

◎ 步骤5 测量线与线的角度。在"要测量的对象"区域中选中"对象"单选项，选取如图7.19所示的线1与线2，在图形区角度类型列表中选择"内角"选项，此时结果如图7.19所示。

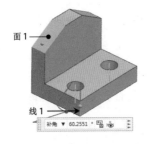

图7.18 测量线与面的角度

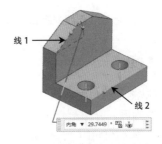

图7.19 测量线与线的角度

7.1.4 测量曲线长度

2min

下面以如图7.20所示的模型为例，介绍测量曲线长度的一般操作过程。

◎ 步骤1 打开文件D:\UG2206\work\ch07.01\模型测量03。

◎ 步骤2 选择命令。选择 分析 功能选项卡"测量"区域中的 ✎ 命令，系统会弹出"测量"对话框。

◎ 步骤3 测量样条曲线的长度。在"要测量的对象"区域中选中"对象"选项，选取如图7.21所示的曲线，结果如图7.21所示。

◎ 步骤4 测量圆的长度。在"要测量的对象"区域中选中"对象"选项，选取如图7.22所示的圆，结果如图7.22所示。

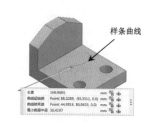
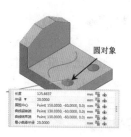

图7.20　测量曲线长度　　　图7.21　测量样条曲线长度　　　图7.22　测量圆的长度

7.1.5　测量面积与周长

下面以如图7.23所示的模型为例，介绍测量面积与周长的一般操作过程。

○ 步骤1　打开文件D:\UG2206\work\ch07.01\模型测量04。

○ 步骤2　选择命令。选择 分析 功能选项卡"测量"区域中的 ✐ 命令，系统会弹出"测量"对话框。

○ 步骤3　测量平面的面积与周长。在"要测量的对象"区域中选中"对象"选项，选取如图7.24所示的平面，结果如图7.24所示。

○ 步骤4　测量曲面的面积与周长。在"要测量的对象"区域中选中"对象"选项，选取如图7.25所示的曲面，结果如图7.25所示。

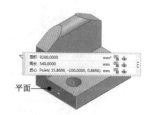

图7.23　测量面积与周长　　　图7.24　测量平面的面积与周长　　　图7.25　测量曲面的面积与周长

7.2　模型的分析

这里的分析指的是单个零件或组件的基本分析，主要指单个模型的物理数据或装配体中元件之间的干涉分析。这些分析都是静态的，如果需要对某些产品或者机构进行动态分析，就需要用到UG NX的运动仿真这个高级模块。

7.2.1　质量属性分析

通过质量属性的分析，可以获得模型的体积、表面积、质量、密度、重心位置和惯性矩等数据，对产品设计有很大参考价值。

○ 步骤1　打开文件D:\UG2206\work\ch07.02\质量属性-ex。

4min

○ 步骤2 设置材料属性。单击 工具 功能选项卡"实用工具"区域中的 🔧（指派材料）按钮，系统会弹出"指派材料"对话框；在"指派材料"对话框的下拉列表中选择"选择体"，然后在绘图区选取整个实体作为要添加材料的实体；在"指派材料"对话框"材料列表"区域中选择"库材料"，在"指派材料"区域选中Steel材料；在"指派材料"对话框中单击"确定"按钮，将材料应用到模型。

○ 步骤3 选择命令。选择 分析 功能选项卡"测量"区域中的 ✏ "测量"命令，系统会弹出"测量"对话框。

○ 步骤4 设置过滤器。在体过滤器中选择"特征体"，如图7.26所示。

图7.26 选择过滤器

○ 步骤5 选择对象。在绘图区域实体上右击，选择"从列表中选择"命令，系统会弹出如图7.27所示的选择列表，在列表中选择"实体/拉伸"，此时结果如图7.28所示。

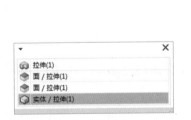

图7.27 选择列表

图7.28 分析结果

7.2.2 模型的偏差分析

通过模型的偏差分析，可以检查所选的对象是否相接、相切，以及边界是否对齐等，并得到所选对象的距离偏移值和角度偏移值。下面以如图7.29所示的模型为例，简要说明其操作过程。

○ 步骤1 打开文件D:\UG2206\work\ch07.02\偏差分析-ex。

○ 步骤2 选择命令。单击 分析 功能选项卡"关系"区域中 🔶 下的更多按钮，在系统弹出的快捷菜单中选择 🔶 偏差检查 命令（或者选择下拉菜单

图7.29 偏差分析

▶ 3min

"分析"→"偏差"→"检查"），系统会弹出如图7.30所示的"偏差检查"对话框。

○ 步骤3　定义类型。在"偏差检查类型"下拉列表中选择"曲线到曲线"。

○ 步骤4　定义曲线参考。选取如图7.31所示的曲线1与边线1作为检查参考。

○ 步骤5　单击"偏差检查"对话框"操作"区域中的 检查 按钮，系统会弹出如图7.32所示的"信息"对话框。

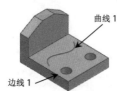

图7.30　"偏差检查"对话框　　图7.31　定义曲线参考　　　图7.32　"信息"对话框

如图7.30所示，"偏差分析"对话框中部分选项的说明如下。

偏差检查类型 列表：用于设置偏差检查的类型。

☑ 曲线到曲线 类型：用于检查曲线或者边之间的偏差。

☑ 线-面 类型：用于检查曲线与面之间的偏差。

☑ 边-面 类型：用于检查边线与面之间的偏差。

☑ 面-面 类型：用于检查面与面之间的偏差。

☑ 边-边 类型：用于检查边与边之间的偏差。

7.2.3　装配干涉检查

在产品设计过程中，当各零部件组装完成后，设计者最关心的是各个零部件之间的干涉情况，使用软件提供的装配间隙功能可以帮助用户了解这些信息。下面通过整体检查小车轮的装配产品为例，介绍使用装配间隙功能进行干涉检查的一般操作过程。

▶ 7min

○ 步骤1　打开文件D:\UG2206\work\ch07.02\03\干涉检查-ex。

○ 步骤2　创建间隙集。

（1）选择命令。单击 装配 功能选项卡"间隙"区域中 按钮（或者选择下拉菜单"分析"→"装配间隙"→"间隙集"→"新建"命令），系统会弹出如图7.33所示的"间隙分析"对话框。

（2）设置间隙集名称。在"间隙集名称"文本框中输入整体分析。

（3）定义间隙介于。在"间隙介于"下拉列表中选择"组件"。

（4）定义分析对象集合。在"要分析的对象"区域的"集合"下拉列表中选择"所有对象"。

（5）定义安全区域。采用系统默认的参数。

（6）完成创建。单击"确定"按钮，完成间隙集的创建。

如图7.33所示，"间隙分析"对话框部分选项的说明如下。

（1）间隙集名称 文本框：用于设置间隙集的名称。

（2）间隙介于 下拉菜单：用于显示排除的零部件，排除的零件将不会进行干涉检查。

（3）集合 下拉菜单：用于选择要在分析中包含的组件。

（4）集合— 下拉菜单。

☑ 所有对象 类型：用于对整个装配进行分析。

☑ 所有可见对象 类型：用于仅对可见的对象进行分析，不可见的对象将被排除。

☑ 选定的对象 类型：用于仅对选中的对象进行分析，此时需要用户手动选取对象。

☑ 所有非选定对象 类型：用于对所选对象之外的对象进行间隙分析。

（5）例外 区域：用于设置需要排除的对象。

（6）安全区域 区域：用于设置分析的完全区域。

○ 步骤3　查看间隙结果。在系统弹出的如图7.34所示的"间隙浏览器"对话框中查看干涉分析结果，在此装配中共分析到5个干涉，第1个干涉是有实体交叉的干涉，后4个干涉是面面重合的干涉（一般重合不视为干涉，可以直接忽略）。

图7.33　"间隙分析"对话框

图7.34　"间隙浏览器"对话框

○ 步骤4　查看具体的干涉问题。在"间隙浏览器"对话框中右击车轮与连接轴的干涉，选择"研究干涉"命令，此时图形区将只显示发生干涉的组件，在"间隙浏览器"干涉前会显示☑，在如图7.35所示的组件连接处可以发现干涉问题，单击干涉前的☑可回到整个装配显示状态。

○ 步骤5　采用步骤4相同的方法可以查看其他干涉，经过检查后如果用户认为干涉属于正常干涉，或者只是面与面重合导致的干涉，则可以右击对应的干涉选择"忽略"。

如果用户只想分析某两个组件之间的干涉，则可以通过软件提供的简单干涉命令进行分析，下面以检查小车轮产品中车轮和连接轴之间是否有干涉为例，介绍简单干涉的一般操作过程。

◎ 步骤1　打开文件D:\UG2206\work\ch07.02\03\干涉检查-ex。

◎ 步骤2　选择命令。选择下拉菜单"分析"→"简单干涉"命令，系统会弹出如图7.36所示的"简单干涉"对话框。

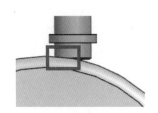

图7.35　研究干涉　　　　　　　图7.36　"简单干涉"对话框

◎ 步骤3　定义检查组件。在绘图区选取车轮作为第1个体，选取连接轴作为第2个体。

◎ 步骤4　定义干涉结果。在"干涉检查结果"区域的"结果对象"下拉列表中选择"干涉体"。

◎ 步骤5　完成检查。单击"确定"按钮，完成简单干涉的创建，系统会自动创建干涉体，将小车轮组件全部隐藏后的结果如图7.37所示，在部件导航器中也会有体的特征节点，如图7.38所示。

图7.37　干涉结果　　　　　　　图7.38　部件导航器

第8章 UG NX工程图设计

8.1 工程图概述

工程图是指以投影原理为基础，用多个视图清晰详尽地表达出设计产品的几何形状、结构及加工参数的图纸。工程图严格遵守国标的要求，它实现了设计者与制造者之间的有效沟通，使设计者的设计意图能够简单明了地展现在图样上。从某种意义上讲，工程图是一门沟通了设计者与制造者之间的语言，在现代制造业中占据着极其重要的位置。

8.1.1 工程图的重要性

（1）立体模型（三维"图纸"）无法像二维工程图那样可以标注完整的加工参数，如尺寸、几何公差、加工精度、基准、表面粗糙度符号和焊缝符号等。

（2）不是所有的零件都需要采用CNC或NC等数控机床加工，因而需要出示工程图，以便在普通机床上进行传统加工。

（3）立体模型仍然存在无法表达清楚的局部结构，如零件中的斜槽和凹孔等，这时可以在二维工程图中通过不同方位的视图来表达局部细节。

（4）通常把零件交给第三方厂家加工生产时，需要出示工程图。

8.1.2 UG NX工程图的特点

使用UG NX工程图环境中的工具可创建三维模型的工程图，并且视图与模型相关联，因此，工程图视图能够反映模型在设计阶段中的更改，可以使工程图视图与装配模型或单个零部件保持同步，其主要特点如下：

（1）制图界面直观、简洁、易用，可以快速方便地创建工程图。

（2）通过自定义工程图模板和格式文件可以节省大量的重复劳动；在工程图模板中添加相应的设置，可创建符合国标和企标的制图环境。

（3）可以快速地将视图插入工程图，系统会自动对齐视图。

（4）可以通过各种方式添加注释文本，文本样式可以自定义。

（5）可以根据制图需要添加符合国标或企标的基准符号、尺寸公差、形位公差、表面粗糙度符号与焊缝符号等。

（6）可以创建普通表格、孔表、材料明细表等。

（7）可从外部插入工程图文件，也可以导出不同类型的工程图文件，实现对其他软件的兼容。

（8）可以快速准确地打印工程图图纸。

8.1.3　工程图的组成

工程图主要由3部分组成，如图8.1所示。

（1）图框、标题栏。

（2）视图：主要包括基本视图（前视图、后视图、左视图、右视图、仰视图、俯视图和轴测图）、各种剖视图、局部放大图、折断视图等。在制作工程图时，可以根据实际零件的特点，选择不同的视图组合，以便简单清楚地把各个设计参数表达清楚。

（3）尺寸、公差、表面粗糙度及注释文本：主要包括形状尺寸、位置尺寸、尺寸公差、基准符号、形状公差、位置公差、零件的表面粗糙度及注释文本等。

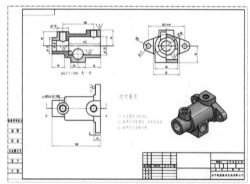

图8.1　工程图组成

8.2　新建工程图

1. 通过新建创建工程图

下面介绍通过新建创建工程图的一般操作步骤。

◎ 步骤1　新建文件。选择"快速访问工具条"中的 命令（或者选择下拉菜单"文件"→"新建"命令），系统会弹出"新建"对话框。

◎ 步骤2　选择工程图模板。在"新建"对话框中选择"图纸"选项卡，在"模板"区域中选择如图8.2所示的"A3-无视图"模板。

◎ 步骤3　设置新文件名。在"名称"文本框中输入"新建工程图"，将保存路径设置为 D:\UG2206\work\ch08.02\。

◎ 步骤4　单击"确定"按钮进入工程图环境。

2. 从建模直接进入工程图

下面介绍从建模直接进入工程图的一般操作步骤。

◎ 步骤1　打开文件。打开文件D:\UG2206\work\ch08.02\新建工程图-ex。

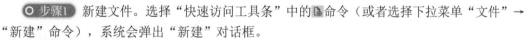

○ **步骤2** 切换环境。单击 应用模块 功能选项卡"文档"区域中的 ⬚（制图）按钮，此时会进入制图环境。

○ **步骤3** 新建图纸页。单击 主页 功能选项卡"片体"区域中的 ⬚（新建图纸页）按钮（或者选择下拉菜单"插入"→"图纸页"命令），系统会弹出如图8.3所示的"图纸页"对话框。

图8.2 选择工程图模板　　　　　　图8.3 "图纸页"对话框

○ **步骤4** 设置图纸参数。在"大小"区域选中"使用模板"，选取"A3-无视图"模板，取消选中"设置"区域的"始终启动视图创建"。

○ **步骤5** 完成创建。单击"确定"按钮，完成图纸页的创建。

图8.3"图纸页"对话框部分选项的说明如下。

（1）大小 区域：用于定义图纸的大小规格，UG向用户提供了3种模式。

◉ 使用模板 选项：用于使用系统提供的图纸页模板来创建新的图纸页。

◉ 标准尺寸 选项：选中该选项，可以激活 大小 与 比例 下拉列表，用户可以选择标准的图纸页大小和比例，需要注意，如果选取的单位不同，则 大小 与 比例 下拉列表的内容也不同。

◉ 定制尺寸 类型：选中该选项，可以激活 高度 与 长度 文本框，用户可以根据实际需要设定图纸页的高度与长度。

大小 下拉列表：用于选择图纸页大小，毫米单位包含A0、A1、A2、A3和A4共5种图纸页大小，英寸单位包含A、B、C、D、E、F、H和J共8种图纸页大小。

比例 下拉列表：用于设置图纸页中视图的默认比例。

（2）名称 区域：用于定义图纸页的名称、页码和修订等信息，此区域只在选中◉ 标准尺寸 与 ◉ 定制尺寸 时可用。

图纸页名称 文本框选项：用于设置图纸页的名称。

页号 文本框：用于设置图纸页的页码。

修订 文本框：用于设置图纸页修订号。

（3）设置 区域：用于定义图纸页的单位、投影法、自动创建视图方式等。

单位 区域：用于指定图纸页的单位，可以选择"毫米"或者"英寸"作为单位。

投影法 区域：用于定义视图的投影法，可以选择"第一角投影法"或者"第三角投影法"，在我国的标准中采用"第一角投影法"，"第一角投影法"与"第三角投影法"的区别如图8.4所示。

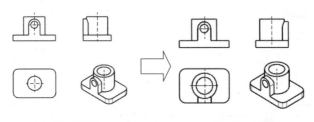

（a）第三角投影　　　　　　　　（b）第一角投影

图8.4　投影法

☑ 始终启动视图创建 区域：用于设置是否自动启动视图创建命令。

◉ 视图创建向导 单选项：用于以视图创建向导的方式创建视图。

◉ 基本视图命令 单选项：用于以基本视图命令的方式创建视图。

8.3　工程图视图

工程图视图是按照三维模型的投影关系生成的，主要用来表达部件模型的外部结构及形状。在UG NX的工程图模块中，视图包括基本视图、各种剖视图、局部放大图和断裂视图等。

8.3.1　基本工程图视图

通过投影法可以直接投影得到的视图就是基本视图，基本视图在UG NX中主要包括主视图、投影视图和等轴测视图等，下面分别进行介绍。

1. 创建主视图

下面以创建如图8.5所示的主视图为例，介绍创建主视图的一般操作过程。

◎ 步骤1　打开文件D:\UG2206\work\ch08.03\01\主视图-ex。

◎ 步骤2　切换到制图环境。单击 应用模块 功能选项卡"文档"区域中的 按钮，此时会进入制图环境。

◎ 步骤3　新建图纸页。单击 主页 功能选项卡"片体"区域中的 按钮，系统会弹出"图纸页"对话框；在"大小"区域选中"使用模板"，选取"A3-无

▶ 4min

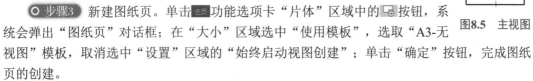
图8.5　主视图

视图"模板，取消选中"设置"区域的"始终启动视图创建"；单击"确定"按钮，完成图纸页的创建。

◎ 步骤4　显示模板边框。选择下拉菜单"格式"→"图层设置"命令，系统会弹出如图8.6所示的"图层设置"对话框，在"显示"下拉列表中选择"含有对象的图层"，在"名称"区域中选中"170层"，单击"关闭"按钮，完成边框的显示，如图8.7所示。

◎ 步骤5 选择命令。单击 主页 功能选项卡"视图"区域中的 🖾 （基本视图）按钮（或者选择下拉菜单"插入"→"视图"→"基本"命令），系统会弹出如图8.8所示的"基本视图"对话框。

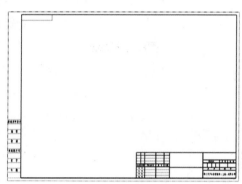

图8.6 "图层设置"对话框   图8.7 显示模板边框   图8.8 "基本视图"对话框

◎ 步骤6 定义视图参数。

（1）定义视图方向。在"基本视图"对话框的"要使用的模型视图"下拉列表中选择"前视图"，如图8.9所示，在绘图区可以预览要生成的视图，如图8.10所示。

（2）定义视图比例。在"比例"区域的"比例"下拉列表中选择"1∶2"，如图8.11所示。

图8.9 定义视图方向   图8.10 视图预览   图8.11 定义视图比例

（3）放置视图。将鼠标放在图形区，此时会出现视图的预览；选择合适的放置位置后单击，以生成主视图。

（4）单击"投影视图"对话框中的"关闭"按钮，完成操作。

2. 创建投影视图

投影视图包括仰视图、俯视图、右视图和左视图。下面以如图8.12所示的视图为例，说明创建投影视图的一般操作过程。

2min

◎ 步骤1 打开文件D:\UG2206\work\ch08.03\02\投影视图-ex。

○步骤2 选择命令。单击 主页 功能选项卡"视图"区域中的 🔲（投影视图）按钮（或者选择下拉菜单"插入"→"视图"→"投影"命令），系统会弹出如图8.13所示的"投影视图"对话框。

○步骤3 定义父视图。采用系统默认的父视图。

> **说明**
> 如果该图纸中只有一个视图，则系统默认会选择该视图作为投影的父视图，此时不需调整；如果图纸中含有多个视图，则可能会出现父视图不能满足实际需求的情况，此时可以激活"父视图"区域的"选择视图"，用户手动选取合适的父视图即可。

○步骤4 放置视图。在主视图的右侧单击，生成左视图，如图8.14所示；在主视图下方的合适位置单击，生成俯视图，如图8.14所示。

○步骤5 完成创建。单击"投影视图"对话框中的"关闭"按钮，完成投影视图的创建。

3. 等轴测视图

下面以如图8.15所示的轴测图为例，说明创建轴测图的一般操作过程。

2min

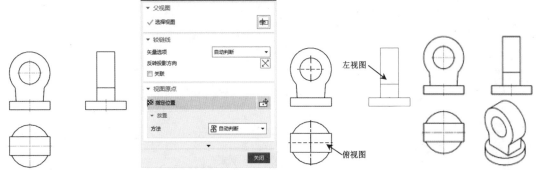

图8.12 投影视图　　图8.13 "投影视图"对话框　图8.14 左视图与俯视图　　图8.15 轴测图

○步骤1 打开文件D:\UG2206\work\ch08.03\03\轴测图-ex。

○步骤2 选择命令。单击 主页 功能选项卡"视图"区域中的 🔲（基本视图）按钮，系统会弹出"基本视图"对话框。

○步骤3 定义视图参数。

（1）定义视图方向。在"基本视图"对话框的"要使用的模型视图"下拉列表中选择"正等轴测"，在绘图区可以预览要生成的视图。

（2）定义视图比例。在"比例"区域的"比例"下拉列表中选择"1∶2"。

（3）放置视图。将鼠标放在图形区，此时会出现视图的预览；选择合适的放置位置后单击，以生成轴测图视图。

（4）单击"投影视图"对话框中的"关闭"按钮，完成操作。

8.3.2 视图常用编辑

1. 移动视图

在创建完主视图和投影视图后，如果它们在图纸上的位置不合适、视图间距太小或太大，用户则可以根据自己的需要移动视图，具体方法为将鼠标停放在视图上，当视图边界加亮显示时，按住鼠标左键并移动至合适的位置后放开。

只有将鼠标移动到视图边界时，视图边界才会加亮显示，在默认情况下视图边界是隐藏的，用户可以通过以下操作以显示视图边界。

◎ 步骤1 选择下拉菜单"首选项"→"制图"命令，系统会弹出如图8.16所示的"制图首选项"对话框。

◎ 步骤2 选中左侧"图纸视图"下的"工作流程"节点，在右侧"边界"区域选中 ☑ 显示复选框。

◎ 步骤3 单击"确定"按钮，完成视图边界的显示，如图8.17所示。

移动视图时如果出现如图8.18所示的虚线，则说明该视图与其他视图存在对齐关系。

图8.16 "制图首选项"对话框

图8.17 视图边界

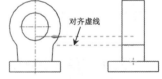

图8.18 视图对齐

2. 旋转视图

右击要旋转的视图，选择 ✍ 设置(S)... 命令（或者双击视图），系统会弹出如图8.19所示的"设置"对话框，选中左侧"公共"下的"角度"节点，在右侧"角度"区域的"角度"文本框中输入要旋转的角度，单击"确定"按钮即可旋转视图，如图8.20所示。

3. 展开视图

展开视图可以帮助用户查看视图的三维效果。右击需要展开的视图，在弹出的快捷菜单中选择展开命令，按住中键旋转即可查看三维效果，如图8.21所示；如果用户想恢复视图，则可以在图形区空白位置右击，在弹出的快捷菜单中选择撤销命令，视图将恢复到展开前的效果。效果如图8.22所示。

图8.19 "设置"对话框

图8.20 旋转视图

图8.21 展开视图

图8.22 撤销展开视图

4. 删除视图

如果要将某个视图删除，则可先选中该视图并右击，然后在弹出的快捷菜单中选择⊠（删除）命令或直接按Delete键即可删除该视图。

5. 切边

切边是两个面在相切处所形成的过渡边线，最常见的切边是圆角过渡形成的边线。在工程视图中，一般轴测视图需要显示切边，而在正交视图中，则需要隐藏切边。

系统默认切边是不可见的，如图8.23所示。在图形区右击视图后选择 ✔ 设置(S)... 命令，系统会弹出"设置"对话框，选中左侧"公共"下的"光顺边"节点，在右侧"格式"区域中选中☑ 显示光顺边 复选项，单击██（颜色）按钮，系统会弹出如图8.24所示的"对象颜色"对话框，选择"黑色"，单击"确定"按钮；在"线型"下拉列表中选择"实线"，取消选中☐ 显示端点缝隙 ，其他参数采用默认，效果如图8.25所示。

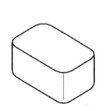

图8.23 切边不可见

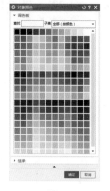

图8.24 "对象颜色"对话框

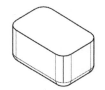

图8.25 切边可见

6. 隐藏线

系统默认隐藏边是不可见的，如图8.26所示。在图形区右击视图后选择 ✔ 设置(S)... 命令，系统会弹出"设置"对话框，选中左侧"公共"下的"隐藏线"节点，在右侧"格式"区域中选中☑ 处理隐藏线 复选项，单击▇按钮，系统会弹出"对象颜色"对话框，选择"黑色"，单击"确定"按钮；在"线型"下拉列表中选择"虚线"，其他参数采用默认，效果如图8.27所示。

图8.26　隐藏线不可见

图8.27　隐藏线虚线可见

> **注意**　　如果想使隐藏线不显示，则需要在"线性"下拉菜单中选择"不可见"，不可以通过取消选中"处理隐藏线"进行隐藏，因为当取消选中"处理隐藏线"时，隐藏线将以实线方式显示，如图8.28所示，这种处理方式将无法满足实际需求。

7. 虚拟交线

虚拟交线一般是指圆角的两个面之间假象的交线，系统默认虚拟交线是可见的，如图8.29所示，隐藏虚拟交线的方法:在图形区右击视图后选择 ✔ 设置(S)... 命令，系统会弹出"设置"对话框，选中左侧"公共"下的"虚拟交线"节点，在右侧"格式"区域中取消选中 □显示虚拟交线 复选项，效果如图8.30所示。

图8.28　取消处理隐藏线　　图8.29　虚拟交线可见　　图8.30　虚拟交线不可见

8.3.3　视图的渲染样式

与模型可以设置模型显示方式一样，工程图也可以改变显示方式，UG NX提供了3种工程视图显示模式，下面分别进行介绍。

（1）线框：视图以线框形式显示，如图8.31所示。

（2）完全着色：视图以实体形式显示，如图8.32所示。

（3）局部着色：视图将局部着色的面进行着色显示，其他面采用线框方式显示，如图8.33所示。

图8.31　线框　　　　图8.32　完全着色　　　　图8.33　局部着色

8.3.4　全剖视图

全剖视图是用剖切面完全地剖开零件得到的剖视图。全剖视图主要用于表达内部形状比较复杂的不对称机件。下面以创建如图8.34所示的全剖视图为例，介绍创建全剖视图的一般操作过程。

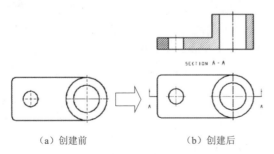

（a）创建前　　　　　　（b）创建后

图8.34　全剖视图

图8.35　"剖视图"对话框

（步骤1）打开文件D:\UG2206\work\ch08.03\05\全剖视图-ex。

（步骤2）选择命令。单击 主页 功能选项卡"视图"区域中的 ▥（剖视图）按钮，系统会弹出如图8.35所示的"剖视图"对话框。

（步骤3）定义剖切类型。在"剖切线"区域的下拉列表中选择"动态"，在"方法"下拉列表中选择"简单剖/阶梯剖"。

（步骤4）定义剖切面位置。确认"截面线段"区域的"指定位置"被激活，选取如图8.36所示的圆弧圆心作为剖切面位置参考。

（步骤5）放置视图。在主视图上方的合适位置单击，生成剖视图。

（步骤6）单击"剖视图"对话框中的"关闭"按钮，完成操作。

在剖视图中双击剖面线，系统会弹出如图8.37所示的"剖面线"对话框，在该对话框中可以调整剖面线的相关参数。

双击剖视图标签（SECTION A-A），系统会弹出如图8.38所示的"设置"对话框，在该对话框中可以调整视图标签的相关参数。

图8.36　剖切面位置　　图8.37　"剖面线"对话框　　　　　　图8.38　"设置"对话框

8.3.5 半剖视图

3min

当机件具有对称平面时，以对称平面为界，在垂直于对称平面的投影面上投影得到的由半个剖视图和半个视图合并组成的图形称为半剖视图。半剖视图既充分地表达了机件的内部结构，又保留了机件的外部形状，因此它具有内外兼顾的特点。半剖视图只适宜于表达对称的或基本对称的机件。下面以创建如图8.39所示的半剖视图为例，介绍创建半剖视图的一般操作过程。

◎ 步骤1 打开文件D:\UG2206\work\ch08.03\06\半剖视图-ex。

◎ 步骤2 选择命令。单击 主页 功能选项卡"视图"区域中的 ▣ 按钮，系统会弹出"剖视图"对话框。

◎ 步骤3 定义剖切类型。在"剖切线"区域的下拉列表中选择"动态"，在"方法"下拉列表中选择"半剖"。

◎ 步骤4 定义剖切面位置。确认"截面线段"区域的"指定位置"被激活，依次选取如图8.40所示的圆心1与点1作为剖切面位置参考。

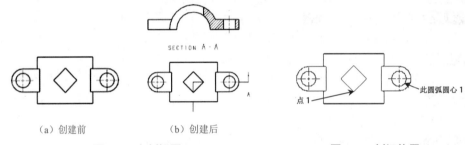

（a）创建前　　　　　　（b）创建后

图8.39　半剖视图　　　　　　　　　　图8.40　剖切位置

◎ 步骤5 放置视图。在主视图上方的合适位置单击，生成剖视图。

◎ 步骤6 单击"剖视图"对话框中的"关闭"按钮，完成操作。

8.3.6 阶梯剖视图

5min

用两个或多个互相平行的剖切平面把机件剖开的方法称为阶梯剖，所画出的剖视图称为阶梯剖视图。它适宜于表达机件内部结构的中心线排列在两个或多个互相平行的平面内的情况。下面以创建如图8.41所示的阶梯剖视图为例，介绍创建阶梯剖视图的一般操作过程。

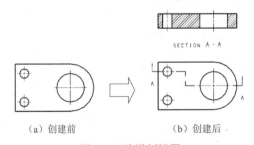

（a）创建前　　　　　　（b）创建后

图8.41　阶梯剖视图

◎步骤1　打开文件D:\UG2206\work\ch08.03\07\阶梯剖视图-ex。

◎步骤2　绘制剖切线。选择 主页 功能选项卡"视图"区域中的▦命令，绘制如图8.42所示的3条直线（两条水平直线需要通过圆1与圆2的圆心），单击▩按钮完成剖切线的绘制。

◎步骤3　定义剖切类型与方向。在系统弹出的如图8.43所示的"剖切线"对话框"剖切方法"区域的"方法"下拉列表中选择"简单剖/阶梯剖"，单击"反向"后的☒按钮，将剖切方向调整至如图8.44所示，单击"确定"按钮完成剖切线的创建。

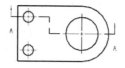

图8.42　绘制剖切线　　　　图8.43　"剖切线"对话框　　　　图8.44　剖切方向

◎步骤4　选择命令。单击 主页 功能选项卡"视图"区域中的▩按钮，系统会弹出"剖视图"对话框。

◎步骤5　定义剖切类型。在"剖切线"区域的下拉列表中选择"选择现有的"，然后选取步骤3创建的剖切线。

◎步骤6　放置视图。在主视图上方的合适位置单击，生成剖视图。

◎步骤7　单击"剖视图"对话框中的"关闭"按钮，完成操作。

8.3.7　旋转剖视图

用两个相交的剖切平面（交线垂直于某一基本投影面）剖开机件的方法称为旋转剖，所画出的剖视图称为旋转剖视图。下面以创建如图8.45所示的旋转剖视图为例，介绍创建旋转剖视图的一般操作过程。

▶ 5min

◎步骤1　打开文件D:\UG2206\work\ch08.03\08\旋转剖视图-ex。

◎步骤2　选择命令。单击 主页 功能选项卡"视图"区域中的▩按钮，系统会弹出"剖视图"对话框。

◎步骤3　定义剖切类型。在"剖切线"区域的下拉列表中选择"动态"，在"方法"下拉列表中选择"旋转"。

◎步骤4　定义剖切面位置。确认"截面线段"区域的"指定位置"被激活，依次选取如图8.46所示的圆心1、圆心2与圆心3作为剖切面位置参考。

◎步骤5　放置视图。在主视图右侧的合适位置单击，生成剖视图。

◎步骤6　单击"剖视图"对话框中的"关闭"按钮，完成操作。

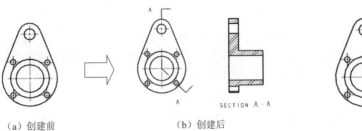

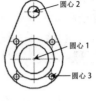

（a）创建前　　　　　　　　（b）创建后

图8.45　旋转剖视图　　　　　　　　图8.46　剖切面位置

8.3.8　局部剖视图

7min

　　将机件局部剖开后进行投影得到的剖视图称为局部剖视图。局部剖视图也是在同一视图上同时表达内外形状的方法，并且用波浪线作为剖视图与视图的界线。局部剖视是一种比较灵活的表达方法，剖切范围根据实际需要决定，但使用时要考虑到看图方便，剖切不要过于零碎。它常用于下列两种情况：①机件只有局部内形要表达，而又不必或不宜采用全剖视图时；②不对称机件需要同时表达其内、外形状时，宜采用局部剖视图。下面以创建如图8.47所示的局部剖视图为例，介绍创建局部剖视图的一般操作过程。

（a）创建前　　　　（b）创建后

图8.47　局部剖视图

　　◎步骤1　打开文件D:\UG2206\work\ch08.03\09\局部剖视图-ex。

　　◎步骤2　激活活动视图。右击俯视图，在系统弹出的快捷菜单中选择▥（活动草图视图）命令。

　　◎步骤3　定义局部剖区域。使用样条曲线工具绘制如图8.48所示的封闭区域。

　　◎步骤4　选择命令。选择下拉菜单"插入"→"视图"→"局部剖"，系统会弹出如图8.49所示的"局部剖"对话框。

　　◎步骤5　定义要剖切的视图。激活"局部剖"对话框中的▢（指定基点），在系统的提示下选取俯视图作为要剖切的视图。

　　◎步骤6　定义剖切位置参考。选取如图8.50所示的圆心作为剖切位置参考。

　　◎步骤7　定义拉伸向量方向。采用如图8.51所示的默认拉伸向量方向。

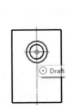

图8.48　局部剖区域　　图8.49　"局部剖"对话框　　图8.50　剖切位置参考　　图8.51　拉伸向量方向

◉步骤8 定义局部剖区域。在"局部剖"对话框中单击▣（选择曲线），选取步骤3创建的封闭区域作为局部剖区域。

◉步骤9 单击"局部剖"对话框中的"应用"按钮，完成操作，单击"取消"按钮完成操作，如图8.52所示。

◉步骤10 激活活动视图。右击主视图，在系统弹出的快捷菜单中选择▣命令。

◉步骤11 定义局部剖区域。使用样条曲线工具绘制如图8.53所示的封闭区域。

◉步骤12 选择命令。选择下拉菜单"插入"→"视图"→"局部剖"，系统会弹出如图8.49所示的"局部剖"对话框。

◉步骤13 定义要剖切的视图。激活"局部剖"对话框中的▣，在系统的提示下选取主视图作为要剖切的视图。

◉步骤14 定义剖切位置参考。选取如图8.54所示的圆心作为剖切位置参考。

◉步骤15 定义拉伸向量方向。采用如图8.55所示的默认拉伸向量方向。

◉步骤16 定义局部剖区域。在"局部剖"对话框中单击▣，选取步骤11创建的封闭区域作为局部剖区域。

◉步骤17 单击"局部剖"对话框中的"应用"按钮，完成操作，单击"取消"按钮完成操作，如图8.56所示。

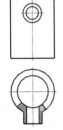  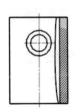

图8.52 局部剖视图　图8.53 局部剖　　　图8.54 剖切位置　图8.55 拉伸向量　图8.56 局部
　　　　　　　　　　　　区域　　　　　　　参考　　　　　　方向　　　　　剖视图

说明 在创建完局部剖视图后，如果需要编辑局部剖视图，则可以通过选择下拉菜单"插入"→"视图"→"局部剖"命令，在系统弹出的"局部剖"对话框中选择◉编辑，然后选择需要编辑的局部剖视图，此时就可以根据实际需求选择对应的步骤进行编辑调整；如果需要删除局部剖视图，则可以通过选择下拉菜单"插入"→"视图"→"局部剖"命令，在系统弹出的"局部剖"对话框中选择◉删除，然后选择需要删除的局部剖视图后单击"应用"即可。

8.3.9 局部放大图

当机件上的某些细小结构在视图中表达得还不够清楚或不便于标注尺寸时，可将这些部分

▶ 3min

用大于原图形所采用的比例画出，这种图称为局部放大图。下面以创建如图8.57所示的局部放大图为例，介绍创建局部放大图的一般操作过程。

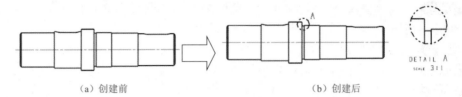

(a) 创建前　　　　　　　　　　　　(b) 创建后

图8.57　局部放大图

○ 步骤1　打开文件D:\UG2206\work\ch08.03\10\局部放大图-ex。

○ 步骤2　选择命令。单击 主页 功能选项卡"视图"区域中的 ✍ （局部放大图）按钮，系统会弹出如图8.58所示的"局部放大图"对话框。

○ 步骤3　定义放大边界。在局部放大图"类型"下拉列表中选择"圆形"，然后绘制如图8.59所示的圆作为放大区域。

○ 步骤4　定义放大视图比例。在"比例"下拉列表中选择"比率"，然后在下方的文本框中输入3:1。

○ 步骤5　定义放大视图父项上的标签。在"标签"下拉列表中选择"注释"。

○ 步骤6　放置视图。在主视图右侧的合适位置单击，生成局部放大图。

○ 步骤7　单击"局部放大图"对话框中的"关闭"按钮，完成操作。

如图8.58所示，"局部放大图"对话框部分选项的说明如下。

图8.58　"局部放大图"对话框

（1）类型下拉列表：用于定义局部放大图的边界类型。

⊘ 圆形 类型：用于创建具有圆形边界的局部放大图，如图8.59所示。

□ 按拐角绘制矩形 类型：用于创建使用所选的两个对角拐角点创建矩形局部放大图边界，如图8.60所示。

⌐ 按中心和拐角绘制矩形 类型：用于创建使用所选中心点和拐角点创建矩形局部放大图边界，如图8.61所示。

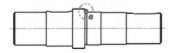

图8.59　定义放大区域

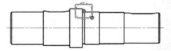

图8.60　按拐角绘制矩形　　　图8.61　按中心和拐角绘制矩形

（2）比例 下拉列表：用于定义局部放大图的视图比例。

（3）标签 下拉列表：用于定义局部放大图父视图上的放置标签。

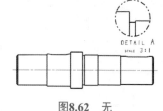

　　⬚ 无 类型：用于不在父视图上显示标签，如图8.62所示。

　　⬚ 圆 类型：用于在父视图上显示圆形边界，如图8.63所示。

　　⬚ 注释 类型：用于在父视图上显示带有标签的边界，如图8.64所示。

所示。

　　⬚ 标签 类型：用于在父视图上显示带有标签和指引线的边界，如图8.65所示。

图8.62　无

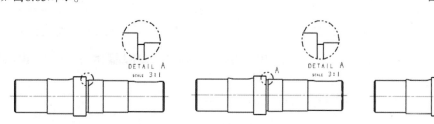

图8.63　圆　　　　　　　　图8.64　注释　　　　　　　　图8.65　标签

　　⬚ 内嵌 类型：用于在父视图上显示有箭头指向内嵌标签的边界，如图8.66所示。

　　⬚ 边界 类型：用于在父视图上显示视图边界的副本，该边界可以是圆形、矩形或者样条、圆弧和直线的组合，由局部放大图决定圆形边界，如图8.67所示。

　　⬚ 边界上的标签 类型：用于在父视图上显示视图边界的副本和标签，如图8.68所示。

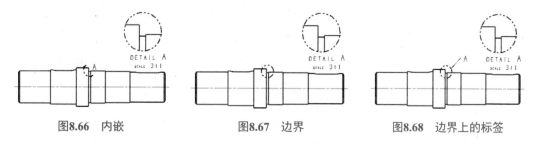

图8.66　内嵌　　　　　　　　图8.67　边界　　　　　　　　图8.68　边界上的标签

8.3.10　局部视图

3min

　　在零件的某个视图中，我们可能只关注其中的某一部分，因为其他结构已经在其他视图中表达得十分清楚了，如果将此视图完整地画出，则会有大量重复表达，此时有必要将其他部分不予显示，从而使图形重点更加突出，以提高图纸的可读性，此类视图称为"局部视图"。在UG中通过编辑视图边界，利用样条曲线或其他封闭的草图轮廓对现有的视图进行裁剪，就可以得到局部视图。下面以创建如图8.69所示的局部视图为例，介绍创建局部视图的一般操作过程。

　　◎ 步骤1 　打开文件D:\UG2206\work\ch08.03\11\局部视图-ex。

　　◎ 步骤2 　激活活动视图。右击左视图，在系统弹出的快捷菜单中选择▓命令。

　　◎ 步骤3 　定义局部视图区域。使用样条曲线工具绘制如图8.70所示的封闭区域。

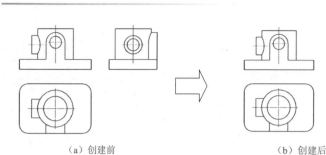

（a）创建前   （b）创建后

图8.69   局部视图   图8.70   局部视图区域

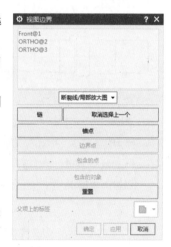

◎步骤4   选择命令。右击左视图，在系统弹出的快捷菜单中选择"边界"命令，系统会弹出如图8.71所示的"视图边界"对话框。

◎步骤5   定义类型。在"视图边界"对话框类型下拉列表中选择"断裂线/局部放大图"。

◎步骤6   选取局部视图边界。在系统的提示下选取步骤3创建的封闭样条曲线作为局部视图边界。

◎步骤7   完成创建。单击"确定"按钮完成局部视图的创建。

8.3.11   断开视图

▶ 5min

在机械制图中，经常会遇到一些长细形的零部件，若要反映整个零件的尺寸与形状，则需用大幅面的图纸来绘制。为了既节省图纸幅面，又可以反映零件的形状与尺寸，在实际绘图中常采用断开视图。断开视图指的是从零件视图中删除选定两点之间的

图8.71   "视图边界"对话框

视图部分，将余下的两部分合并成一个带折断线的视图。下面以创建如图8.72所示的断开视图为例，介绍创建断开视图的一般操作过程。

◎步骤1   打开文件D:\UG2206\work\ch08.03\12\断开视图-ex，如图8.73所示。

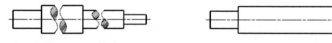

图8.72   断开视图   图8.73   主视图

◎步骤2   选择命令。选择下拉菜单"插入"→"视图"→"断开视图"命令，系统会弹出如图8.74所示的"断开视图"对话框。

◎步骤3   定义主模型视图。选取主视图作为主模型视图。

◎步骤4   定义方向。采用系统默认的方向，如图8.75所示。

◎步骤5   定义断开线位置。放置如图8.75所示的第1条断开线及第2条断开线。

◎步骤6   定义断开视图设置选项。在"断开视图"对话框"设置"区域的"间隙"文本框中输入8，在"样式"下拉列表中选择 〰️ （实心杆状线），在"幅值"文本框输入6，其他参数采用默认。

◎步骤7 单击"确定"按钮,完成断开视图的创建,如图8.76所示。

◎步骤8 选择命令。选择下拉菜单"插入"→"视图"→"断开视图"命令,系统会弹出"断开视图"对话框。

◎步骤9 定义主模型视图。选取主视图作为主模型视图。

◎步骤10 定义方向。在"方向"区域的"方位"下拉列表中选择"平行"。

◎步骤11 定义断开线位置。放置如图8.77所示的第1条断开线及第2条断开线。

◎步骤12 定义断开视图设置选项。在"断开视图"对话框"设置"区域的"间隙"文本框中输入8,在"样式"下拉列表中选择 〰 ,在"幅值"文本框输入6,其他参数采用默认。

◎步骤13 单击"确定"按钮,完成断开视图的创建。

如图8.74所示,"断开视图"对话框部分选项的说明如下。

图8.74 "断开视图"对话框

(1) 类型 区域:用于定义断开视图的类型。

常规 类型:用于创建具有两条表示图纸上缝隙的断开线的断开视图,如图8.78所示。

单侧 类型:用于创建具有一条断开线的断开视图。第2条虚拟断开线位于穿过部件对应端的位置且永不可见,如图8.79所示。

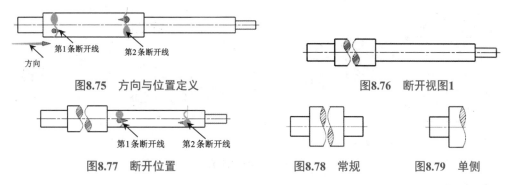

图8.75 方向与位置定义　　　　图8.76 断开视图1

图8.77 断开位置　　　图8.78 常规　　　图8.79 单侧

(2) 主模型视图 区域:用于在当前图纸页中选择要断开的视图。

(3) 方向 区域:断开的方向垂直于断开线。选择要断开的视图(第1次断开)后,软件可预先选择断开的方向,系统会选择较长的水平或竖直方向。

方位 下拉列表:只在向已包含断开视图的视图中添加断开视图时可用,可以指定与第1个断开视图相关的其他断开视图的方向平行(创建与第1个断开视图平行的其他断开视图)或者垂直(创建与第1个断开视图垂直的其他断开视图)。

(4) 设置 区域:用于设置断开线的样式参数。

间隙 文本框:用于设置两条断开线之间的距离。此选项只在类型为常规时可用。

样式 下拉列表：用于定义断开线的类型，主要包括简单线（如图8.80所示）、直线（如图8.81所示）、锯齿线（如图8.82所示）、长断裂（如图8.83所示）、管状线（如图8.84所示）、实心管状线（如图8.85所示）、实心杆状线（如图8.86所示）、拼图线（如图8.87所示）及木纹线（如图8.88所示）。

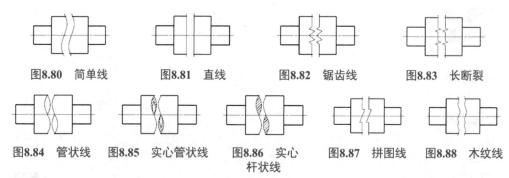

图8.80　简单线　　图8.81　直线　　图8.82　锯齿线　　图8.83　长断裂

图8.84　管状线　图8.85　实心管状线　图8.86　实心杆状线　图8.87　拼图线　图8.88　木纹线

幅值 类型：用于设置断开线的幅值。此选项针对直线、复制曲线和模板曲线无效。

颜色 类型：用于设置断开线的颜色。

宽度 类型：用于设置断开线的宽度。

8.3.12　轴测剖视图

2min

下面以创建如图8.89所示的剖视图为例，介绍创建轴测半剖视图的一般操作过程。

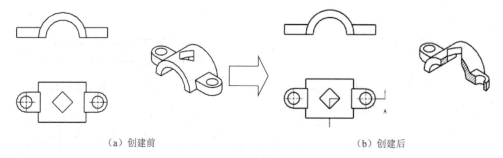

（a）创建前　　　　　　　　　　　　（b）创建后

图8.89　轴测剖视图

步骤1 打开文件D:\UG2206\work\ch08.03\13\轴测剖视图-ex。

步骤2 选择命令。单击 **主页** 功能选项卡"视图"区域中的 按钮，系统会弹出"剖视图"对话框。

步骤3 定义剖切类型。在"剖切线"区域的下拉列表中选择"动态"，在"方法"下拉列表中选择"半剖"。

步骤4 定义剖切面位置。确认"截面线段"区域的"指定位置"被激活，依次选取如图8.90所示的圆心1与点1作为剖切面位置参考。

步骤5 定义投影方向。竖直向上移动鼠标以初步确定投影方向，如图8.91所示。

◎步骤6 剖切到现有视图。在保证投影方向竖直的情况下右击，在系统弹出的快捷菜单中依次选择"方向"→"剖切现有的"命令。

◎步骤7 选择要剖切的视图。在图形区选取轴测图作为要剖切的现有视图。

◎步骤8 单击"剖视图"对话框中的"关闭"按钮，完成操作。

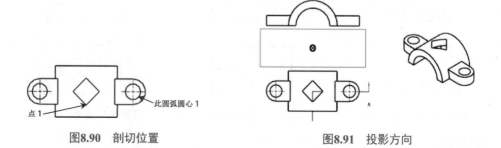

图8.90　剖切位置　　　　　　　　　图8.91　投影方向

8.3.13　加强筋的剖切

下面以创建如图8.92所示的剖视图为例，介绍创建加强筋的剖视图的一般操作过程。

▶ 3min

说明	在国家标准中规定，当剖切到加强筋结构时，需要按照不剖处理。

◎步骤1 打开文件D:\UG2206\work\ch08.03\14\加强筋的剖切-ex，如图8.93所示。

◎步骤2 选择命令。单击 主页 功能选项卡"视图"区域中的 按钮，系统会弹出"剖视图"对话框。

◎步骤3 定义剖切类型。在"剖切线"区域的下拉列表中选择"动态"，在"方法"下拉列表中选择"简单剖/阶梯剖"。

◎步骤4 定义剖切面位置。确认"截面线段"区域的"指定位置"已被激活，选取如图8.94所示的圆弧圆心作为剖切面位置参考。

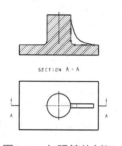 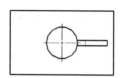 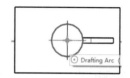

图8.92　加强筋的剖切　　　　图8.93　主视图　　　　图8.94　剖切面位置

◎步骤5 放置视图。在主视图上方的合适位置单击，生成剖视图。

◎步骤6 单击"剖视图"对话框中的"关闭"按钮，完成剖视图的初步操作，如图8.95所示。

步骤7 隐藏剖面线。在剖面线上右击，选择 ⊘（隐藏）命令，效果如图8.96所示。

步骤8 激活剖视图。右击剖视图，在系统弹出的快捷菜单中选择▨命令。

步骤9 使用草图绘制工具绘制如图8.97所示的两条直线与圆角（半径为10）。

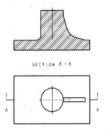

图8.95　剖视图初步创建

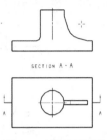

图8.96　隐藏剖面线

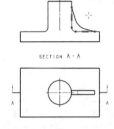

图8.97　绘制二维对象

步骤10 填充剖面线。单击 主页 功能选项卡"注释"区域中的▨按钮，系统会弹出如图8.98所示的"剖面线"对话框，在"选择模式"下拉列表中选择"区域中的点"，在如图8.99所示的位置单击以确定填充位置，单击"确定"按钮完成填充，效果如图8.100所示。

图8.98　"剖面线"对话框

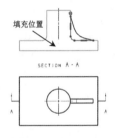

图8.99　填充位置

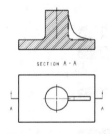

图8.100　填充结果

8.3.14　断面图

断面图常用在只需表达零件断面的场合，这样可以使视图简化，又能使视图所表达的零件结构清晰易懂，这种视图在表达轴上的键槽时特别有用。下面以创建如图8.101所示的视图为例，介绍创建断面图的一般操作过程。

步骤1 打开文件D:\UG2206\work\ch08.03\15\断面图-ex。

步骤2 选择命令。单击 主页 功能选项卡"视图"区域中的▨按钮，系统会弹出"剖视图"对话框。

步骤3 定义剖切类型。在"剖切线"区域的下拉列表中选择"动态"，在"方法"下拉列表中选择"简单剖/阶梯剖"。

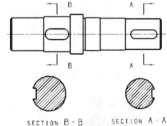

图8.101　断面图

○ 步骤4 定义剖切面位置。确认"截面线段"区域的"指定位置"已被激活，选取如图8.102所示的边线中点作为剖切面位置参考。

○ 步骤5 放置视图。在主视图右侧的合适位置单击，生成剖视图。

○ 步骤6 单击"剖视图"对话框中的"关闭"按钮，完成剖视图的初步操作，将视图调整至如图8.103所示的主视图下方的位置。

○ 步骤7 设置剖视图属性。双击步骤6创建的剖视图，系统会弹出"设置"对话框，选中左侧"截面"下的"设置"节点，在右侧"格式"区域中取消选中 □显示背景 后单击"确定"按钮即可，完成后的效果如图8.104所示。

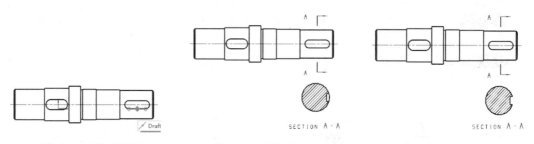

图8.102　剖切面位置　　　　图8.103　剖视图　　　　　图8.104　断面图

○ 步骤8 选择命令。单击 主页 功能选项卡"视图"区域中的 按钮，系统会弹出"剖视图"对话框。

○ 步骤9 定义剖切类型。在"剖切线"区域的下拉列表中选择"动态"，在"方法"下拉列表中选择"简单剖/阶梯剖"。

○ 步骤10 定义剖切面位置。确认"截面线段"区域的"指定位置"已被激活，选取如图8.105所示的边线中点作为剖切面位置参考。

○ 步骤11 放置视图。在主视图左侧合适位置单击，生成剖视图。

○ 步骤12 单击"剖视图"对话框中的"关闭"按钮，完成剖视图的初步操作，将视图调整至如图8.106所示的主视图下方的位置。

○ 步骤13 设置剖视图属性。双击步骤12创建的剖视图，系统会弹出"设置"对话框，选中左侧"截面"下的"设置"节点，在右侧"格式"区域中取消选中 □显示背景 复选项后单击"确定"按钮即可，完成后的效果如图8.107所示。

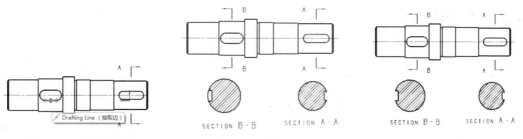

图8.105　剖切面位置　　　　图8.106　剖视图　　　　　图8.107　断面图

8.3.15　装配体的剖切视图

装配体工程图视图的创建与零件工程图视图相似，但是在国家标准中针对装配体出工程图也有两点不同之处：一是装配体工程图中不同的零件在剖切时需要有不同的剖面线；二是装配体中有一些零件（例如标准件）不可参与剖切。下面以创建如图8.108所示的装配体全剖视图为例，介绍创建装配体剖切视图的一般操作过程。

◎ 步骤1　打开文件D:\UG2206\work\ch08.03\16\装配体剖切-ex。

◎ 步骤2　选择命令。单击 主页 功能选项卡"视图"区域中的 ▦ 按钮，系统会弹出"剖视图"对话框。

◎ 步骤3　定义剖切类型。在"剖切线"区域的下拉列表中选择"动态"，在"方法"下拉列表中选择"简单剖/阶梯剖"。

◎ 步骤4　定义剖切面位置。确认"截面线段"区域的"指定位置"被激活，选取如图8.109所示的圆弧圆心作为剖切面位置参考。

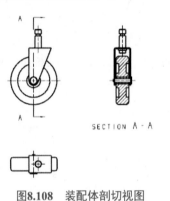

图8.108　装配体剖切视图

图8.109　剖切面位置

◎ 步骤5　定义非剖切零件。在"剖视图"对话框的"设置"区域中激活"非剖切"下的"选中对象"，在装配导航器中选择"固定螺钉"。

◎ 步骤6　放置视图。激活"视图原点"区域中的"指定位置"，在主视图右侧的合适位置单击，生成剖视图。

◎ 步骤7　单击"剖视图"对话框中的"关闭"按钮，完成剖视图操作。

8.4　工程图标注

在工程图中，标注的重要性是不言而喻的。工程图作为设计者与制造者之间交流的语言，重在向其用户反映零部件的各种信息，这些信息中的绝大部分是通过工程图中的标注来反映的，因此一张高质量的工程图必须具备完整、合理的标注。

工程图中的标注种类很多，如尺寸标注、注释标注、基准标注、公差标注、表面粗糙度标注、焊缝符号标注等。

（1）尺寸标注：对于刚创建完视图的工程图，习惯上先添加其尺寸标注。在标注尺寸的过程中，要注意国家制图标准中关于尺寸标注的具体规定，以免所标注出的尺寸不符合国标的要求。

（2）注释标注：作为加工图样的工程图很多情况下需要使用文本的方式来指引性地说明零部件的加工、装配体的技术要求，这可通过添加注释实现。UG NX系统提供了多种不同的注释标注方式，可根据具体情况加以选择。

（3）基准标注：在UG NX系统中，选择 功能选项"注释"区域中的 <sub/>（基准特征符号）命令，可创建基准特征符号，所创建的基准特征符号主要作为创建几何公差时公差的参照。

（4）公差标注：公差标注主要用于对加工所需要达到的要求作相应的规定。公差包括尺寸公差和几何公差两部分，其中尺寸公差可通过尺寸编辑来显示。

（5）表面粗糙度标注：对表面有特殊要求的零件需标注表面粗糙度。在UG NX系统中，表面粗糙度有各种不同的符号，应根据要求选取。

（6）焊接符号标注：对于有焊接要求的零件或装配体，还需要添加焊接符号。由于有不同的焊接形式，所以具体的焊接符号也不一样，因此在添加焊接符号时需要用户自己先选取一种标准，再添加到工程图中。

8.4.1　尺寸标注

在工程图的各种标注中，尺寸标注是最重要的一种，它有着自身的特点与要求。首先尺寸是反映零件几何形状的重要信息（对于装配体，尺寸是反映连接配合部分、关键零部件尺寸等的重要信息）。在具体的工程图尺寸标注中，应力求尺寸能全面地反映零件的几何形状，不能有遗漏的尺寸，也不能有重复的尺寸（在本书中，为了便于介绍某些尺寸的操作，并未标注出能全面反映零件几何形状的全部尺寸）；其次，工程图中的尺寸标注是与模型相关联的，而且模型中的变更会反映到工程图中，在工程图中改变尺寸也会改变模型。最后由于尺寸标注属于机械制图的一个必不可少的部分，因此标注应符合制图标准中的相关要求。

1. 水平尺寸

水平尺寸可以标注一个对象、两点或者对象与点之间的水平距离。

下面以标注如图8.110所示的尺寸为例，介绍标注水平尺寸的一般操作过程。

◎ 步骤1　打开文件D:\UG2206\work\ch08.04\01\水平尺寸-ex。

◎ 步骤2　选择命令。选择 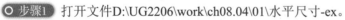功能选项"尺寸"区域中的 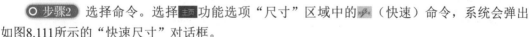（快速）命令，系统会弹出如图8.111所示的"快速尺寸"对话框。

◎ 步骤3　选择方法。在"测量"区域的"方法"下拉列表中选择"水平"类型。

◎ 步骤4　选择测量参考。选取如图8.112所示的直线1与直线2作为参考。

◎ 步骤5　放置尺寸。在如图8.112所示的位置单击以放置尺寸。

◎ 步骤6　参照步骤3～步骤5，选取如图8.113所示的点1与点2，标注如图8.113所示的尺寸。

◎ 步骤7　参照步骤3～步骤5，选取如图8.114所示的点1与点2，标注如图8.114所示的尺寸。

◎ 步骤8　单击"关闭"按钮完成创建操作。

▶ 3min

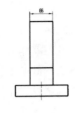

图8.110　水平尺寸1　　　　图8.111　"快速尺寸"对话框

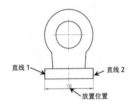

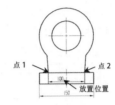

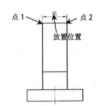

图8.112　测量参考　　　　图8.113　水平尺寸2　　　　图8.114　水平尺寸3

1min

2. 标注竖直尺寸

竖直尺寸可以标注一个对象、两点或者对象与点之间的竖直距离。

下面以标注如图8.115所示的尺寸为例，介绍标注竖直尺寸的一般操作过程。

◎ 步骤1　打开文件D:\UG2206\work\ch08.04\02\竖直尺寸-ex。

◎ 步骤2　选择命令。选择 主页 功能选项"尺寸"区域中的 （快速）命令，系统会弹出"快速尺寸"对话框。

◎ 步骤3　选择方法。在"测量"区域的"方法"下拉列表中选择"竖直"类型。

◎ 步骤4　选择测量参考。选取如图8.116所示的直线作为参考。

◎ 步骤5　放置尺寸。在如图8.116所示的位置单击以放置尺寸。

◎ 步骤6　选择测量参考。选取如图8.117所示的直线与圆弧圆心为参考。

◎ 步骤7　放置尺寸。在如图8.117所示的位置单击放置尺寸。

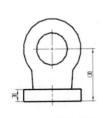

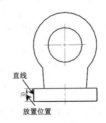

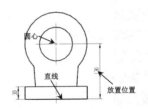

图8.115　竖直尺寸　　　　图8.116　竖直尺寸1　　　　图8.117　竖直尺寸2

○步骤8　单击"关闭"按钮完成创建操作。

3. 标注点到点尺寸

点到点尺寸可以标注两个点之间的平行尺寸。

下面以标注如图8.118所示的尺寸为例，介绍标注点到点尺寸的一般操作过程。

2min

○步骤1　打开文件D:\UG2206\work\ch08.04\03\点到点尺寸-ex。

○步骤2　选择命令。选择 主页 功能选项"尺寸"区域中的 命令，系统会弹出"快速尺寸"对话框。

○步骤3　选择方法。在"测量"区域的"方法"下拉列表中选择"点到点"类型。

○步骤4　选择测量参考。选取如图8.119所示的直线作为参考。

○步骤5　放置尺寸。在如图8.119所示的位置单击以放置尺寸。

> **注意** 在选取对象时要选取线，否则将无法直接标注尺寸。

○步骤6　选择测量参考。选取如图8.120所示的点1与点2作为参考。

○步骤7　放置尺寸。在如图8.120所示的位置单击以放置尺寸。

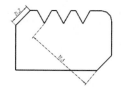
图8.118　点到点尺寸

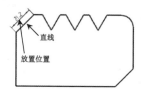
图8.119　点到点尺寸（1）

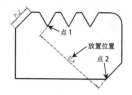
图8.120　点到点尺寸（2）

○步骤8　单击"关闭"按钮完成创建操作。

4. 标注垂直尺寸

垂直尺寸可以标注点到直线之间的垂直距离。

下面以标注如图8.121所示的尺寸为例，介绍标注垂直尺寸的一般操作过程。

1min

○步骤1　打开文件D:\UG2206\work\ch08.04\04\垂直尺寸-ex。

○步骤2　选择命令。选择 主页 功能选项"尺寸"区域中的 命令，系统会弹出"快速尺寸"对话框。

○步骤3　选择方法。在"测量"区域的"方法"下拉列表中选择"垂直"类型。

○步骤4　选择测量参考。选取如图8.122所示的直线与圆心作为参考。

○步骤5　放置尺寸。在如图8.122所示的位置单击以放置尺寸。

> **注意** 在选取对象时要先选取直线再选取圆心。

○步骤6　单击"关闭"按钮完成创建操作。

5. 标注倒角尺寸

倒角尺寸可以标注倒角特征的倒角距离。

下面以标注如图8.123所示的尺寸为例，介绍标注倒角尺寸的一般操作过程。

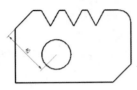

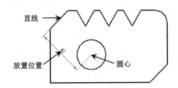

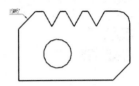

图8.121　垂直尺寸　　　图8.122　垂直尺寸　　　图8.123　倒角尺寸

◎ 步骤1　打开文件D:\UG2206\work\ch08.04\05\倒斜角尺寸-ex。

◎ 步骤2　选择命令。选择下拉菜单"插入"→"尺寸"→"倒斜角"命令，系统会弹出如图8.124所示的"倒斜角尺寸"对话框。

◎ 步骤3　选择测量参考。选取如图8.125所示的直线作为参考。

◎ 步骤4　定义倒角显示方式。在如图8.126所示对话框的"显示方式"下拉列表中选择 （指引线与倒斜角垂直）。

◎ 步骤5　放置尺寸。在如图8.125所示的位置单击以放置尺寸。

◎ 步骤6　单击"关闭"按钮完成创建操作。

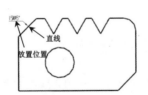

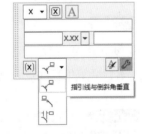

图8.124　"倒斜角尺寸"对话框　　　图8.125　测量参考　　　图8.126　定义倒角显示方式

6. 标注圆柱尺寸

圆柱尺寸可以使用线性标注的形式标注圆柱的直径尺寸。

下面以标注如图8.127所示的尺寸为例，介绍标注圆柱尺寸的一般操作过程。

◎ 步骤1　打开文件D:\UG2206\work\ch08.04\06\圆柱尺寸-ex。

◎ 步骤2　选择命令。选择 主页 功能选项"尺寸"区域中的 命令，系统会弹出"快速尺寸"对话框。

◎ 步骤3　选择方法。在"测量"区域的"方法"下拉列表中选择"圆柱式"类型。

○ **步骤4**　选择测量参考。选取如图8.128所示的直线1与直线2作为参考。

○ **步骤5**　放置尺寸。在如图8.128所示的位置单击以放置尺寸。

○ **步骤6**　单击"关闭"按钮完成创建操作。

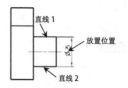

图8.127　圆柱尺寸　　　　　　　　　　图8.128　垂直尺寸

7. 标注半径尺寸

半径尺寸可以标注圆或者圆弧的半径值。

下面以标注如图8.129所示的尺寸为例，介绍标注半径尺寸的一般操作过程。

○ **步骤1**　打开文件D:\UG2206\work\ch08.04\07\半径尺寸-ex。

○ **步骤2**　选择命令。选择 主页 功能选项"尺寸"区域中的 命令，系统会弹出"快速尺寸"对话框。

○ **步骤3**　选择方法。在"测量"区域的"方法"下拉列表中选择"径向"类型。

○ **步骤4**　选择测量参考。选取如图8.130所示的圆弧作为参考。

○ **步骤5**　放置尺寸。在如图8.130所示的位置单击以放置尺寸。

○ **步骤6**　选择测量参考。选取如图8.131所示的圆弧作为参考。

○ **步骤7**　放置尺寸。在如图8.131所示的位置单击以放置尺寸。

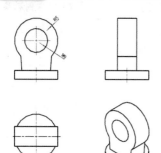
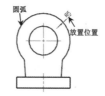
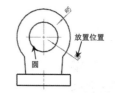

图8.129　半径尺寸　　　　图8.130　半径尺寸（1）　　　图8.131　半径尺寸（2）

○ **步骤8**　单击"关闭"按钮完成创建操作。

8. 标注直径尺寸

直径尺寸可以标注圆或者圆弧的直径尺寸。

下面以标注如图8.132所示的尺寸为例，介绍标注直径尺寸的一般操作过程。

○ **步骤1**　打开文件D:\UG2206\work\ch08.04\08\直径尺寸-ex。

◎ 步骤2　选择命令。选择 主页 功能选项"尺寸"区域中的 ⚡ 命令，系统会弹出"快速尺寸"对话框。

◎ 步骤3　选择方法。在"测量"区域的"方法"下拉列表中选择"直径"类型。

◎ 步骤4　选择测量参考。选取如图8.133所示的圆作为参考。

◎ 步骤5　放置尺寸。在如图8.133所示的位置单击以放置尺寸。

◎ 步骤6　单击"关闭"按钮完成创建操作。

9. 标注角度尺寸

角度尺寸可以标注两条直线之间的夹角。

下面以标注如图8.134所示的尺寸为例，介绍标注角度尺寸的一般操作过程。

◎ 步骤1　打开文件D:\UG2206\work\ch08.04\09\角度尺寸-ex。

◎ 步骤2　选择命令。选择 主页 功能选项"尺寸"区域中的 ⚡ 命令，系统会弹出"快速尺寸"对话框。

◎ 步骤3　选择方法。在"测量"区域的"方法"下拉列表中选择"斜角"类型。

◎ 步骤4　选择测量参考。选取如图8.135所示的直线1与直线2作为参考。

◎ 步骤5　放置尺寸。在如图8.135所示的位置单击以放置尺寸。

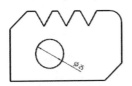 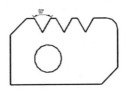 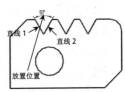

图8.132　直径尺寸　　　图8.133　测量参考　　　图8.134　角度尺寸　　　图8.135　测量参考

◎ 步骤6　单击"关闭"按钮完成创建操作。

10. 标注孔尺寸

使用"快速尺寸"命令可标注一般的圆柱（孔）尺寸，如只含单一圆柱的通孔，对于标注含较多尺寸信息的圆柱孔，如沉孔等，可使用"孔标注"命令来创建。下面以标注如图8.136所示的尺寸为例，介绍孔标注的一般操作过程。

◎ 步骤1　打开文件D:\UG2206\work\ch08.04\10\孔标注-ex。

◎ 步骤2　选择命令。选择下拉菜单"插入"→"尺寸"→"孔和螺纹标注"命令，系统会弹出如图8.137所示的"孔和螺纹标注"对话框。

◎ 步骤3　选择要标注的孔特征。在"类型"下拉列表中选择"径向"，选取如图8.138所示的螺纹孔特征。

◎ 步骤4　放置尺寸。在如图8.138所示的位置单击以放置尺寸。

◎ 步骤5　右击步骤4创建的孔标注，选择"设置"命令，选中左侧的"孔和螺纹标注"节点，在参数区域取消选中起始倒斜直径、起始倒斜角、终止倒斜直径、终止倒斜角。

◎ 步骤6　选择要标注的孔特征。选择下拉菜单"插入"→"尺寸"→"孔和螺纹标注"

命令，选取如图8.139所示的沉头孔特征。

○ 步骤7 放置尺寸。在如图8.139所示的位置单击以放置尺寸。

图8.136　孔标注

图8.137　"孔和螺纹标注"对话框

图8.138　测量参考

图8.139　测量参考

○ 步骤8 添加前缀。右击步骤7创建的孔标注，选择"设置"命令，系统会弹出如图8.140所示的"设置"对话框，选中左侧的"前缀/后缀"节点，在右侧"孔标注"区域的"参数"下拉列表中选择"直径"，在"前缀"文本框中输入"2x"，在"参数"下拉列表中选择"沉头直径"，在"前缀"文本框将"CBORE"修改为"沉头直径"，在"参数"下拉列表中选择"沉头深度"，在"后缀"文本框将"DEEP"修改为"沉头深度"。

图8.140　"设置"对话框

○ 步骤9 设置字体。在"设置"对话框选中左侧文本下的"尺寸文本"节点，在右侧"格式"区域的"字体"下拉列表中选择"仿宋"。

○ 步骤10 单击"关闭"按钮完成创建操作。

11. 标注坐标尺寸

坐标尺寸可以标注一个点相对于原点的水平与竖直距离。在具体标注时首先需要定义原点位置。

下面以标注如图8.141所示的尺寸为例，介绍标注坐标尺寸的一般操作过程。

○ 步骤1 打开文件D:\UG2206\work\ch08.04\11\坐标标注-ex。

○ 步骤2 选择命令。选择 主页 功能选项"尺寸"区域中的 （坐标）命令（或者选择下拉菜单"插入"→"尺寸"→"坐标"），系统会弹出如图8.142所示的"坐标尺寸"对话框。

3min

○ 步骤3 定义类型。在"类型"下拉列表中选择"单个尺寸"。

○ 步骤4 定义原点。选取如图8.143所示的原点。

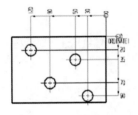

图8.141　坐标尺寸

图8.142　"坐标尺寸"对话框

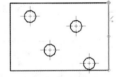

图8.143　坐标原点

○ 步骤5 在"基线"区域选中"激活基线"与"激活垂直的"复选框。

○ 步骤6 定义第1个标注对象。选取如图8.144所示的圆心1作为第1个对象。

○ 步骤7 放置尺寸。在如图8.144所示的位置单击以放置尺寸。

注意　　放置位置为水平尺寸与竖直尺寸的交点。

○ 步骤8 参照步骤6与步骤7，标注如图8.145所示的圆心2、圆心3、圆心4的坐标尺寸。

○ 步骤9 单击"关闭"按钮完成创建操作。

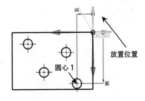

图8.144　标注对象

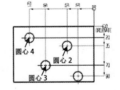

图8.145　标注对象

12. 标注链尺寸

2min

链尺寸可以标注在水平或者竖直方向上一系列首尾相连的线性尺寸。

下面以标注如图8.146所示的水平链尺寸为例，介绍标注链尺寸的一般操作过程。

○ 步骤1 打开文件D:\UG2206\work\ch08.04\12\链尺寸-ex。

○ 步骤2 选择命令。选择 主页 功能选项"尺寸"区域中的 ▇ 命令（或者选择下拉菜单"插入"→"尺寸"→"线性"），系统会弹出如图8.147所示的"线性尺寸"对话框。

图8.147　"线性尺寸"对话框

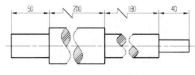

图8.146　链尺寸

○ 步骤3　定义尺寸集方法。在"尺寸集"区域的"方法"下拉列表中选择"链"。

○ 步骤4　定义测量方法。在"测量"区域的"方法"下拉列表中选择"水平"。

○ 步骤5　选择要标注的对象。选取如图8.148所示的点1与点2作为参考。

○ 步骤6　放置尺寸。在如图8.148所示的位置单击以放置尺寸。

注意　要想手动放置尺寸，需要取消选中"原点"区域中的"自动放置"复选框。

○ 步骤7　依次选择如图8.149所示的点3、点4与点5，系统会自动完成其他标注。

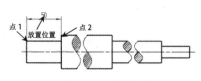

图8.148　标注对象

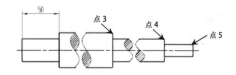

图8.149　标注对象

○ 步骤8　单击"关闭"按钮完成创建操作。

13. 标注基线尺寸

基线尺寸可以标注在水平或者竖直方向具有同一第一尺寸界线的线性尺寸。

下面以标注如图8.150所示的水平基线尺寸为例，介绍标注基线尺寸的一般操作过程。

○ 步骤1　打开文件D:\UG2206\work\ch08.04\13\基线尺寸-ex。

○ 步骤2　选择命令。选择 主页 功能选项"尺寸"区域中的 命令，系统会弹出"线性尺寸"对话框。

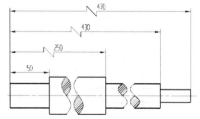

图8.150　基线尺寸

▶ 3min

○ 步骤3 定义尺寸集方法。在"尺寸集"区域的"方法"下拉列表中选择"基线"。

○ 步骤4 定义测量方法。在"测量"区域的"方法"下拉列表中选择"水平"。

○ 步骤5 选择要标注的对象。选取如图8.151所示的点1与点2作为参考。

○ 步骤6 放置尺寸。在如图8.151所示的位置单击以放置尺寸。

注意	要想手动放置尺寸，需要取消选中"原点"区域中的"自动放置"复选框。

○ 步骤7 依次选择如图8.152所示的点3、点4与点5，系统会自动完成其他标注。

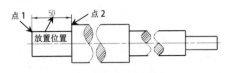

图8.151 标注对象

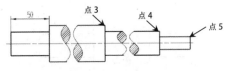

图8.152 标注对象

○ 步骤8 单击"关闭"按钮完成创建操作。

8.4.2 公差标注

在UG NX系统下的工程图模式中，尺寸公差只有在手动标注或在编辑尺寸时才能添加上公差值。尺寸公差一般以最大极限偏差和最小极限偏差的形式显示尺寸、以公称尺寸并带有一个上偏差和一个下偏差的形式显示尺寸和以公称尺寸之后加上一个正负号显示尺寸等。在默认情况下，系统只显示尺寸的公称值，可以通过编辑来显示尺寸的公差。

下面以标注如图8.153所示的公差为例，介绍标注公差尺寸的一般操作过程。

○ 步骤1 打开文件D:\UG2206\work\ch08.04\14\公差标注-ex。

○ 步骤2 选择命令。在如图8.154所示的尺寸130上右击，选择"设置"命令，系统会弹出"设置"对话框，单击左侧的"公差"节点。

○ 步骤3 定义公差类型。在"类型"下拉列表中选择 ⁺ᵍ 双向公差 类型。

○ 步骤4 定义公差值。在"公差上限"文本框中输入0.2，在"公差下限"文本框中输入0.1，在"小数位置"文本框中输入1，如图8.155所示。

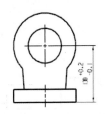

图8.153 公差尺寸标注

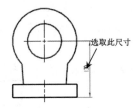

图8.154 选取尺寸

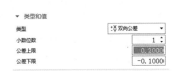

图8.155 公差参数

○ 步骤5 单击"关闭"按钮完成创建操作。

在如图8.155所示的"类型和值"区域的"类型"下拉列表中各选项的说明如下。

（1）⊠无公差 类型：用于显示无公差值的尺寸，所有公差值均被忽略，如图8.156所示。

（2）＋X等双向公差 类型：选取该选项，在"公差"文本框中输入尺寸相等的偏差值，公差文字显示在公称尺寸的后面，如图8.157所示。

（3）±X双向公差 类型：分两行显示带双向公差的尺寸，公差上限值显示在上面，公差下限值显示在下面，如图8.158所示。

（4）＋X单向正公差 类型：分两行显示带单向公差的尺寸，公差上限显示给定的值。公差下限值始终为0，如图8.159所示。

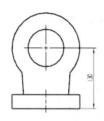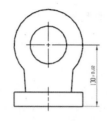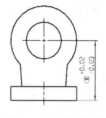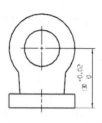

图8.156　无公差　　　图8.157　等双向公差　　　图8.158　双向公差　　　图8.159　单向正公差

（5）-X单向负公差 类型：分两行显示带单向公差的尺寸，公差上限值始终为0。公差下限显示给定的值，如图8.160所示。

（6）⅓极限值，两行，大值在上 类型：将公差字段中的值添加到标称尺寸，以便创建尺寸的上下限，上限值和下限值分两行显示，如图8.161所示。

（7）⅓极限值，两行，小值在上 类型：将公差字段中的值添加到标称尺寸，以便创建上下限。上限值和下限值分两行显示，其中上限值显示在下限值之下，如图8.162所示。

（8）X-Y极限值，一行，大值在前 类型：将公差字段中的值添加到标称尺寸，以便创建上下限。上限和下限在一行中显示，上限显示在下限的左侧，如图8.163所示。

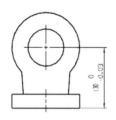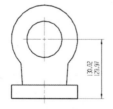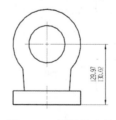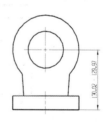

图8.160　单向负公差　　　图8.161　极限值中的　　　图8.162　极限值中的　　　图8.163　极限值中的
　　　　　　　　　　　　　　　　大值在上　　　　　　　　小值在上　　　　　　　　大值在前

（9）Y-X极限值，一行，小值在前 类型：将公差字段中的值添加到标称尺寸，以便创建上下限。上限和下限在一行中显示，上限显示在下限的右侧，如图8.164所示。

（10）H7限制和配合 类型：显示带限制和拟合公差的尺寸。此值基于尺寸值，并派生自UGII_BASE_DIR\ugii\drafting_standards目录中的可定制查询表。英制部件的查询表基于 ANSI B4.1制图标准，公制部件的查询表格基于 ANSI B4.2、ISO 286、JIS B0401、DIN 7182、ESKD 和GB 4458.5制图标准，如图8.165所示。

（11）⊠ 基本 类型：如果选取该选项，则可在尺寸文字上添加一个方框来表示基本尺寸，如图8.166所示。

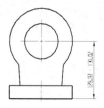

图8.164　极限值中的小值在前　　图8.165　限制与配合　　图8.166　基本尺寸

8.4.3　基准标注

在工程图中，基准标注（基准面和基准轴）常被作为几何公差的参照。基准面一般标注在视图的边线上，基准轴一般标注在中心轴或尺寸上。在UG NX中标注基准面和基准轴都通过"基准特征符号"命令实现。下面以标注如图8.167所示的基准标注为例，介绍基准标注的一般操作过程。

◎ 步骤1　打开文件D:\UG2206\work\ch08.04\15\基准标注-ex。

◎ 步骤2　选择命令。选择 主页 功能选项"注释"区域中的 命令，系统会弹出如图8.168所示的"基准特征符号"对话框。

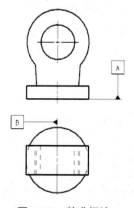

图8.167　基准标注

图8.168　"基准特征符号"对话框

◎ 步骤3　设置指引线与字母。在"指引线"区域采用系统默认参数，在"基准标识符"区域的"字母"文本框中输入A。

◎ 步骤4　放置符号。在如图8.169所示的位置向右侧拖动鼠标左键，并单击以完成放置操作，结果如图8.170所示。

注意　位置如果不合适，用户则可以通过按住Shift键与鼠标左键拖动，以调整基准特征符号的位置。

◯ 步骤5 设置指引线与字母。在"指引线"区域采用系统默认参数，在"基准标识符"区域的"字母"文本框中输入B。

◯ 步骤6 放置符号。在如图8.171所示的中心线位置向上方拖动鼠标左键，并单击以完成放置操作，结果如图8.172所示。

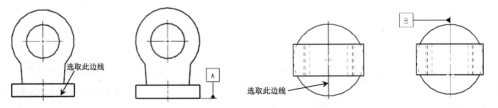

图8.169　参考边线　　图8.170　基准特征符号01　　图8.171　参考中心线　　图8.172　基准特征符号02

◯ 步骤7 单击"关闭"按钮完成创建操作。

8.4.4　形位公差标注

形状公差和位置公差简称形位公差，也叫几何公差，用来指定零件的尺寸、形状与精确值之间所允许的最大偏差。下面以标注如图8.173所示的形位公差为例，介绍形位公差标注的一般操作过程。

◯ 步骤1 打开文件D:\UG2206\work\ch08.04\16\形位公差标注-ex。

◯ 步骤2 选择命令。选择 主页 功能选项"注释"区域中的 ⌐ （特征控制框）命令，系统会弹出如图8.174所示的"特征控制框"对话框。

◯ 步骤3 定义指引线参数。在"指引线"区域的"类型"下拉列表中选择"普通"。

◯ 步骤4 放置符号。在如图8.175所示的位置向右上方拖动鼠标左键，并单击以完成放置操作。

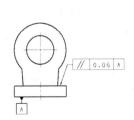

图8.173　形位公差标注　　图8.174　"特征控制框"对话框　　图8.175　参考边线

◯ 步骤5 定义形位公差参数。在"特征控制框常规"选项卡"特性"下拉列表中选择 // 平行度 ，在"公差"区域的公差值文本框中输入0.06，在"第一基准参考"区域的下拉列表中选择A，其他参数采用系统默认。

○ 步骤6 定义短画线长度。在"特征控制框"对话框中单击 指引线 区域中的 ⁄（指定折线位置），在图形区将短画线长度设置为5。

○ 步骤7 单击"关闭"按钮完成创建操作。

8.4.5 粗糙度符号标注

▶ 2min

在机械制造中，任何材料表面经过加工后，加工表面上都会具有较小间距和峰谷的不同起伏，这种微观的几何形状误差叫作表面粗糙度。下面以标注如图8.176所示的粗糙度符号为例，介绍粗糙度符号标注的一般操作过程。

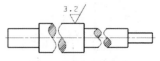

图8.176 粗糙度符号标注

○ 步骤1 打开文件D:\UG2206\work\ch08.04\17\粗糙度符号-ex。

○ 步骤2 选择命令。选择 主页 功能选项"注释"区域中的 √（表面粗糙度符号）命令，系统会弹出如图8.177所示的"表面粗糙度符号"对话框。

○ 步骤3 定义表面粗糙度符号参数。在"属性"区域的"除料"下拉列表中选择 √ 需要除料 类型，在 下部文本 (a2) 文本框中输入3.2，其他参数采用系统默认。

○ 步骤4 放置表面粗糙度符号。选择如图8.178所示的边线以放置表面粗糙度符号。

图8.177 "表面粗糙度符号"对话框

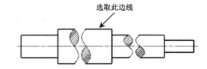

图8.178 选取放置参考

○ 步骤5 单击"关闭"按钮完成创建操作。

在如图8.177所示的"表面粗糙度"窗口中部分选项说明如下。

（1） 原点 区域：用于设置原点位置和表面粗糙度符号的对齐方式，用户激活 指定位置 后，可以在视图中选取对象进行标注，用户可以选取单个对象，也可以选取多个对象。

（2） 指引线 区域：用于设置指引线的样式和指引点。

（3） 属性 区域：用于设置表面粗糙度符号的类型和值属性。

除料 下拉列表：用于指定符号类型，系统提供了9种类型的表面粗糙度符号。

图例 区域：用于显示所选类型的参数图例，开放类型如图8.179所示，开放修饰符类型如图8.180所示，修饰符全圆符号类型如图8.181所示，需要除料类型如图8.182所示，修饰符需要除料类型如图8.183所示，修饰符需要除料全圆符号类型如图8.184所示，禁止除料类型如图8.185所示，修饰符禁止除料类型如图8.186所示，修饰符禁止除料全圆符类型如图8.187所示。

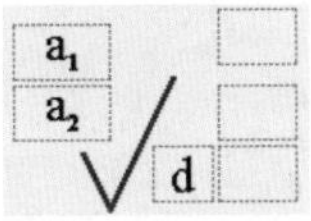

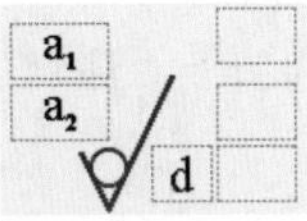

图8.179　开放 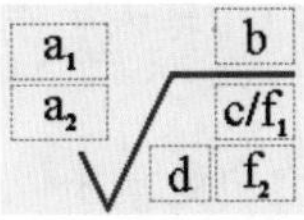　　图8.180　开放修饰符 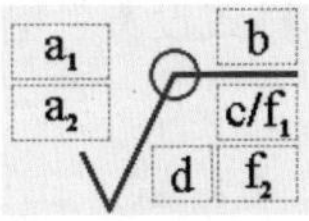　图8.181　修饰符全圆符号 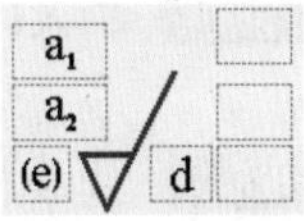　图8.182　需要除料

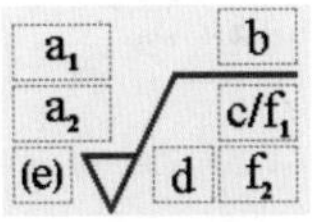

图8.183　修饰符　　图8.184　修饰符　图8.185　禁止除料 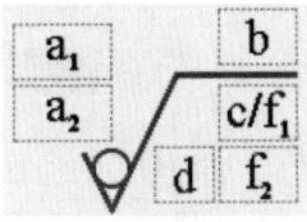　图8.186　修饰符　图8.187　修饰符禁止
需要除料　　需要除料全圆符号　　　　　　　　　禁止除料　　除料全圆符号

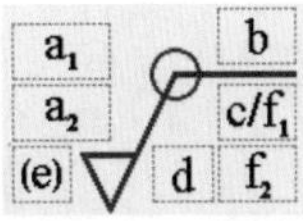

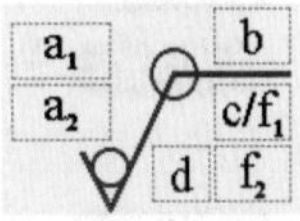

（4）区域：用于设置表面粗糙度符号的文本样式、角度、圆括号及文本方向等参数。

角度文本框：用于设置粗糙度符号的放置角度，如图8.188所示。

圆括号下拉列表：用于定义表面粗糙度是否包含圆括号，如图8.189所示。

（a）0°　（b）90°　（c）180°　　　　（a）无　（b）左侧　（c）右侧　（d）两侧

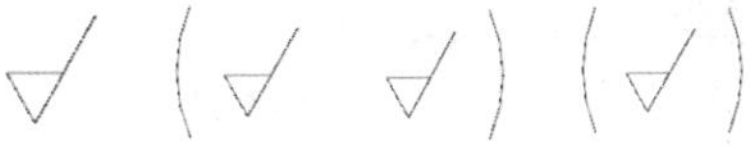

图8.188　角度　　　　　　　　　　　图8.189　圆括号

☐反转文本复选框：用于定义粗糙度符号的文本是否需要翻转，如图8.190所示。

（a）角度180°　不反转　　　　（b）角度180°　反转

图8.190　反转文本

8.4.6　注释文本标注

在工程图中，除了尺寸标注外，还应有相应的文字说明，即技术要求，如工件的热处理要求、表面处理要求等，所以在创建完视图的尺寸标注后，还需要创建相应的注释标注。工程图中的注释主要分为两类，带引线的注释与不带引线的注释。下面以标注如图8.191所示的注释为例，介绍注释标注的一般操作过程。

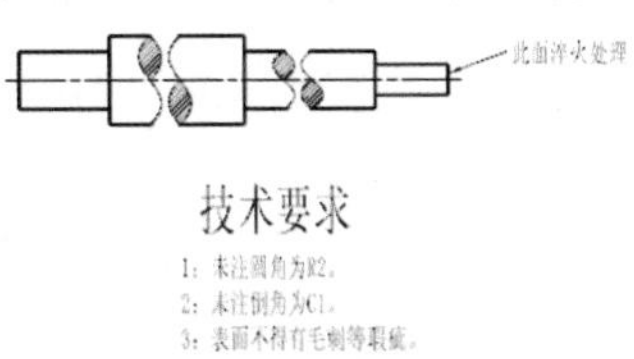

○ 步骤1　打开文件D:\UG2206\work\ch08.04\18\注释标注-ex。

○ 步骤2　选择命令。选择 主页 功能选项卡"注释"区域中的

A（注释）命令，系统会弹出如图8.192所示的"注释"对话框。

图8.191　注释标注

◎步骤3 设置字体与大小。在"格式设置"区域的"字体"下拉列表中选择"宋体"，在"字号"下拉列表中选择"2"。

◎步骤4 输入注释。在"格式设置"区域的文本框中输入"技术要求"。

◎步骤5 选取放置注释文本位置。在视图下的空白处单击以放置注释，效果如图8.193所示。

◎步骤6 单击"关闭"按钮完成创建操作。

◎步骤7 选择命令。选择 主页 功能选项卡"注释"区域中的 A 命令，系统会弹出"注释"对话框。

◎步骤8 在"格式设置"区域将文本框中的内容全部删除。

◎步骤9 设置字体与大小。在"格式设置"区域的"字体"下拉列表中选择"宋体"，在"字号"下拉列表中选择"1"。

图8.192 "注释"对话框

◎步骤10 输入注释。在"格式设置"区域的文本框中输入"1：未注圆角为R2。2：未注倒角为C1。3：表面不得有毛刺等瑕疵。"。

◎步骤11 选取放置注释文本位置。在视图下的空白处单击以放置注释，效果如图8.194所示。

◎步骤12 单击"关闭"按钮完成创建操作。

◎步骤13 选择命令。选择 主页 功能选项卡"注释"区域中的 A 命令，系统会弹出"注释"对话框。

◎步骤14 在"格式设置"区域将文本框中的内容全部删除。

◎步骤15 设置字体与大小。在"格式设置"区域的"字体"下拉列表中选择"宋体"，在"字号"下拉列表中选择"1"。

◎步骤16 输入注释。在"格式设置"区域的文本框中输入"此面淬火处理"。

◎步骤17 选取放置注释文本位置。在如图8.195所示的位置向右侧拖动鼠标左键，并单击以完成放置操作。

◎步骤18 单击"关闭"按钮完成创建操作。

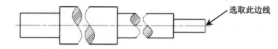

图8.193 注释（1）　　图8.194 注释（2）　　图8.195 放置参考

如图8.192所示的"注释"对话框部分选项的说明如下。

（1） 指引线 区域：用于定义指引线的类型和样式，在"类型"下拉列表中包含"普通"（如图8.196所示）、"全员符号"（如图8.197所示）、"标志"（如图8.198所示）、"基准"（如图8.199所示）和"以圆点终止"（如图8.200所示）5种类型，不同的类型对应不同的参数。

图8.196 普通 图8.197 全员符号 图8.198 标志 图8.199 基准 图8.200 以圆点终止

（2）编辑文本 区域如图8.201所示。用于对注释进行清除、剪切、粘贴、复制等操作。

（3）格式设置 区域如图8.202所示。用于定义注释的字体、大小、文本格式等。

（4）符号 区域：该区域提供了"制图"（用于添加如图8.203所示的制图符号）、"形位公差"（用于添加如图8.204所示的形位公差符号）、"分数"（用于添加如图8.205所示的分数）、"定制符号"（用于添加如图8.206所示的符号库中的符号）、"用户定义"（用于添加如图8.207所示的用户定义的符号）和"关系"（用于添加如图8.208所示的关系符号）几种类型的符号。

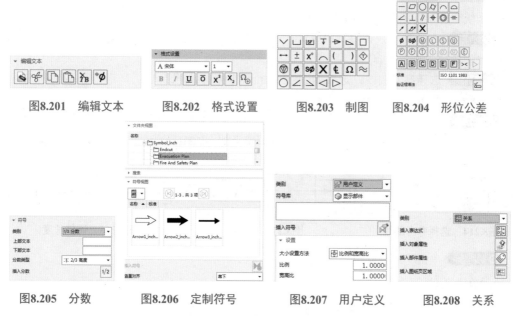

图8.201 编辑文本 图8.202 格式设置 图8.203 制图 图8.204 形位公差

图8.205 分数 图8.206 定制符号 图8.207 用户定义 图8.208 关系

（5）导入/导出 区域如图8.209所示。用于导入和导出文本。

（6）继承 区域如图8.210所示。用于将其他注释文本的属性继承过来。

（7）设置 区域如图8.211所示。用于设置文本的样式、角度、粗体宽度和对齐方式等。

图8.209 导入/导出 图8.210 继承 图8.211 设置

8.4.7 中心线与中心符号线标注

1. 2D中心线

2D中心线可以通过两条边线或者两个点来创建。

下面以标注如图8.212所示的2D中心线为例，介绍创建2D中心线的一般操作过程。

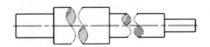

图8.212　2D 中心线

图8.213　"2D 中心线"对话框

○ 步骤1　打开文件D:\UG2206\work\ch08.04\19\2D中心线-ex。

○ 步骤2　选择命令。选择 主页 功能选项卡"注释"区域中 ⊕ 后的·按钮，在系统弹出的快捷菜单中选择"2D中心线"命令（或者选择下拉菜单"插入"→"中心线"→"2D中心线"命令），系统会弹出如图8.213所示的"2D中心线"对话框。

○ 步骤3　选择类型。在"2D中心线"对话框的"类型"下拉列表中选择"基于曲线"。

○ 步骤4　选择参考曲线。选取如图8.214所示的曲线1与曲线2作为参考曲线，效果如图8.215所示。

○ 步骤5　设置参数。在"设置"区域中选中 ☑ 单独设置延伸 复选项，拖动中心线两侧的箭头，以便将中心线调整至如图8.216所示的长短。

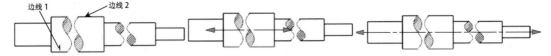

图8.214　选择参考曲线　　　　图8.215　效果　　　　图8.216　调整长度

○ 步骤6　单击"确定"按钮完成创建操作。

2. 3D中心线

3D中心线可以通过选择圆柱面、圆锥面、旋转面及环面等创建中心线。

下面以标注如图8.217所示的3D中心线为例，介绍创建3D中心线的一般操作过程。

○ 步骤1　打开文件D:\UG2206\work\ch08.04\20\3D中心线-ex。

○ 步骤2　选择命令。选择 主页 功能选项卡"注释"区域中 ⊕ 后的·按钮，在系统弹出的快捷菜单中选择"3D中心线"命令（或者选择下拉菜单"插入"→"中心线"→"3D中心线"命令），系统会弹出如图8.218所示的"3D中心线"对话框。

○ 步骤3　选择参考面。选取如图8.219所示的圆柱面作为参考。

○ 步骤4　设置参数。采用系统默认的参数。

○ 步骤5　单击"3D中心线"对话框中的"确定"按钮完成创建操作。

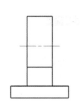

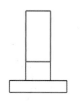

图8.217　3D中心线　　　图8.218　"3D中心线"对话框　　　图8.219　圆柱面参考

3. 中心标记

中心标记命令可以创建通过点或者圆弧中心的中心标记符号。

下面以标注如图8.220所示的中心标记为例，介绍创建中心标记的一般操作过程。

◎步骤1　打开文件D:\UG2206\work\ch08.04\21\中心标记-ex。

◎步骤2　选择命令。选择 主页 功能选项卡"注释"区域中 ⊕ 后的·按钮，在系统弹出的快捷菜单中选择"中心标记"命令（或者选择下拉菜单"插入"→"中心线"→"中心标记"命令），系统会弹出如图8.221所示的"中心标记"对话框。

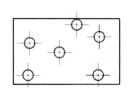

图8.220　中心标记　　　　　图8.221　"中心标记"对话框

◎步骤3　设置参数选项。在"位置"区域选中 ☑创建多个中心标记 复选项。

> **注意**　选中 ☑创建多个中心标记 时，用户可以选择多个不在同一条直线上的多个点独立创建中心标记，当不选中 □创建多个中心标记 时，只能选取在同一条直线上的多个对象，否则系统将报错。

◎步骤4　选择参考圆弧。在视图中选取6个圆弧。

◎步骤5　单击"中心标记"对话框中的"确定"按钮完成创建操作。

4. 螺栓圆中心线

螺栓圆中心线命令可以创建通过点或者圆弧的完整或者不完整的螺栓圆符号，在创建不完整的螺栓圆时，需要注意要按照逆时针的方式选取通过点。

下面以标注如图8.222所示的螺栓圆中心线为例，介绍创建螺栓圆中心线的一般操作过程。

◎步骤1　打开文件D:\UG2206\work\ch08.04\22\螺栓圆中心线-ex。

◎步骤2　选择命令。选择 主页 功能选项卡"注释"区域中 ⊕ 后的·按钮，在系统弹出的快捷菜单中选择"螺栓圆中心线"命令（或者选择下拉菜单"插入"→"中心线"→"螺栓圆"命令），系统会弹出如图8.223所示的"螺栓圆中心线"对话框。

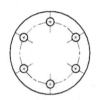

图8.222　螺栓圆中心线　　　　图8.223　　"螺栓圆中心线"对话框

步骤3　设置类型。在"类型"下拉列表中选择"通过3个或者多个点"类型。

步骤4　设置参数选项。在"放置"区域选中☑ 整圆 复选项。

> **注意**　当选中☑ 整圆 时，系统将根据所选点自动创建整圆的螺栓圆中心线，当不选中☐ 整圆 时，系统将以所选的第1个点作为基础，以逆时针的方式创建一段圆弧的螺栓圆中心线。

步骤5　选择参考圆弧。在视图中选取6个小圆。

步骤6　单击"螺栓圆中心线"对话框中的"确定"按钮完成创建操作。

5. 圆形中心线

圆形中心线的创建方法与螺栓圆中心线的创建方法非常类似，圆形中心线会通过所选点，但是不会在所选点产生额外的垂直中心线。

下面以标注如图8.224所示的圆形中心线为例，介绍创建圆形中心线的一般操作过程。

步骤1　打开文件D:\UG2206\work\ch08.04\23\圆形中心线-ex。

步骤2　选择命令。选择 主页 功能选项卡"注释"区域中 ⊕ 后的 按钮，在系统弹出的快捷菜单中选择"圆形中心线"命令，系统会弹出如图8.225所示的"圆形中心线"对话框。

步骤3　设置类型。在"类型"下拉列表中选择"通过3个或者多个点"类型。

步骤4　设置参数选项。在"放置"区域选中☑ 整圆 复选项。

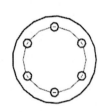

图8.224　圆形中心线　　　　图8.225　　"圆形中心线"对话框

步骤5　选择参考圆弧。在视图中选取任意3个小圆。

步骤6　单击"圆心中心线"对话框中的"确定"按钮完成创建操作。

8.5 钣金工程图

8.5.1 钣金工程图概述

钣金工程图的创建方法与一般零件基本相同，所不同的是钣金件的工程图需要创建平面展开图。创建钣金工程图时，首先需要在NX钣金设计环境中创建钣金件的展平图样，然后在制图环境直接引用此展平图样。

8.5.2 钣金工程图的一般操作过程

下面以创建如图8.226所示的工程图为例，介绍钣金工程图创建的一般操作过程。

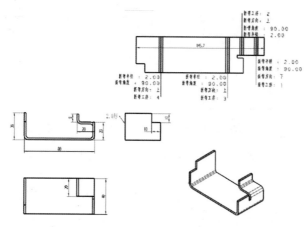

图8.226 钣金工程图

◎ 步骤1 打开文件D:\UG2206\work\ch08.05\钣金工程图-ex。

◎ 步骤2 切换到制图环境。单击 应用模块 功能选项卡"文档"区域中的 按钮，此时会进入制图环境。

◎ 步骤3 新建图纸页。单击 主页 功能选项卡"片体"区域中的 按钮，系统会弹出"图纸页"对话框；在"大小"区域选中"使用模板"，选取"A3-无视图"模板，取消选中"设置"区域的"始终启动视图创建"；单击"确定"按钮，完成图纸页的创建。

◎ 步骤4 显示模板边框。选择下拉菜单"格式"→"图层设置"命令，系统会弹出"图层设置"对话框，在"名称"区域中选中"170层"，单击"关闭"按钮，完成边框的显示。

◎ 步骤5 创建如图8.227所示的主视图。

（1）选择命令。单击 主页 功能选项卡"视图"区域中的 按钮（或者选择下拉菜单"插入"→"视图"→"基本"命令），系统会弹出"基本视图"对话框。

（2）定义视图方向。在"基本视图"对话框的"要使用的模型视图"下拉列表中选择"前视图"，在绘图区可以预览要生成的视图。

（3）定义视图比例。在"比例"区域的"比例"下拉列表中选择1:1。

（4）放置视图。将鼠标放在图形区，此时会出现视图的预览；选择合适的放置位置单击，以生成主视图。

（5）单击"投影视图"对话框中的"关闭"按钮，完成操作。

◯ 步骤6 创建如图8.228所示的投影视图。

（1）选择命令。单击 主页 功能选项卡"视图"区域中的 ✐ 按钮（或者选择下拉菜单"插入"→"视图"→"投影"命令），系统会弹出"投影视图"对话框。

（2）放置视图。在主视图的右侧单击，以生成左视图；在主视图下方的合适位置单击，以生成俯视图。

（3）单击"投影视图"对话框中的"关闭"按钮，完成投影视图的创建。

◯ 步骤7 创建如图8.229所示的等轴测视图。

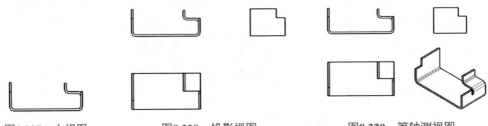

图8.227　主视图　　　　图8.228　投影视图　　　　图8.229　等轴测视图

（1）选择命令。单击 主页 功能选项卡"视图"区域中的 🖻 按钮（或者选择下拉菜单"插入"→"视图"→"基本"命令），系统会弹出"基本视图"对话框。

（2）定义视图方向。在"基本视图"对话框的"要使用的模型视图"下拉列表中选择"正等测图"，在绘图区可以预览要生成的视图。

（3）定义视图比例。在"比例"区域的"比例"下拉列表中选择1:1。

（4）放置视图。将鼠标放在图形区，此时会出现视图的预览；选择合适的放置位置单击，以生成主视图。

（5）单击"投影视图"对话框中的"关闭"按钮，完成操作，如图8.230所示。

（6）显示光顺边。双击等轴测视图，在系统弹出的"设置"对话框中选中"光顺边"节点，设置如图8.231所示的参数，单击"确定"按钮完成设置。

图8.230　等轴测视图　　　　　　图8.231　光顺边设置

◯ 步骤8 展开折弯注释设置。

（1）选择命令。选择下拉菜单"首选项"→"制图"命令，系统会弹出如图8.232所示的"制图首选项"对话框。

（2）在"制图首选项"对话框左侧节点列表中选择"展平图样视图"下的"标注配置"节点。

（3）在"制图首选项"对话框右侧的"标注"下拉列表中选择"折弯半径"，然后在折弯半径文本框中将文本修改为"折弯半径= <!KEY=0,3.2@UGS.radius>"（将 Bend Radius 替换为中文的折弯半径），其余参数采用默认。

> **说明** 内容区域的格式是标准的，一般在"="前输入标注的名称，后面以"<!KEY=0,"开头，后面的3.2表示数值保留3位整数和2位小数，@后面的变量代表UG内部固定的名称，分别对应钣金中不同的参数，每段内容都以">"结束。

（4）在"制图首选项"对话框右侧的"标注"下拉列表中选择"弯角"，然后在折弯角文本框中将文本修改为"折弯角度 = <!KEY=0,3.2@UGS.angle>"（将Bend Angle替换为中文的折弯角度），其余参数采用默认。

（5）在"制图首选项"对话框右侧的"标注"下拉列表中选择"折弯方向"，然后在折弯方向文本框中将文本修改为"折弯方向 = <!KEY=0,3.2@UGS.direction"上""下">"（将 Bend Direction、up和down替换为中文的折弯方向、上和下），其余参数采用默认。

（6）在"制图首选项"对话框右侧的"标注"下拉列表中选择"折弯工序ID"，然后在折弯工序ID文本框中将文本修改为"折弯工序= <!KEY=0,3.2@UGS.sequenceId>"（将Bend Sequence ID 替换为中文的折弯工序），其余参数采用默认。

（7）在"制图首选项"对话框中单击"确定"按钮，完成设置。

○ **步骤9** 创建如图8.233所示的展开视图。

图8.232 "制图首选项"对话框

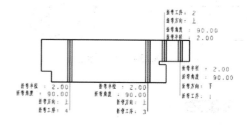

图8.233 展开视图

（1）选择命令。单击 主页 功能选项卡"视图"区域中的 按钮（或者选择下拉菜单"插入"→"视图"→"基本"命令），系统会弹出"基本视图"对话框。

（2）定义视图方向。在"基本视图"对话框的"要使用的模型视图"下拉列表中选择 FLAT-PATTERN#1 ，在绘图区可以预览要生成的视图。

（3）定义视图比例。在"比例"区域的"比例"下拉列表中选择1:1。

（4）放置视图。将鼠标放在图形区，此时会出现视图的预览；选择合适的放置位置单击，以生成展开视图。

（5）单击"投影视图"对话框中的"关闭"按钮，完成操作。

（6）按住左键，以便将注释调整至合适位置。

◎ 步骤10 创建如图8.234所示的尺寸标注。

（1）选择命令。选择 主页 功能选项"尺寸"区域中的 ⌀ 命令，系统会弹出"快速尺寸"对话框。标注如图8.234所示的尺寸。

（2）调整尺寸。将尺寸调整到合适的位置，保证各尺寸之间的距离接近。

（3）单击"快速尺寸"对话框中的"关闭"按钮，完成尺寸的标注。

◎ 步骤11 创建如图8.235所示的注释。

（1）选择命令。选择 主页 功能选项卡"注释"区域中的 A 命令，系统会弹出"注释"对话框。

（2）设置字体与大小。首先将"格式设置"区域文本中的内容全部删除，然后在"字体"下拉列表中选择"宋体"，在"字号"下拉列表中选择"1"。

（3）输入注释。在"格式设置"区域的文本框中输入"2.0厚"。

（4）选取放置注释文本位置。在如图8.236所示的位置向右侧拖动鼠标左键并单击以完成放置操作。

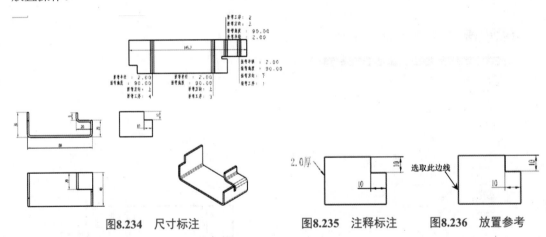

图8.234　尺寸标注　　　　　图8.235　注释标注　　　图8.236　放置参考

（5）单击"关闭"按钮完成创建操作。

◎ 步骤12 保存文件。选择"快速访问工具条"中的"保存"命令，完成保存操作。

8.6　工程图打印出图

打印出图是CAD设计中必不可少的一个环节，在UG NX软件中的零件环境、装配体环境和工程图环境中都可以打印出图，本节将讲解UG NX工程图打印。在打印工程图时，可以打印整个图纸，也可以打印图纸的所选区域，可以选择黑白打印，也可以选择彩色打印。

下面讲解打印工程图的操作方法。

◎ 步骤1 　打开文件D:\UG2206\work\ch08.06\工程图打印。

◎ 步骤2 　选择命令。选择下拉菜单"文件"→"打印"命令，系统会弹出如图8.237所示的"打印"对话框。

◎ 步骤3 　在"打印"对话框"源"区域选择"A3-1 A3"，在"打印机"下拉列表中选择合适的打印机，在"设置"区域的"副本数"文本框中输入1，在"比例因子"文本框中输入4，在"输出"下拉列表中选择"彩色线框"，在"图像分辨率"下拉列表中选择"中"，其他参数采用默认。

◎ 步骤4 　在"打印"对话框单击"确定"按钮，即可开始打印。

如图8.237所示的"打印"对话框中部分选项的功能说明如下。

图8.237　"打印"对话框

（1）源 区域：用于列出可以打印的项；该列表包含当前显示，表示当前图形窗口中显示的内容，以及一个包含当前部件中所有图纸页的有序列表；用户可以从列表中选择一个或多个项进行打印。

（2）打印机 区域：用于列出可用的打印机。当选择一个特定的打印机时，常规打印机信息（如当前状态、类型和位置）会直接显示在打印机名称的下面。

田 按钮：用于设置所选打印机的属性信息。

（3）设置 区域：用于设置打印的份数、比例因子及打印清晰度等参数。

副本数 文本框：用于设置打印的图纸数量。

宽度 列表：用于为要打印的所选对象设置定制线宽。

比例因子 文本框：用于设置所选定制线宽的比例因子。

输出 下拉列表：用于控制答疑图纸的颜色和着色，选择"彩色线框"表示使用彩色或灰阶线框线打印选定项的所有边，选择"黑白线框"表示仅使用黑色线打印选定项的所有边。

☑ 在图纸中导出光栅图像 复选框：用于打印从源列表框选择的任何图纸页中包含的光栅图像。

□ 将着色的几何体导出为线框 复选框：用于打印从源列表框中所选的任何图纸页中包含的着色图纸视图的线框。

□ 在前景中导出定制符号 复选框：用于在前景中打印选定的图纸页和所有定制符号，以使符号不被几何元素、注释或尺寸遮盖。

图像分辨率 下拉列表：用于设置打印图像的清晰度或质量。图像分辨率依赖于选定打印机的能力；当选择"草图"时，每英寸的点数为75，当选择"低"时，每英寸的点数为180，当选择"中"时，每英寸的点数为300，当选择"高"时，每英寸的点数为400。

8.7 工程图设计综合应用案例

本案例是一个综合案例，不仅将使用模型视图、投影视图、全剖视图、局部剖视图等视图的创建，并且还将使用尺寸标注、粗糙度符号、注释、尺寸公差等。本案例创建的工程图如图8.238所示。

◎ 步骤1 打开文件D:\UG2206\work\ch08.07\工程图案例-ex。

◎ 步骤2 切换到制图环境。单击 应用模块 功能选项卡"文档"区域中的 按钮，此时会进入制图环境。

◎ 步骤3 新建图纸页。单击 主页 功能选项卡"片体"区域中的 按钮，系统会弹出"图纸页"对话框；在"大小"区域选中"使用模板"，选取"A3-无视图"模板，取消选中"设置"区域的始终启动视图创建；单击"确定"按钮，完成图纸页的创建。

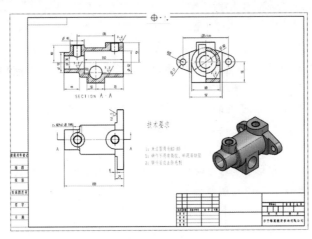

图8.238 工程图综合应用案例

◎ 步骤4 创建如图8.239所示的主视图。

（1）选择命令。单击 主页 功能选项卡"视图"区域中的 按钮（或者选择下拉菜单"插入"→"视图"→"基本"命令），系统会弹出"基本视图"对话框。

（2）定义视图方向。在"基本视图"对话框的"要使用的模型视图"下拉列表中选择"V1"，在绘图区可以预览要生成的视图。

（3）定义视图比例。在"比例"区域的"比例"下拉列表中选择1:2。

（4）放置视图。将鼠标放在图形区，此时会出现视图的预览；选择合适的放置位置单击，以生成主视图。

（5）单击"投影视图"对话框中的"关闭"按钮，完成操作。

◎ 步骤5 创建如图8.240所示的全剖视图。

（1）选择命令。单击 主页 功能选项卡"视图"区域中的 按钮，系统会弹出"剖视图"对话框。

（2）定义剖切类型。在"剖切线"区域的下拉列表中选择"动态"，在"方法"下拉列表中选择"简单剖/阶梯剖"。

（3）定义剖切面位置。确认"截面线段"区域的"指定位置"被激活，选取如图8.241所示的圆弧圆心作为剖切面位置参考。

（4）放置视图。在主视图上方的合适位置单击，以生成剖视图。

（5）单击"剖视图"对话框中的"关闭"按钮，完成操作。

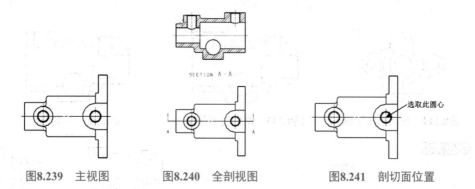

图8.239　主视图　　　　图8.240　全剖视图　　　　图8.241　剖切面位置

○ 步骤6　创建如图8.242所示的投影视图。

（1）定义父视图。选取步骤5创建的全剖视图作为主视图。

（2）选择命令。单击 主页 功能选项卡"视图"区域中的 按钮，系统会弹出"投影视图"对话框。

（3）放置视图。在主视图的右侧单击，以生成左视图。

（4）完成创建。单击"投影视图"对话框中的"关闭"按钮，完成投影视图的创建。

○ 步骤7　创建如图8.243所示的局部剖视图。

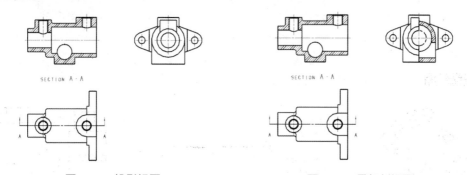

图8.242　投影视图　　　　　　　　图8.243　局部剖视图

（1）激活局部剖视图。右击步骤6创建的投影视图，在系统弹出的快捷菜单中选择 命令。

（2）定义局部剖区域。使用矩形工具绘制如图8.244所示的封闭区域。

（3）选择命令。选择下拉菜单"插入"→"视图"→"局部剖"命令，系统会弹出"局部剖"对话框。

（4）定义要剖切的视图。在系统的提示下选取左视图作为要剖切的视图。

（5）定义剖切位置参考。激活"局部剖"对话框中的▣，选取如图8.245所示的圆弧圆心作为剖切位置参考。

（6）定义拉伸向量方向。采用如图8.246所示的默认拉伸向量方向。

（7）定义局部剖区域。在"局部剖"对话框中单击▣，选取创建的矩形封闭区域作为局部剖区域。

（8）单击"局部剖"对话框中的"应用"按钮，完成操作，单击"取消"按钮完成操作。

图8.244　剖切封闭区域

图8.245　剖切封闭区域

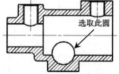

图8.246　剖切方向

○ 步骤8　创建如图8.247所示的等轴测视图。

（1）选择命令。单击 主页 功能选项卡"视图"区域中的🞠按钮，系统会弹出"基本视图"对话框。

（2）定义视图方向。在"基本视图"对话框的"要使用的模型视图"下拉列表中选择"正等测图"，在绘图区可以预览要生成的视图。

（3）定义视图比例。在"比例"区域的"比例"下拉列表中选择1:2。

（4）放置视图。将鼠标放在图形区，此时会出现视图的预览；选择合适的放置位置单击，以生成主视图。

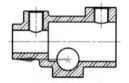

图8.247　等轴测视图

（5）单击"投影视图"对话框中的"关闭"按钮，完成操作，如图8.248所示。

（6）显示光顺边。双击等轴测视图，在系统弹出的"设置"对话框中选中"光顺边"节点，设置如图8.249所示的参数，单击"确定"按钮完成设置。

○ 步骤9　标注如图8.250所示的中心标记。

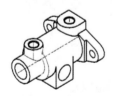

图8.248　等轴测视图

图8.249　光顺边设置

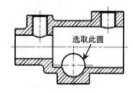

图8.250　中心标记

（1）选择命令。选择 主页 功能选项卡"注释"区域中⊕后的▾按钮，在系统弹出的快捷菜单中选择"中心标记"命令，系统会弹出"中心标记"对话框。

（2）选择参考圆弧。将如图8.250所示的圆作为参考。

（3）单击"中心标记"对话框中的"确定"按钮完成创建操作。

◯步骤10 标注如图8.251所示的尺寸。

选择 主页 功能选项"尺寸"区域中的 ✍ 命令，系统会弹出"快速尺寸"对话框，通过选取各个不同对象标注如图8.251所示的尺寸。

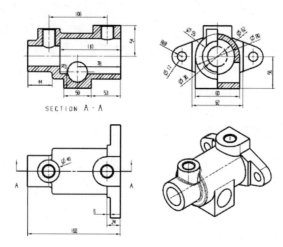

图8.251　尺寸标注

◯步骤11 标注如图8.252所示的公差尺寸。

（1）标注尺寸。选择 主页 功能选项"尺寸"区域中的 ✍ 命令，标注如图8.253所示的值为128的尺寸。

（2）选择命令。在尺寸128上右击，选择"设置"命令，在"设置"对话框中选中左侧的"公差"节点。

（3）定义公差类型。在"类型"下拉列表中选择 ±X 等双向公差 类型。

（4）定义公差值。在公差文本框中输入0.05。

（5）单击"关闭"按钮完成创建操作。

◯步骤12 标注如图8.254所示的孔尺寸。

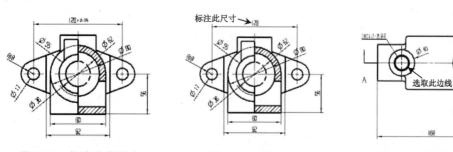

图8.252　标注公差尺寸　　　图8.253　标注尺寸　　　图8.254　标注孔尺寸

（1）选择命令。选择下拉菜单"插入"→"尺寸"→"孔和螺纹标注"命令，系统会弹出"孔和螺纹标注"对话框。

（2）选择要标注的孔特征。选取如图8.254所示的螺纹孔特征。

（3）放置尺寸。在合适的位置单击以放置尺寸。

（4）添加前缀。右击创建的孔标注，选择"设置"命令，系统会弹出"设置"对话框，选中左侧的"前缀/后缀"节点，在右侧"孔标注"区域的"前缀"文本框中输入"2x"，选中左侧的"孔和螺纹标注"节点，在"参数"区域取消选中起始倒斜直径与起始倒斜角，在"通孔文本"文本框中输入"通孔"，单击左侧的"尺寸文本"节点，在"字体"下拉列表中选择"宋体"。

（5）单击"关闭"按钮完成创建操作。

◎步骤13 标注如图8.255所示的基准特征符号。

（1）选择命令。选择 主页 功能选项"注释"区域中的 ▣ 命令，系统会弹出"基准特征符号"对话框。

（2）设置指引线与字母。在"指引线"区域采用系统默认参数，在"基准标识符"区域的"字母"文本框中输入A。

（3）放置符号。在如图8.256所示的位置向右侧拖动鼠标左键并单击以完成放置操作。

（4）单击"关闭"按钮完成创建操作。

◎步骤14 标注如图8.257所示的形位公差。

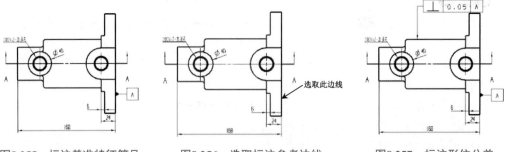

图8.255 标注基准特征符号　　　图8.256 选取标注参考边线　　　图8.257 标注形位公差

（1）选择命令。选择 主页 功能选项"注释"区域中的 ⌐ （特征控制框）命令，系统会弹出"特征控制框"对话框。

（2）定义指引线参数。在"指引线"区域的"类型"下拉列表中选择"普通"。

（3）放置符号。在如图8.258所示的位置向右上方拖动鼠标左键并单击以完成放置操作。

（4）定义形位公差参数。在"特征控制框常规"选项卡"特性"下拉列表中选择 ⊥ 垂直度 ，在"公差"区域的公差值文本框中输入0.05，在"第一基准参考"区域的下拉列表中选择A，其他参数采用默认。

（5）在"特征控制框"对话框单击 指引线 区域中的 ⌐，在图形区短画线长度文本框中输入5。

（6）单击"关闭"按钮完成创建操作。

◎步骤15 标注如图8.259所示的表面粗糙度符号。

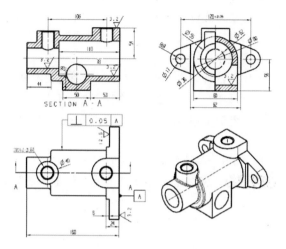

图8.259 标注表面粗糙度符号

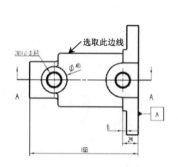

图8.258 选取参考边线

（1）选择命令。选择 主页 功能选项"注释"区域中的 √ 命令，系统会弹出"表面粗糙度符号"对话框。

（2）选择命令。定义表面粗糙度符号参数。在"属性"区域的"除料"下拉列表中选择 √ 需要除料 类型，在 下部文本 (a2) 文本框中输入3.2，其他参数采用系统默认。

（3）放置表面粗糙度符号。选择如图8.260所示的边线以放置表面粗糙度符号。

（4）采用相同的方法放置其他粗糙度符号（注意符号角度的调整）。

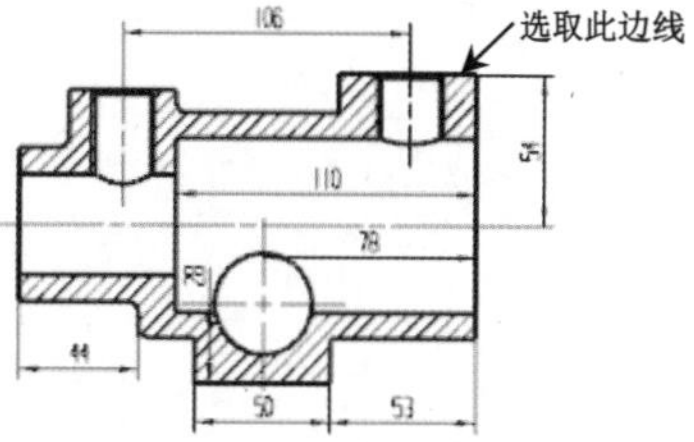

图8.260 选取参考边线

○ 步骤16 标注如图8.261所示的注释文本。

（1）选择命令。选择 主页 功能选项卡"注释"区域中的 A 命令，系统会弹出"注释"对话框。

（2）设置字体与大小。首先在"格式设置"区域中的文本内容全部删除，然后在"格式设置"区域的"字体"下拉列表中选择"宋体"，在"字号"下拉列表中选择"2"。

（3）输入注释。在"格式设置"区域的文本框中输入"技术要求"。

（4）放置注释文本位置。在视图下的空白处单击以放置注释，效果如图8.262所示。

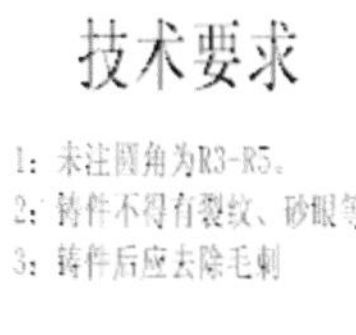

技术要求

1：未注圆角为R3-R5。
2：铸件不得有裂纹、砂眼等缺陷。
3：铸件后应去除毛刺。

图8.261 标注注释文本

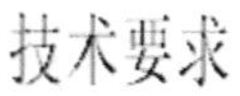

技术要求

图8.262 注释

（5）单击"关闭"按钮完成创建。

（6）选择命令。选择 主页 功能选项卡"注释"区域中的 A 命令，系统会弹出"注释"对话框。

（7）在"格式设置"区域中的文本内容全部删除。

（8）设置字体与大小。在"格式设置"区域的"字体"下拉列表中选择"宋体"，在"字号"下拉列表中选择"1"。

（9）输入注释。在"格式设置"区域的文本框中输入"1：未注圆角为R3-R5。2：铸件不得有裂纹、砂眼等缺陷。3：铸件后应去除毛刺。"。

（10）选取放置注释文本位置。在视图下的空白处单击以放置注释，效果如图8.238所示。

（11）单击"关闭"按钮完成创建操作。

○ 步骤17 保存文件。选择"快速访问工具条"中的"保存"命令，完成保存操作。

图书推荐

书　名	作　者
深度探索Vue.js——原理剖析与实战应用	张云鹏
前端三剑客——HTML5+CSS3+JavaScript从入门到实战	贾志杰
剑指大前端全栈工程师	贾志杰、史广、赵东彦
Flink原理深入与编程实战——Scala+Java（微课视频版）	辛立伟
Spark原理深入与编程实战（微课视频版）	辛立伟、张帆、张会娟
PySpark原理深入与编程实战（微课视频版）	辛立伟、辛雨桐
HarmonyOS移动应用开发（ArkTS版）	刘安战、余雨萍、陈争艳 等
HarmonyOS应用开发实战（JavaScript版）	徐礼文
HarmonyOS原子化服务卡片原理与实战	李洋
鸿蒙操作系统开发入门经典	徐礼文
鸿蒙应用程序开发	董昱
鸿蒙操作系统应用开发实践	陈美汝、郑森文、武延军、吴敬征
HarmonyOS移动应用开发	刘安战、余雨萍、李勇军 等
HarmonyOS App开发从0到1	张诏添、李凯杰
JavaScript修炼之路	张云鹏、戚爱斌
JavaScript基础语法详解	张旭乾
华为方舟编译器之美——基于开源代码的架构分析与实现	史宁宁
Android Runtime源码解析	史宁宁
数字IC设计入门（微课视频版）	白栎旸
数字电路设计与验证快速入门——Verilog+SystemVerilog	马骁
鲲鹏架构入门与实战	张磊
鲲鹏开发套件应用快速入门	张磊
华为HCIA路由与交换技术实战	江礼教
华为HCIP路由与交换技术实战	江礼教
openEuler操作系统管理入门	陈争艳、刘安战、贾玉祥 等
5G核心网原理与实践	易飞、何宇、刘子琦
恶意代码逆向分析基础详解	刘晓阳
深度探索Go语言——对象模型与runtime的原理、特性及应用	封幼林
深入理解Go语言	刘丹冰
Vue+Spring Boot前后端分离开发实战	贾志杰
Spring Boot 3.0开发实战	李西明、陈立为
Flutter组件精讲与实战	赵龙
Flutter组件详解与实战	[加]王浩然（Bradley Wang）
Dart语言实战——基于Flutter框架的程序开发（第2版）	亢少军
Dart语言实战——基于Angular框架的Web开发	刘仕文
IntelliJ IDEA 软件开发与应用	乔国辉
Python量化交易实战——使用vn.py构建交易系统	欧阳鹏程
Python从入门到全栈开发	钱超
Python全栈开发——基础入门	夏正东
Python全栈开发——高阶编程	夏正东
Python全栈开发——数据分析	夏正东
Python编程与科学计算（微课视频版）	李志远、黄化人、姚明菊 等
Python游戏编程项目开发实战	李志远
编程改变生活——用Python提升你的能力（基础篇·微课视频版）	邢世通
编程改变生活——用Python提升你的能力（进阶篇·微课视频版）	邢世通

书　名	作　者
Python数据分析实战——从Excel轻松入门Pandas	曾贤志
Python人工智能——原理、实践及应用	杨博雄 主编
Python概率统计	李爽
Python数据分析从0到1	邓立文、俞心宇、牛瑶
从数据科学看懂数字化转型——数据如何改变世界	刘通
FFmpeg入门详解——音视频原理及应用	梅会东
FFmpeg入门详解——SDK二次开发与直播美颜原理及应用	梅会东
FFmpeg入门详解——流媒体直播原理及应用	梅会东
FFmpeg入门详解——命令行与音视频特效原理及应用	梅会东
FFmpeg入门详解——音视频流媒体播放器原理及应用	梅会东
Python Web数据分析可视化——基于Django框架的开发实战	韩伟、赵盼
Python玩转数学问题——轻松学习NumPy、SciPy和Matplotlib	张骞
Pandas通关实战	黄福星
深入浅出Power Query M语言	黄福星
深入浅出DAX——Excel Power Pivot和Power BI高效数据分析	黄福星
从Excel到Python数据分析：Pandas、xlwings、openpyxl、Matplotlib的交互与应用	黄福星
云原生开发实践	高尚衡
云计算管理配置与实战	杨昌家
虚拟化KVM极速入门	陈涛
虚拟化KVM进阶实践	陈涛
边缘计算	方娟、陆帅冰
LiteOS轻量级物联网操作系统实战（微课视频版）	魏杰
物联网——嵌入式开发实战	连志安
HarmonyOS从入门到精通40例	戈帅
OpenHarmony轻量系统从入门到精通50例	戈帅
动手学推荐系统——基于PyTorch的算法实现（微课视频版）	於方仁
人工智能算法——原理、技巧及应用	韩龙、张娜、汝洪芳
跟我一起学机器学习	王成、黄晓辉
深度强化学习理论与实践	龙强、章胜
自然语言处理——原理、方法与应用	王志立、雷鹏斌、吴宇凡
TensorFlow计算机视觉原理与实战	欧阳鹏程、任浩然
计算机视觉——基于OpenCV与TensorFlow的深度学习方法	余海林、翟中华
深度学习——理论、方法与PyTorch实践	翟中华、孟翔宇
HuggingFace自然语言处理详解——基于BERT中文模型的任务实战	李福林
Java+OpenCV高效入门	姚利民
AR Foundation增强现实开发实战（ARKit版）	汪祥春
AR Foundation增强现实开发实战（ARCore版）	汪祥春
ARKit原生开发入门精粹——RealityKit + Swift + SwiftUI	汪祥春
HoloLens 2开发入门精要——基于Unity和MRTK	汪祥春
巧学易用单片机——从零基础入门到项目实战	王良升
Altium Designer 20 PCB设计实战（视频微课版）	白军杰
Cadence高速PCB设计——基于手机高阶板的案例分析与实现	李卫国、张彬、林超文
Octave程序设计	于红博
Octave GUI开发实战	于红博
全栈UI自动化测试实战	胡胜强、单镜石、李睿